René Michels

Lichtstreuung

René Michels

Lichtstreuung

Der mikroskopische Ursprung der Lichtstreuung in biologischem Gewebe

Südwestdeutscher Verlag für
Hochschulschriften

Imprint
Any brand names and product names mentioned in this book are subject to trademark, brand or patent protection and are trademarks or registered trademarks of their respective holders. The use of brand names, product names, common names, trade names, product descriptions etc. even without a particular marking in this work is in no way to be construed to mean that such names may be regarded as unrestricted in respect of trademark and brand protection legislation and could thus be used by anyone.

Cover image: www.ingimage.com

Publisher:
Südwestdeutscher Verlag für Hochschulschriften
is a trademark of
Dodo Books Indian Ocean Ltd., member of the OmniScriptum S.R.L Publishing group
str. A.Russo 15, of. 61, Chisinau-2068, Republic of Moldova Europe
Printed at: see last page
ISBN: 978-3-8381-2471-1

Zugl. / Approved by: Universität Ulm, Dissertation, 2010

Copyright © René Michels
Copyright © 2011 Dodo Books Indian Ocean Ltd., member of the OmniScriptum S.R.L Publishing group

Inhaltsverzeichnis

1	**Einleitung**	**1**
2	**Theorie**	**3**
	2.1 Vorbemerkungen	3
	2.2 Grundlagen	8
	2.3 Einzelstreuung	19
	2.4 Mehrfachstreuung	31
	2.5 Lösung der Maxwell-Gleichungen	40
	2.6 Lösung der Transporttheorie	49
	2.7 Lösung des inversen Problems	51
3	**Messaufbauten**	**57**
	3.1 Kollimierte Transmission	57
	3.2 Goniometer	65
	3.3 Ortsaufgelöste Reflektanz	78
4	**Ergebnisse**	**87**
	4.1 Materialeigenschaften	87
	4.2 Zylinderstreuer	94
	4.3 Kugelstreuer	99
	4.4 Fettemulsionen	105
	4.5 Hochstreuende Medien	114
	4.6 Terminalhaar	126
	4.7 Eisbärhaar	136
	4.8 Weichgewebe	139
5	**Anwendungen**	**161**
	5.1 Partikelmesstechnik	161
6	**Zusammenfassung**	**167**
	Publikationsliste	**171**

Kapitel 1
Einleitung

Die moderne Optik hat eine Vielzahl von Anwendungen des Lichts in der Medizin hervorgebracht. Neben therapeutischen Techniken, z.b. in der Chirurgie, Augenheilkunde und Zahnheilkunde, haben sich vor allem diagnostische Methoden bewährt. Grundlegend für therapeutische wie diagnostische Anwendungen von Licht ist das genaue Verständnis der Lichtausbreitung in biologischem Gewebe. In der Diagnostik ermöglicht erst eine quantitative Beschreibung des Lichttransports in dem Gewebe die genaue Messung von medizinisch relevanten Größen wie der Sauerstoffsättigung im Blut, dem Kohlendioxidgehalt oder der Oxygenation im Muskel [31, 16, 10, 53]. Bei therapeutischen Methoden hilft es, das Licht und damit die Energie präzise zu applizieren, um Begleitschäden zu vermeiden [47]. In den letzten Jahrzehnten wurden im Forschungsgebiet der Lichtausbreitung in trüben Medien entscheidende Fortschritte erzielt. Dennoch bleiben viele Fragen ungelöst. Die große Komplexität von biologischem Gewebe und einhergehend damit die immense Anforderung an die Rechenleistung für entsprechend komplexe Modelle verhindern eine exakte Berechnung.

Anstelle einer exakten Lösung des Problems anhand der Maxwell-Gleichungen wird zumeist die vereinfachende Transporttheorie zur Beschreibung der Lichtausbreitung in biologischem Gewebe verwendet [40]. Die Annahmen, die zur Lösung der Transporttheorie getroffen werden, vereinfachen das Problem erneut. Eine häufig verwendete Näherung der Transporttheorie von Licht in streuenden Medien ist die Diffusionstheorie [40]. In einer häufig verwendeten Form approximiert diese das Medium als eine homogene Verteilung von rotationssymmetrisch streuenden Partikeln. Die optischen Eigenschaften des Gewebes werden auf den Brechungsindex, den Absorptionskoeffizienten und den reduzierten Streukoeffizienten beschränkt. Exakte, zumeist numerische Lösungen der Transporttheorie berücksichtigen zusätzlich die Phasenfunktion, welche die Streuintensität in Abhängigkeit vom Streuwinkel beschreibt [66]. Die winkelabhängige Streuintensität eines Einzelteilchens wird dabei meist mit der Henyey-Greenstein-Phasenfunktion [39] approximiert, die ursprünglich aus der Astronomie stammt und keinen direkten Zusammenhang mit biologischem Gewebe besitzt. Die Mikrostruktur des Gewebes wird vollständig vernachlässigt.

Dabei ist die Mikrostruktur an sich die eigentliche Ursache der Streuung im Gewebe. Die in der

1 Einleitung

Natur allgegenwärtigen, gerichteten Strukturen erzeugen verblüffende Effekte bei der Lichtausbreitung. Unsere Gruppe konnte demonstrieren, dass unter Berücksichtigung der gerichteten Strukturen im Dentin des Zahns Effekte erklärt werden können, die jahrzehntelang falsch interpretiert worden sind [48, 70]. In früheren Studien [45, 51] konnten wir, wie auch andere Gruppen [102, 33, 12, 66], beweisen, wie sehr die ermittelten optischen Koeffizienten des Gewebes von den tatsächlichen Werten abweichen, wenn man die Mikrostrukturierung nicht berücksichtigt. Gerade bei der Vernachlässigung der Effekte von gerichteten Strukturen ergeben sich mit den üblichen Messgeräten bei der Bestimmung der optischen Koeffizienten in solchen Medien relative Fehler im Bereich von 50 % und darüber [51].

Da es für biologisches Gewebe (außer für mikroskopisch kleine Schnitte) auf absehbare Zeit nicht möglich ist, eine exakte Lösung der Lichtausbreitung zu erhalten (z.B. mit einer Lösung der Maxwell-Gleichungen wie der FDTD-Methode), muss weiterhin mit Näherungen gearbeitet werden. Durch das Ersetzen der Henyey-Greenstein-Phasenfunktion mit einer realistischen, auf den Gewebeeigenschaften basierenden Phasenfunktion [83, 66], kann die Mikrostrukturierung berücksichtigt werden. Mit einer physikalisch korrekten Phasenfunktion und einer numerischen Lösung der Transporttheorie, wie der Monte-Carlo-Simulation, kann somit auch für große Volumina die Lichtausbreitung in biologischem Gewebe genauer als zuvor berechnet werden.

Die korrekte Berücksichtigung der Mikrostrukturierung im Gewebe wird unserer Überzeugung nach dazu führen, dass eine Vielzahl von bereits etablierten therapeutischen und diagnostischen Methoden weiter verbessert werden kann. Auf diesem Wege wird es möglich sein, neue Phänomene zu entdecken und für die medizinische Diagnostik nutzbar zu machen, sowie altbekannte Phänomene richtig zu erklären. Aktuelle Beispiele für solche neuartigen diagnostischen Methoden sind die Diagnose von Initialkaries sowie die Kataraktfrüherkennung, die beide auf der frühzeitigen Detektion von Strukturveränderungen im Gewebe beruhen, was nur mit dem nötigen theoretischen Verständnis möglich ist. Eine physikalisch korrekte Phasenfunktion auf Grundlage eines dreidimensionalen Gewebemodells der Mikrostruktur ist bisher für die wenigsten Gewebearten bekannt. Die Forschung auf diesem Gebiet ist demzufolge für viele Bereiche der Gewebeoptik von grundlegender Bedeutung.

2 Theorie

2.1 Vorbemerkungen

Das Erscheinungsbild unserer Umgebung ist bestimmt durch die optischen Eigenschaften der uns umgebenden Materie. Dabei beschränken sich die optischen Eigenschaften eines Körpers nicht nur auf seine Farbe, sondern auch auf seine Oberflächenstruktur und die Streuung innerhalb des Körpers. Eigentlich farblose Medien können durch die Lichtstreuung in den schönsten Farben erstrahlen. Man denke nur an das Blau des Himmels und das Abendrot. Andererseits können aber auch dicht gepackte Strukturen durchsichtig sein, wie es bei der Augenlinse der Fall ist [52].

Die Lichtstreuung entsteht durch die innere Struktur der Materie. Um die Lichtstreuung zu verstehen, ist es wichtig, die zugrunde liegenden Strukturen zu kennen. Erst durch die Strukturaufklärung ist es möglich, die Streuprozesse in der Materie wirklich zu verstehen. Im Umkehrschluss lässt sich mit optischen Methoden auf die innere Struktur schließen. So kann, wie in dieser Arbeit gezeigt, z.B. die Größenverteilung von Teilchen in einer wässrigen Lösung mit sehr einfachen experimentellen Aufbauten bestimmt werden. Dies ist aufgrund der nanoskopischen Größe der Teilchen anderweitig nur mit viel komplexeren Aufbauten wie z.B. mit einem Elektronenmikroskop möglich.

Es gibt eine Vielzahl von Effekten, welche bei der Interaktion von Licht mit Materie auftreten können. Wirklich entscheidend sind für das Verständnis der Lichtausbreitung in streuenden Geweben nur wenige. In Abbildung 2.1 wird ein klassischer Überblick über die Interaktion von Photonen mit stark streuender Materie gegeben.

Wenn die Fluoreszenz vernachlässigt wird, kann die Lichtausbreitung in dem streuenden Medium nahezu vollständig mit der klassischen Physik der vier Maxwell-Gleichungen beschrieben werden. Darunter fällt auch die Reflexion und Brechung an Grenzflächen sowie die Berücksichtigung der Absorption im Medium. Besonders wichtig sind die Maxwell-Gleichungen, um die Streuung an den mikroskopischen Strukturen von streuenden Medien genau zu verstehen.

Für einfache Strukturen lassen sich aus den Maxwell-Gleichungen analytische Lösungen für die Streuung des einfallenden Lichts herleiten. Aber selbst die Lösung für einen kugelförmigen Streukör-

2 Theorie

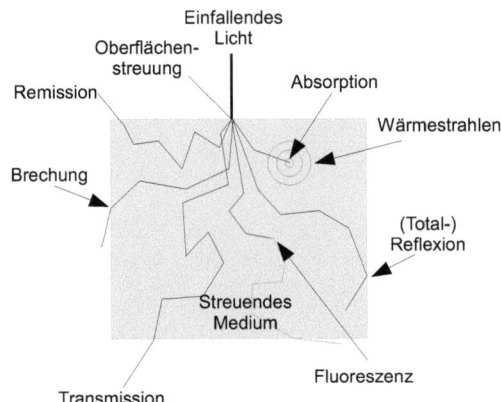

Abb. 2.1: Anhand eines Photonenmodells werden die wesentlichen Effekte der Interaktion von Licht mit stark streuendem Gewebe gezeigt. Licht wird beim Eintritt in das Gewebe an der Oberfläche gestreut und reflektiert. Im Gewebe werden die Photonen gestreut. Sie verteilen sich im gesamten Volumen, bis sie entweder absorbiert werden oder aus dem Medium austreten. Beim Austritt aus einem dichteren Medium wird das Licht nach Fresnel gebrochen. Ist der Winkel zu groß, kann das Licht nicht austreten und wird reflektiert. Nach der Absorption entsteht entweder Wärmestrahlung, die sich wiederum im Gewebe ausbreitet, oder es entsteht z.B. ein Fluoreszenzphoton mit längerer Wellenlänge. Dieses breitet sich weiter im Medium aus.

per, die Mie-Streuung, ist bereits sehr komplex. Kompliziertere Streukörper lassen sich fast nur noch numerisch berechnen. Um größere Volumen biologischen Gewebes zu simulieren, fehlt, neben der genauen Kenntnis der Struktur des Gewebes, vor allem die Rechenleistung. So ist es mit heutigen Computern unmöglich, die Lichtstreuung an einem einzelnen Haar mithilfe der Maxwell-Gleichungen exakt zu berechnen. Für derartige Probleme müssen geeignete Vereinfachungen verwendet werden.

2.1.1 Drei Skalen der Lichtausbreitung

Zur Berechnung der Lichtausbreitung in biologischem Gewebe werden grob drei Regime unterschieden [50]. Mit abnehmender Komplexität sind dies die Lösung der Maxwell-Gleichung, die Transporttheorie und die Diffusionstheorie. Diese unterscheiden sich rein äußerlich im Grad ihrer Abstraktion, im Rechenaufwand und damit einhergehend in der Größe des berechenbaren Volumens. In Abbildung 2.2 sind die drei Regime gegenübergestellt. Für jedes Regime gibt es verschiedene Lösungsverfahren sowie unterschiedliche Experimente, welche besonders gut mit ihnen beschrieben werden können.

Mithilfe der Maxwell-Gleichungen kann die Streuung von Licht an mikroskopischen Strukturen exakt berechnet werden. Dies schließt vor allem alle Wellen- bzw. Interferenzeffekte mit ein, welche

2.1 Vorbemerkungen

		Maxwell-Gleichungen	Transporttheorie	Diffusionstheorie
		Exakt		Näherung
		Mikroskopisch		Makroskopisch
		Hoher Rechenaufwand		Niedriger Rechenaufwand
Lösungsverfahren	Analytisch	Mie Theorie, Zylinder Theorie, Multi-Mie, Multi-Zylinder	Entwicklung in Funktionensystemen	Lösungen für verschiedene Geometrien (infinit, semiinfinit, mehrere Schichten...)
	Numerisch	FDTD-Methode, FEM-Methode, DDA-Methode	Monte Carlo Simulation	Finite Differenzen Methode, Finite Elemente Methode
Experimente		Goniometer, Mikroskopie, OCT	Remission/Transmission bei kleinen Abständen	Remission/Transmission bei großen Abständen

Abb. 2.2: Die Lichtausbreitung in stark streuendem Gewebe kann in drei Regimen berechnet werden.

an mikroskopischen Strukturen auftreten. Wie in Abbildung 2.3 schematisch dargestellt ist, wird der Streukörper von der einlaufenden Welle angeregt und strahlt nun selber Wellen ab. Das gestreute Licht überlagert sich im Fernfeld und es ergibt sich eine winkelabhängige Intensitätsverteilung, die sogenannte Phasenfunktion des Streukörpers. Diese Phasenfunktion $p(\vec{s}, \vec{s}')$ ist dabei abhängig vom Einfallsvektor $\vec{s}$ und dem Ausfallsvektor $\vec{s}'$ des Lichts.

Wird das Volumen des zu simulierenden Gewebes größer, und somit die Lösung der Maxwell-Gleichungen zu aufwendig, wird die Transporttheorie herangezogen. Die Transporttheorie vernachlässigt jedoch die Wellennatur des Lichtes. Zur Lösung der Transporttheorie wird häufig eine Monte-Carlo-Simulation verwendet, welche eine rein probabilistische Betrachtung der Teilchenausbreitung darstellt. Über die Phasenfunktion können die Ergebnisse der Berechnung der Maxwell-Gleichungen in die Transporttheorie einfließen.

Für noch größere Volumen oder in zeitkritischen Bereichen kann die Transporttheorie weiter vereinfacht werden, und man erhält die Diffusionsgleichung. Diese beschreibt die Lichtausbreitung nur mit weiteren Einschränkungen. Im Gegensatz zur Transporttheorie ist es bei der Diffusionstheorie nicht möglich, die Erkenntnisse aus der mikroskopischen Betrachtung des Gewebes mit einfließen zu lassen. Dafür benötigt sie weniger Rechenleistung und bietet häufig einen guten Kompromiss aus Rechenaufwand und Präzision.

Im Zusammenspiel ermöglichen die drei Skalen der Lichtausbreitung (siehe Abbildung 2.4) eine umfassende Beschreibung des Lichttransports im biologischen Gewebe. Ausgehend von der exak-

2 Theorie

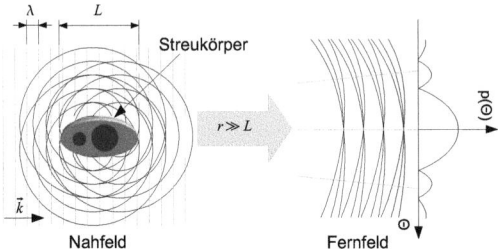

Abb. 2.3: Wenn die Struktur eines Streukörpers bekannt ist, kann mit einer Lösung der Maxwell-Gleichungen die Streuung einer einfallenden ebenen Welle im Nahfeld berechnet werden. Das gestreute elektromagnetische Feld kann daraufhin ins Fernfeld transformiert werden und man erhält die Phasenfunktion $p(\vec{s},\vec{s}\,')$.

ten Lösung kann mit einer zunehmenden Vereinfachung des Problems ein immer größeres Volumen berechnet werden.

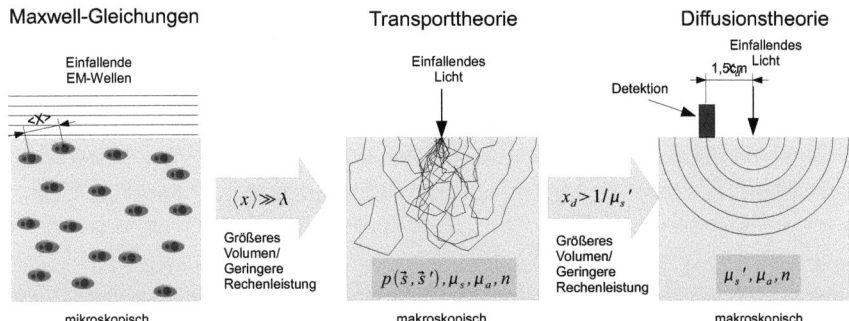

Abb. 2.4: Die Lösung der Maxwell-Gleichungen stellt die exakte Lösung der Lichtausbreitung in biologischem Gewebe dar. Wenn die einzelnen Streukörper weit genug voneinander entfernt sind, kann mithilfe einer Monte-Carlo-Simulation die Lichtausbreitung in der Probe berechnet werden. Dazu fließt der Streukoeffizient, der Absorptionskoeffizient und die Phasenfunktion in die Monte-Carlo-Simulation mit ein. Für einfache Probengeometrien kann ab einem bestimmten Abstand des Detektors zum Einstrahlort auch mit der Diffusionstheorie eine gute Genauigkeit erzielt werden.

2.1.2 Methodik

Um ein tiefergehendes Verständnis der Lichtausbreitung zu erlangen, wurde in dieser Arbeit die Methodik aus Abbildung 2.5 auf verschiedene streuende Medien angewandt. Zunächst wurde die mikroskopische Struktur des Mediums untersucht. Auf Basis der Strukturaufklärung wurde im Folgenden ein physikalisches Modell der Einzelstreuer entwickelt. Mit einer geeigneten Methode wurden dann die Maxwell-Gleichungen für das entsprechende Modell gelöst.

Mit einer goniometrischen Messung konnte die winkelabhängige Phasenfunktion des Streukörpers vermessen und mit den Berechnungen verglichen werden. Abhängig von der Güte des physikalischen Modells und von der Übereinstimmung mit den goniometrischen Messungen wurde im Folgenden die Vielfachstreuung des Mediums untersucht.

Die Streueigenschaften des Mediums wurden dementsprechend aus der Lösung der Maxwell-Gleichungen berechnet und mit weiteren Experimenten wie der ortsaufgelösten Reflektanz untersucht. Am Ende steht die Aufklärung aller für das Medium relevanten optischen Eigenschaften wie μ_a, μ_s, μ_s', $p(\vec{s},\vec{s}')$, n.

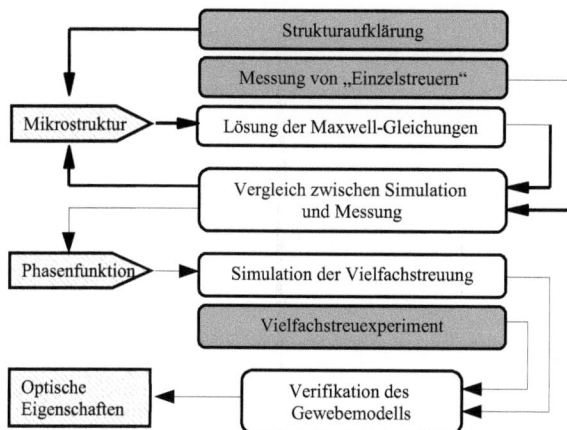

Abb. 2.5: Einfache Skizze des Vorgehens zur Strukturaufklärung in dieser Doktorarbeit. Experimentelle Methoden sind grau dargestellt, theoretische Methoden sind weiß hinterlegt und die Ergebnisse sind schraffiert dargestellt.

2.2 Grundlagen

2.2.1 Maxwell-Gleichungen

Die vier Maxwell-Gleichungen sind die Grundlage der Elektrodynamik. Sie beschreiben den zeitabhängigen Zusammenhang elektrischer und magnetischer Felder sowie Ladungen und Ströme. Durch die Einführung des Verschiebungsstromes gelang es Maxwell, aus den bereits bekannten Gleichungen des ampereschen Gesetzes, des faradayschen Induktionsgesetzes und des gaußschen Gesetzes, eine einheitliche Theorie zu formen. Die vier Maxwell-Gleichungen in differentieller Form lauten:

$$\mathbf{rot\,E} = -\frac{\partial \mathbf{B}}{\partial t}, \quad (2.1) \qquad \mathbf{rot\,H} = \mathbf{j} + \frac{\partial \mathbf{D}}{\partial t}, \quad (2.2)$$

$$\mathrm{div}\,\mathbf{D} = \rho, \quad (2.3) \qquad \mathrm{div}\,\mathbf{B} = 0. \quad (2.4)$$

Dabei ist $\mathbf{E}$ das elektrische Feld, $\mathbf{B}$ die magnetische Induktion, $\mathbf{j}$ die Stromdichte und ρ die Ladungsdichte. Die elektrische Verschiebungsdichte $\mathbf{D}$ und die magnetische Feldstärke $\mathbf{H}$ sind weiterhin definiert durch

$$\mathbf{D} = \varepsilon_0 \mathbf{E} + \mathbf{P}, \quad (2.5) \qquad \mathbf{H} = \frac{\mathbf{B}}{\mu_0} - \mathbf{M}, \quad (2.6)$$

mit $\mathbf{P}$ der elektrischen Polarisation und $\mathbf{M}$ der Magnetisierung im Medium. Bis auf die skalare Dielektrizitätskonstante ε_0 und die ebenfalls skalare Permeabilitätskonstante μ_0 im Vakuum sind alle Größen durch Vektorfelder definiert. Gemeinsam mit der Lorentzkraft $\mathbf{F} = q(\mathbf{E} + \mathbf{v} \times \mathbf{B})$ und der newtonschen Bewegungsgleichung $\mathbf{F} = \dot{\mathbf{p}}$ werden alle elektromagnetischen Phänomene durch diese Gleichungen beschrieben.

Die vier Maxwell-Gleichungen sind ein System aus gekoppelten linearen partiellen Differenzialgleichungen erster Ordnung und beschreiben das Zusammenspiel von den zeitlich und räumlich veränderlichen elektrischen und magnetischen Feldern. Die Gleichungen 2.3 und 2.4 sind nicht zeitabhängig und bilden sozusagen die Startbedingung. Die zeitabhängigen Gleichungen 2.1 und 2.2 beschreiben die Kopplung des elektrischen und magnetischen Feldes. Elektrische Felder entstehen somit nicht nur aus Ladungen, sondern auch aus sich ändernden magnetischen Feldern. Analog entstehen magnetische Felder nicht nur aus Strömen, sondern auch aus sich ändernden elektrischen Feldern. Damit bilden die Maxwell-Gleichungen die Grundlage für die gesamte Elektrodynamik sowie deren Teilgebiet, die Optik.

Wellengleichung

Als ein Beispiel soll hier die Herleitung der Wellengleichung im Vakuum aus den Maxwell-Gleichungen aufgegriffen werden, welche die Grundlage für die Wellenoptik bildet. Im Vakuum gibt es keine Teilchen und somit auch keine Ströme, wodurch sich die Gleichungen 2.2 und 2.3 vereinfachen lassen zu

2.2 Grundlagen

$$\text{rot}\,\mathbf{H} = \frac{\partial \mathbf{D}}{\partial t}, \quad (2.7) \qquad \text{div}\,\mathbf{D} = 0, \quad (2.8)$$

Weiterhin gibt es kein Medium, welches polarisiert oder magnetisiert werden könnte, also vereinfachen sich Gleichung 2.5 und 2.6 zu

$$\mathbf{D} = \varepsilon_0 \mathbf{E}, \quad (2.9) \qquad \mathbf{H} = \frac{\mathbf{B}}{\mu_0}. \quad (2.10)$$

Die Maxwell-Gleichungen lassen sich nun in eine Form bringen, in der sie nur noch von $\mathbf{E}$ und $\mathbf{B}$ abhängig sind. Die beiden zeitabhängigen Maxwell-Gleichungen 2.1 und 2.2, welche zur Herleitung der Wellengleichung benötigt werden, lauten somit

$$\text{rot}\,\mathbf{E} = -\mu_0 \frac{\partial \mathbf{H}}{\partial t}, \quad (2.11) \qquad \text{rot}\,\mathbf{H} = \varepsilon_0 \frac{\partial \mathbf{E}}{\partial t}. \quad (2.12)$$

Nachdem auf Gleichung 2.11 beidseitig der Differentialoperator **rot** angewandt wurde, kann Gleichung 2.12 für **rot H** eingesetzt werden. Man erhält somit die nur noch vom E-Feld abhängige Gleichung

$$\text{rot}(\text{rot}\,\mathbf{E}) = -\varepsilon_0 \mu_0 \frac{\partial^2 \mathbf{E}}{\partial t^2}. \quad (2.13)$$

Mit $\text{rot}(\text{rot}\,\mathbf{E}) = \text{grad}(\text{div}\,\mathbf{E}) - \text{div}(\text{grad}\,\mathbf{E})$, wobei im ladungsfreien Raum $\text{div}\,\mathbf{E} = \rho/\varepsilon_0 = 0$, also $\text{rot}(\text{rot}\,\mathbf{E}) = -\text{div}(\text{grad}\,\mathbf{E}) = -\triangle \mathbf{E}$ gilt, ergibt sich die Wellengleichung zu

$$\triangle \mathbf{E} = \frac{1}{c^2} \frac{\partial^2 \mathbf{E}}{\partial t^2}. \quad (2.14)$$

Die Wellengleichung beschreibt die Ausbreitung eines zeitlich veränderlichen elektrischen Feldes im Raum $\mathbf{E}(\vec{r},t)$. Die Ausbreitungsgeschwindigkeit im Vakuum entspricht $c = \frac{1}{\sqrt{\varepsilon_0 \mu_0}}$, der Lichtgeschwindigkeit. Deren bekannteste Lösung, eine sich stetig fortpflanzende elektrische Schwingung im Raum, besitzt die Form

$$\mathbf{E}(\vec{r},t) = E_o \cdot e^{i(\vec{k} \cdot \vec{r} - \omega t)}. \quad (2.15)$$

Dabei ist E_0 die Amplitude, ω die Frequenz der Schwingung und $\vec{k}$ der Wellenvektor ($|\vec{k}| = \frac{2 \cdot \pi}{\lambda}$). Für das magnetische Feld lässt sich diese Herleitung analog durchführen und es ergibt sich

$$\mathbf{H}(\vec{r},t) = H_0 \cdot e^{i(\vec{k} \cdot \vec{r} - \omega t)}. \quad (2.16)$$

Das magnetische Feld steht dabei senkrecht zum elektrischen und beide stehen senkrecht zur Ausbreitungsrichtung (siehe Abbildung 2.6).

In der Optik wird sehr häufig der Begriff der ebenen elektromagnetischen Welle verwendet. Damit ist eine in zwei Richtungen unendlich weit ausdehnte dreidimensionale elektromagnetische Welle gemeint, welche sich entlang ihres $\vec{k}$ Vektors durch den Raum bewegt. Die Welle ist eben, solange alle ihre Wellenkämme parallel zueinander liegen. Unendlich ausgedehnt bedeutet eine Ausdehnung $\gg \lambda$.

2 Theorie

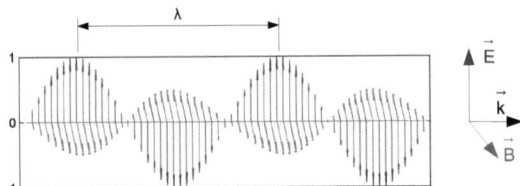

Abb. 2.6: Eine elektromagnetische Welle breitet sich im Vakuum mit der Lichtgeschwindigkeit $c_0 = \frac{1}{\sqrt{\varepsilon_0 \mu_0}}$ in Richtung $\vec{k}$ aus. Das B-Feld steht senkrecht zum E-Feld, welches senkrecht auf $\vec{k}$ steht. Die Wellenlänge sei λ. Die Polarisation einer elektromagnetischen Welle wird bestimmt durch den E-Feldvektor.

Diese Bedingung ist für mikroskopische Teilchen bereits für einen 1 mm großen Laserspot gut erfüllt. Zur vereinfachten Darstellung werden sehr häufig nur die Wellenkämme (einer zweidimensionalen Welle) eingezeichnet, wie in Abbildung 2.7 angedeutet.

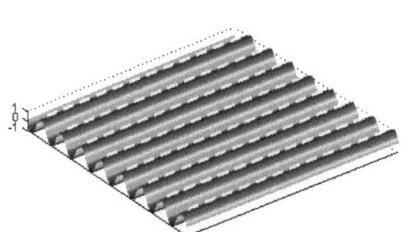

Abb. 2.7: Abbildung einer zweidimensionalen ebenen Welle. Dargestellt ist nur das elektrische Feld. Sehr häufig werden zur Darstellung einer ebenen Welle auch nur die Wellenkämme dargestellt (gestrichelte weiße Linie in der Abbildung).

Aus der Quantenmechanik folgt, dass Energie nicht in unendlich kleine Teile aufgespalten werden kann. Sowohl die Abgabe als auch die Aufnahme von Energie erfolgt gequantelt. Die kleinste mögliche Einheit des Lichts ist das Photon. Es besitzt die Energie

$$E = h \cdot \nu \tag{2.17}$$

mit h dem Planckschen Wirkungsquantum und der Frequenz $\nu = \frac{\omega}{2\pi}$.

Eintritt einer elektromagnetischen Welle in ein Medium

Wenn eine elektromagnetische Welle auf Materie trifft, verursacht das elektrische Feld eine dielektrische Polarisation **P** der Materie und das magnetische Feld kann eine magnetische Polarisation **J** bewirken, wie in Gleichung 2.5 und 2.6 beschrieben. Für kleine Feldintensitäten ist diese Polarisation meist linear von der Feldintensität abhängig und wird durch eine materialabhängige relative Dielektrizitäts- und Permeabilitätskonstante (ε_r und μ_r) beschrieben. Die Gleichungen 2.5 und 2.6

2.2 Grundlagen

können dann wie folgt geschrieben werden

$$\mathbf{D} = \varepsilon_r \cdot \varepsilon_0 \cdot \mathbf{E}, \quad (2.18) \qquad \mathbf{B} = \mu_r \cdot \mu_0 \cdot \mathbf{H}. \quad (2.19)$$

Es wird zudem angenommen, dass die relativen Dielektrizitäts- und Permeabilitätskonstanten unabhängig von der Richtung der einfallenden elektromagnetischen Welle sind. Das Medium sei isotrop. Anstelle der Lichtgeschwindigkeit $c_0 = \frac{1}{\sqrt{\varepsilon_0 \mu_0}}$ ergibt sich nun die Ausbreitungsgeschwindigkeit der Welle im Medium zu $c_m = \frac{1}{\sqrt{\varepsilon_r \varepsilon_0 \mu_r \mu_0}}$. In nicht magnetischen Medien, wie wir sie zumeist betrachten, ist $\mu_r \approx 1$. Die Dielektrizitätskonstante ε_r ist für Licht in dielektrischen Materialien wie Glas größer als 1. Dies bedeutet, dass die Ausbreitungsgeschwindigkeit im Medium sinkt.

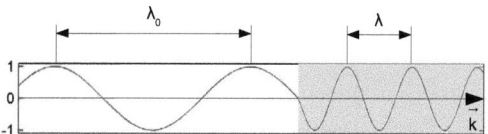

Abb. 2.8: Beim Eintritt in ein Medium wird die elektromagnetische Welle durch dieses gebremst. Es ist nur der elektrische Anteil aufgetragen und die Reflexion wurde nicht berücksichtigt.

Der Brechungsindex eines Mediums ist der Quotient der Ausbreitungsgeschwindigkeit im Vakuum und der im Medium. Dies lässt sich schreiben als

$$n(\lambda) = \frac{c_0}{c_m(\lambda)} = \sqrt{\varepsilon_r(\lambda)\mu_r(\lambda)}. \quad (2.20)$$

Der Brechungsindex ist stark wellenlängenabhängig. Da die Frequenz ω der Welle konstant bleibt, verändert sich folglich die Wellenlänge im Medium (siehe Abbildung 2.8). Somit folgt

$$\lambda = \frac{\lambda_0}{n(\lambda)}. \quad (2.21)$$

Über die räumliche Fluktuation der relativen Dielektrizitätskonstanten kann nun die Struktur des Mediums modelliert werden.

2.2.2 Polarisation

Die Polarisation einer elektromagnetischen Welle wird durch die Lage des E-Feldvektors im Raum definiert. Der E-Feldvektor einer polarisierten Welle kann sich auch periodisch mit der Zeit drehen. Man spricht dann von elliptisch polarisiertem Licht. Dies enthält auch den Spezialfall von zirkular polarisiertem Licht. Allgemein lässt sich der Polarisationszustand jeder elektromagnetischen Welle aus der Superposition von zwei senkrecht zueinanderstehenden Wellen herstellen

2 Theorie

$$\mathbf{E}_h(\vec{r},t) = A_h \cdot e^{i(\vec{k}\cdot\vec{r}-\omega t)}, \quad (2.22) \qquad \mathbf{E}_v(\vec{r},t) = A_v \cdot e^{i(\vec{k}\cdot\vec{r}-\omega t+\phi)}. \quad (2.23)$$

Die horizontale Komponente $\vec{E}_h$ steht senkrecht zu der vertikalen Komponente $\vec{E}_v$ und die Wellen sind um ϕ phasenverschoben. Entspricht die Phasenverschiebung der beiden Wellen einem ganzzahligen Vielfachen der Wellenlänge $\phi = n \cdot \pi$ oder ist sie null, so entsteht linear polarisiertes Licht mit einer Richtung, die von den Amplituden A_h und A_v abhängt. Für alle anderen Phasenverschiebungen dreht sich der E-Feldvektor periodisch mit der Zeit, es entsteht elliptisch polarisiertes Licht. Einige Beispiele finden sich in Abbildung 2.9.

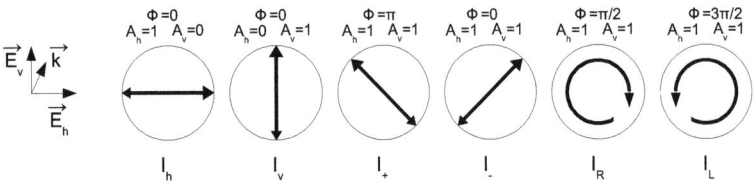

Abb. 2.9: Darstellung der sechs verschiedenen Polarisationszustände, die zur Bestimmung der Stokes-Parameter benötigt werden und die dazugehörige Amplitude A und Phasenverschiebung ϕ von $\vec{E}_v$ und $\vec{E}_h$.

Stokes-Parameter

Um den Polarisationszustand einer elektromagnetischen Welle zu definieren, wird der Stokes-Vektor verwendet. Mit den vier Stokes-Parametern I, Q, U und V kann jeder beliebige Polarisationszustand einer elektromagnetischen Welle dargestellt werden. Die einzelnen Größen lassen sich aus sechs messbaren Polarisationszuständen direkt zusammensetzten (siehe Abbildung 2.9). Dabei ergeben sich die Koeffizienten aus dem zeitlichen Integral über die Amplitude der elektromagnetischen Welle, z.B. $I_h = \langle A_h A_h^* \rangle$. Die korrespondierenden Stokes-Parameter für die Polarisationszustände aus Abbildung 2.9 sind in Tabelle 2.1 gegeben.

Die vier Stokes-Parameter ergeben sich zu:

$$\begin{aligned} I &= I_h + I_v = I_+ + I_-, \\ Q &= I_h - I_v, \\ U &= I_+ - I_-, \\ V &= I_R - I_L. \end{aligned} \quad (2.24)$$

2.2 Grundlagen

Tab. 2.1: Werte der Stokes-Parameter für die sechs Polarisationszustände aus Abbildung 2.9 und für unpolarisiertes Licht S_u.

	S_h	S_v	S_+	S_-	S_R	S_L	S_u
I	1	1	1	1	1	1	1
Q	1	-1	0	0	0	0	0
U	0	0	1	-1	0	0	0
V	0	0	0	0	1	-1	0

Müller-Matrix

Der Polarisationszustand jeder elektromagnetischen Welle kann mit einem Stokes-Parametersatz dargestellt werden. Um die Interaktion einer elektromagnetischen Welle mit Materie darzustellen, verwenden wir im Folgenden die Müller-Matrix M

$$\vec{S}_e = M \cdot \vec{S}_i, \tag{2.25}$$

dabei ist $\vec{S}_e$ der Stokes-Parametersatz der austretenden Welle und $\vec{S}_i$ der Parametersatz der eintretenden Welle. Es lassen sich so nicht nur die Wirkung von Polarisatoren oder Verzögerungsplättchen beschreiben, sondern es lässt sich die Auswirkung beliebiger Materie auf den Polarisationszustand einer elektromagnetischen Welle darstellen. Darunter fällt auch die Streuung einer elektromagnetischen Welle an einem Teilchen oder schlicht die Absorption in einem Absorber

$$\begin{pmatrix} I_e \\ Q_e \\ U_e \\ V_e \end{pmatrix} = \frac{1}{10} \begin{pmatrix} 1 & 0 & 0 & 0 \\ 0 & 1 & 0 & 0 \\ 0 & 0 & 1 & 0 \\ 0 & 0 & 0 & 1 \end{pmatrix} \begin{pmatrix} I_i \\ Q_i \\ U_i \\ V_i \end{pmatrix}. \tag{2.26}$$

In Gleichung 2.26 ist exemplarisch die Müller-Matrix für einen wellenlängenunabhängigen Abschwächer mit einer optischen Dichte von 1, also einer Transmission von 10 % des eingestrahlten Lichts, gezeigt. Es ist möglich, Müller-Matrizen für verschiedene optische Bauteile aufeinander anzuwenden. Die Reihenfolge ist dabei nicht umkehrbar $\vec{S}_e = M_1 M_2 \cdot \vec{S}_i \neq M_2 M_1 \cdot \vec{S}_i$.

Die Streuung von Licht an einem kugelförmigen Teilchen wird mit der Müller-Matrix der Mie-Theorie M_{mie} wie folgt dargestellt

$$\begin{pmatrix} I_e \\ Q_e \\ U_e \\ V_e \end{pmatrix} = \frac{1}{k^2 r^2} \begin{pmatrix} S_{11} & S_{12} & 0 & 0 \\ S_{12} & S_{11} & 0 & 0 \\ 0 & 0 & S_{33} & S_{34} \\ 0 & 0 & -S_{34} & S_{33} \end{pmatrix} \begin{pmatrix} I_i \\ Q_i \\ U_i \\ V_i \end{pmatrix}. \tag{2.27}$$

Die Variablen S_{11}, S_{12}, S_{33} und S_{34} sind die Elemente, welche sich aus der Berechnung der Mie-Streuung ergeben. Sie beschreiben die Transformation der einfallenden Welle S_i in die ausfallende

2 Theorie

S_e. Ein polarisationsunempfindlicher Detektor wie eine Photodiode oder ein CCD-Sensor kann mit dem Stokes-Parametersatz S_u dargestellt werden und besitzt nur eine Empfindlichkeit für den Stokes-Parameter I_e. Die Parameter Q_e, U_e und V_e sind null. Bei Verwendung eines solchen Detektors reicht es aus, die Elemente S_{11} und S_{12} zu bestimmen, um die Transformation von einer einfallenden elektromagnetischen Welle mit beliebiger Polarisation zu berechnen. Dazu wird die Messung von drei verschiedenen Polarisationszuständen des einfallenden Lichtes benötigt. Die Notation geschieht im Folgenden nach Tabelle 2.1, wobei noch zwischen einfallender $S_{..i}$ und austretender Welle $S_{..e}$ unterschieden wird

$$S_{11} = S_{ue} = M_{mie} \cdot S_{ui}, \qquad (2.28)$$

$$S_{12} = S_{ue} = (M_{mie} \cdot S_{hi} - M_{mie} \cdot S_{vi})/2. \qquad (2.29)$$

Der gesamte Parametersatz S_{11}, S_{12}, S_{33} und S_{34} muss bestimmt werden, wenn die Müller-Matrix allgemeingültig definiert werden soll. Das heißt, wenn die Messung mit beliebiger Polarisationsabhängigkeit erfolgen soll. Zur Bestimmung von S_{33} und S_{34} sind vier weitere Messungen nötig, bei denen auch die Detektion eine Polarisationsabhängigkeit aufweist. Eine Messung wird im Folgenden nur noch durch den einfallenden und ausfallenden Stokes-Vektor repräsentiert ($S_{ue}S_{ui} \Rightarrow S_{ue} = M_{mie} \cdot S_{ui}$)

$$S_{33} = (S_{-e}S_{-i} - S_{+e}S_{+i})/2, \qquad (2.30)$$

$$S_{34} = (S_{-e}S_{Li} - S_{+e}S_{Li})/2. \qquad (2.31)$$

Da in den meisten Fällen die Detektion keine Polarisationsabhängigkeit aufweist, beschränken wir uns in dieser Arbeit auf die Bestimmung von S_{11} und S_{12}, respektive auf die Bestimmung von horizontal-, vertikal- und unpolarisiertem Licht.

2.2.3 Absorption und Fluoreszenz

Ein Medium wird Energie aus einer elektromagnetischen Welle aufnehmen, wenn die Frequenz der Welle in Resonanz mit der Materie tritt. Dies geschieht, wenn die Energie des einfallenden Photons $E = h \cdot \nu$ der eines Potentialübergangs entspricht. Dieser Potentialübergang kann die Anregung eines in einem Atom oder Molekül gebundenen Valenzelektrons sein. In Abbildung 2.10 ist ein Jablonski-Diagramm mit dem Singulett-Grundzustand, den ersten beiden angeregten Zuständen und dem ersten Triplett-Zustand eines Valenzelektrons aufgetragen. Exemplarisch wird gezeigt, wie Licht verschiedener Wellenlänge absorbiert werden kann, da die angeregten Zustände noch weiter in verschiedene Schwingungszustände unterteilt sind.

Analog kann das langwelligere Fluoreszenzlicht, aufgrund der Schwingungszustände des Grund-

2.2 Grundlagen

niveaus, mit verschiedenen Wellenlängen abgestrahlt werden. Besonders in flüssigen Medien werden diese scharfen Niveaus durch den Einfluss benachbarter Moleküle verbreitert. Phosphoreszenz entsteht, wenn der angeregte Zustand durch Intersystem Crossing in einen Triplett-Zustand übergeht. Der Übergang aus dem Triplett-Grundzustand in den Singulett-Grundzustand ist quantenmechanisch verboten und besitzt deshalb eine sehr lange Relaxationszeit. Die Energie, die zur Anregung eines Singulett-Grundzustandes benötigt wird, ist aber meist sehr hoch und entspricht blauem oder noch kurzwelligerem Licht. Sichtbares Licht wird in biologischem Gewebe häufig von dezentral gebundenen Elektronen absorbiert. Dies kann z.B. ein freies Elektron in einer Kohlenstoffkette sein oder das Elektronengas in einem Metall.

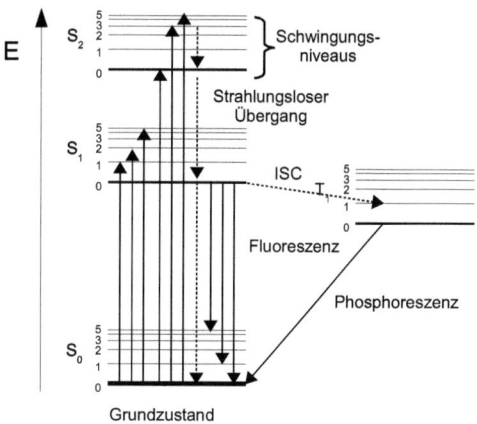

Abb. 2.10: Jablonski-Diagramm verschiedener Energieniveaus in einem Atom.

Die Umgebung eines Farbstoffes hat einen großen Einfluss auf sein Absorptionsspektrum. Die Polarität des Lösungsmittels beeinflusst die Breite der Absorptionsbanden. Leichte Änderungen der Temperatur und des pH-Wertes verschieben das Spektrum signifikant. Besonders bei Kalibrationsmessungen muss darauf geachtet werden, die Umgebungsbedingungen konstant zu halten. Zur Sicherheit kann ein pH-Puffer verwendet werden. Der pH-Wert von destilliertem Wasser, welches meist als Lösungsmittel verwendet wird, ist nicht stabil und kann sich durch Umwelteinflüsse schnell ändern.

Die Fluoreszenz und Phosphoreszenz spielt bei der Lichtausbreitung in trüben Medien eine untergeordnete Rolle, im Besonderen wenn mit langwelligem rotem oder nahinfrarotem Licht gearbeitet wird. Wenn ein Photon dieser Wellenlänge absorbiert wird, relaxiert es meist strahlungslos in den Grundzustand. Dabei wird Wärme frei. Es gibt jedoch Ausnahmen, bei denen man sich gerade die Fluoreszenz zu Nutzen macht, um z.B. bei der diffusen optischen Tomographie weiter entfernt von der Quelle messen zu können. Wenn nach der Absorption eines Photons ein Fluoreszenzphoton ausgesandt wird, kann sich dieses noch weiter von der Quelle fortbewegen. Auch werden Fluoreszenzfarbstoffe sehr häufig in der Medizin als Marker verwendet, die sich z.B. an Tumorgewebe binden und dieses sichtbar machen.

Die Absorption eines Mediums kann über einen imaginären Anteil des Brechungsindex bei der Berechnung der Maxwell-Gleichungen berücksichtigt werden

$$n(\lambda) = n_r(\lambda) - i\kappa(\lambda). \tag{2.32}$$

Bei nichtabsorbierenden Medien ist der imaginäre Anteil des komplexen Brechungsindex null. In diesen Fällen ergibt sich der Brechungsindex zu $n = n_r$. Der Imaginärteil des Brechungsindex κ ist proportional zum Absorptionskoeffizienten μ_a und ergibt sich zu

$$\kappa = \frac{\lambda_0 \cdot \mu_a}{4\pi}. \tag{2.33}$$

Siehe auch Lambert-Beer Gesetz in Kapitel 2.4.1.

2.2.4 Brechung und Reflexion

Beim Eintritt einer elektromagnetischen Welle in ein Medium verändert sich die Wellenlänge, wie in Gleichung 2.21 gezeigt. In einer ebenen elektromagnetischen Welle stehen die Wellenkämme senkrecht zur Ausbreitungsrichtung. Wie in Abbildung 2.11 gezeigt, muss dies auch in einem homogenen Medium hinter einer ebenen Grenzfläche gelten. Da sich die Wellenlänge in dem Medium verändert, muss folglich die transmittierte ebene Welle T an der Grenzfläche abknicken. Dies nennt man Brechung.

Wenn, wie in Abbildung 2.11 gezeigt, der Abstand a genau der einfallenden Wellenlänge λ_0 entspricht, muss der Abstand b der Wellenlänge im Medium λ_2 entsprechen, damit die Wellenkämme senkrecht auf der Ausbreitungsrichtung stehen. Somit ergibt sich das Snelliussche Brechungsgesetz

$$\frac{\sin(\delta_1)}{\sin(\delta_2)} = \frac{\lambda_1}{\lambda_2} = \frac{n_2}{n_1}. \tag{2.34}$$

Wenn ein Lichtstrahl aus einem optisch dichteren Medium in ein optisch dünneres austritt, ist ab einem bestimmten Grenzwinkel keine Lösung mehr möglich, siehe Gleichung 2.34. Ab diesem Winkel kann das Licht nicht mehr austreten, es wird vollständig reflektiert.

Der Brechungsindex ist stark wellenlängenabhängig. Dies nennt man Dispersion. Es ist anhand von Gleichung 2.34 ersichtlich, dass somit unterschiedliche Brechungswinkel für einen polychromatischen Lichtstrahl an einer optischen Grenzfläche entstehen.

Beim Übergang der einfallenden Welle mit der Amplitude A_0 entsteht eine Reflexion mit der Amplitude A_r. Der Einfallswinkel entspricht bei der Reflexion an einer ebenen Oberfläche dem Ausfallwinkel. Für den Übergang von Medien mit gleichen magnetischen Eigenschaften, z.B. nichtmagnetische Medien ($\mu_r \approx 1$), wie wir sie zumeist betrachten, gilt das vereinfachte Fresnelsche Brechungs-

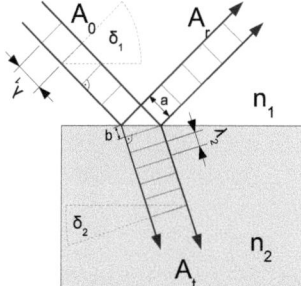

Abb. 2.11: Beim Eintritt einer ebenen elektromagnetischen Welle in ein transparentes Medium wird ein Teil der Welle reflektiert. Der transmittierte Anteil wird an der Grenzfläche beim Übergang von einem optisch dünneren in ein optisch dichteres Medium zum Lot hin gebrochen.

gesetz (Gleichung 2.35 und 2.36). Die Reflexion ist abhängig von der Polarisation des einfallenden Strahls. Dabei unterscheidet man primär zwischen der parallelen (der E-Feldvektor steht parallel zur Einfallsebene) und der senkrechten Polarisation

$$\text{senkrecht}: \quad \frac{A_{rs}}{A_{0s}} = \frac{n_1\cos\alpha - n_2\cos\beta}{n_1\cos\alpha + n_2\cos\beta}, \qquad (2.35)$$

$$\text{parallel}: \quad \frac{A_{rp}}{A_{0p}} = \frac{n_2\cos\alpha - n_1\cos\beta}{n_2\cos\alpha + n_1\cos\beta}. \qquad (2.36)$$

Aufgrund der schnellen Oszillation von Lichtwellen ist die Amplitude einer elektromagnetischen Welle nicht direkt messbar. Gemessen wird immer die Intensität I, also das zeitliche Mittel der elektromagnetischen Welle, welches pro Zeiteinheit durch eine bestimmte Fläche tritt. Dies ist proportional zum Quadrat der Amplitude $I = \frac{1}{2}\varepsilon_0 c E^2$. Das Reflexionsvermögen R einer Grenzfläche lässt sich also schreiben als

$$R = \frac{I_r}{I_0} = \left(\frac{A_r}{A_0}\right)^2. \qquad (2.37)$$

Aufgrund des Energieerhaltungssatzes ergibt sich das Transmissionsvermögen zu

$$T = 1 - R. \qquad (2.38)$$

Die Auswirkungen von Brechung und Reflexion werden anhand eines seltenen Naturphänomens besonders anschaulich. Kurz vor oder nach dem Sonnenuntergang wird manchmal eine grüne Leuchterscheinung sichtbar. Diese entsteht durch die Kombination von Brechung und Reflexion in der Atmosphäre, wie in Abbildung 2.12 gezeigt.

2 Theorie

 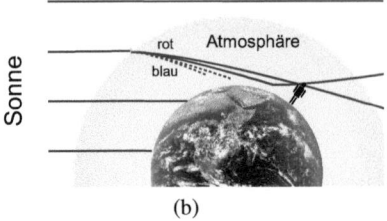

(a) (b)

Abb. 2.12: a) Photographische Aufnahme des grünen Blitzes, einem Naturphänomen, welches sich kurz vor dem Sonnenuntergang ereignen kann (mit freundlicher Genehmigung von Michael L. Baird). b) Das Licht der Sonne wird beim Durchlaufen der Atmosphäre gebrochen. Aufgrund des Druckgradienten und dem damit einhergehenden Brechungsindexgradienten verlaufen die Sonnenstrahlen auf einer gekrümmten Bahn. Die verschiedenen Wellenlängen im Sonnenspektrum spalten sich auf. Blaues und kurzwelligeres Licht wird jedoch sehr stark gestreut. Die richtige Schichtung von kalten und warmen Luftschichten kann dazu führen, dass die Strahlen an diesen Grenzschichten reflektiert werden. Kurz vor dem Untergang der Sonne sieht man wie in (a) eine grüne Leuchterscheinung über der Sonnenscheibe.

Mehrfachreflexion

Da die Proben in den in dieser Arbeit verwendeten Messgeräten häufig in Küvetten vermessen werden, wird regelmäßig die Lösung für die Transmission und Reflexion einer mit einem Medium gefüllten Küvette benötigt. Da die Dicke der Küvettenwände nicht exakt bekannt ist, sollen Welleneffekte wie Interferenz bei dieser Lösung vernachlässigt werden. Eine planparallele Glasküvette besitzt vier Grenzflächen.

| Äußeres Medium | Glas | inneres Medium | Glas | Äußeres Medium |

Im einfachsten Fall ist das äußere Medium gleich dem Inneren. Um die Betrachtung der Reflexionen an den Küvettengläsern zu vereinfachen, wird zuerst das Gesamtreflexionsvermögen R_g eines einzelnen Glasplättchens ermittelt.

Medium	Glas	Medium
n_1	n_2	n_1

Wir können nun die Reflexion des Zweigrenzflächensystems anhand der Fresnel-Formeln für die entstehende unendliche Reihe lösen. Das polarisations- und winkelabhängige Reflexionsvermögen für eine der beiden Grenzflächen ergibt sich dabei aus den Fresnel-Formeln und Gleichung 2.37 für die erste und zweite Grenzfläche zu R_1 und R_2. Die geometrische Reihe für die Mehrfachreflexion ergibt sich nun wie folgt

$$R_g = R_1 + (1-R_1)^2 \cdot R_2 + (1-R_1)^2 \cdot R_2^2 \cdot R_1 + (1-R_1)^2 \cdot R_2^3 \cdot R_1^2 + \ldots . \tag{2.39}$$

Das Reflexionsvermögen der zweiten Grenzfläche ist nun gleich dem Reflexionsvermögen der ersten Grenzfläche $R_1 = R_2 = R$. Nach der Vereinfachung der geometrischen Reihe ergibt sich somit das Reflexionsvermögen eines einzelnen Glasplättchen zu

$$R_g = \frac{2 \cdot R}{1+R}. \quad (2.40)$$

Eine Küvette besitzt zwei Glasplättchen mit je einem Reflexionsvermögen R_g. Wenn das innere Medium gleich dem äußeren Medium ist, ergibt sich das Reflexionsvermögen einer Küvette R_k analog zu Gleichung 2.40 zu

$$R_k = \frac{2 \cdot R_g}{1+R_g}. \quad (2.41)$$

Das gesamte Reflexionsvermögen ist dabei abhängig vom Einfallswinkel und der Polarisation, da R eine Funktion vom Einfallswinkel ist. Es sollte beachtet werden, dass diese geometrische Reihe aus unendlich vielen Termen besteht und dass in der Praxis bei dicken Küvetten und größeren Einfallswinkeln die Reflexionen in großem Abstand zum Einfallsort austreten werden (siehe Abbildung 2.13). Je nach Geometrie des Messaufbaus weicht das Messergebnis von Gleichung 2.41 ab.

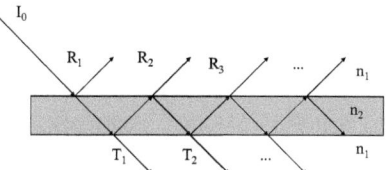

Abb. 2.13: Bei höheren Winkeln treten mehrfachreflektierte Strahlen in einer großen Entfernung von der Einstrahlung aus dem Glas aus.

Diese auf der geometrischen Optik basierende Lösung berücksichtigt nicht die Wellennatur des Lichtes und enthält keine Interferenzeffekte. Das Ergebnis für kohärente Quellen wie Laser wird durch Interferenzerscheinungen stark von der Lösung 2.41 abweichen. Mathematisch ist es möglich, eine Lösung für kohärente Quellen zu finden. Messtechnisch ist es aber meist der einfachere Weg, Quellen kurzer Kohärenz oder Weißlichtquellen zu verwenden.

2.3 Einzelstreuung

Die Effizienz, mit der ein Teilchen Licht streut, hängt im Wesentlichen von zwei Parametern ab. Je höher der Brechungsindexunterschied zwischen dem Teilchen und der Umgebung ist, umso stärker wird das Licht gestreut. Weiterhin hat die Größe des Partikels in Bezug auf die Wellenlänge des gestreuten Lichts einen entscheidenden Einfluss auf seine Lichtstreueigenschaften. Bei kugelsymmetrischen Partikeln werden im Groben zwei Regime unterschieden. Die Rayleigh-Streuung, bei der die

2 Theorie

Teilchengröße sehr viel kleiner als die Wellenlänge ist, und das Mie-Regime, bei der die Teilchengröße im Bereich der Wellenlänge oder darüber liegt. Entgegen einem weitverbreiteten Missverständnis beschreibt die Mie-Theorie auch Streuer im Bereich der Rayleigh-Streuung exakt. Darüber hinaus beschreibt sie auch „Streuphänomene" an makroskopischen kugelförmigen Körpern, welche bereits in den Bereich der geometrischen Optik fallen. Ein Beispiel hierfür ist die Entstehung eines Regenbogens an einem Wassertropfen (Abbildung 2.14).

Abb. 2.14: Der Hauptbogen eines Regenbogens erklärt sich, rein geometrisch, aus der Reflexion des Lichts an den Wasserpartikeln. Der Nebenbogen entsteht durch zweimalige Reflexion. Alle weiteren Bögen entstehen durch Interferenzeffekte und lassen sich mit der Mie-Theorie gut berechnen. (mit freundlicher Genehmigung von Tym Altman).

Für die einfachste Betrachtung der Streuung wird das lichtstreuende Teilchen mit einer ebenen elektromagnetischen Welle bestrahlt. Der Teil des Lichts, der sich nach dem Streuer nicht mehr in der ebenen elektromagnetischen Welle befindet, wird als gestreut betrachtet. Dazu gehört auch der "nur" phasenverschobene Anteil der Vorwärtsstreuung. Ein kolloidales Teilchen mit dem Durchmesser d, welches sich vollständig in der mit der Intensität I_0 bestrahlten Fläche A befindet, wird nach geometrisch optischen Gesichtspunkten Licht, welches auf seine Projektionsfläche $\pi(d/2)^2$ fällt, vollständig aus der ebenen elektromagnetischen Welle entfernen

$$I \propto I_0(A - \pi(d/2)^2). \tag{2.42}$$

Nach wellenoptischen Gesichtspunkten ist diese Betrachtung jedoch unzulässig. Einige einfache Überlegungen zur Herleitung der Rayleigh-Streuung machen dies deutlich.

2.3.1 Rayleigh Streuung

Für Teilchen mit einem Durchmesser, welcher sehr klein ist gegenüber der Wellenlänge des einlaufenden Lichts $d \ll \lambda$, wird jedes Atom des Teilchens von der einlaufenden elektromagnetischen Welle phasengleich angeregt. Die gestreute Intensität aller Atome überlagert sich kohärent in alle Richtungen. Die Intensität der Streuung I_s ergibt sich nun aus der Überlagerung der gestreuten Amplituden A_s aller Atome

$$I_s = \left|\sum A_s\right|^2,$$

2.3 Einzelstreuung

welches sich für eine vollständig kohärente Überlagerung vereinfacht zu

$$I_s = (N \cdot A_s)^2 = N^2 \cdot A_s^2 \propto d^6 \cdot P_{s(Atom)}.$$

Die Anzahl der Atome N steigt mit dem Durchmesser des Teilchens proportional zu d^3 an. Es ergibt sich also insgesamt eine Streuintensität, welche proportional zu d^6 ist. Diese Proportionalität findet sich auch in der Rayleigh-Streuung wieder. Es ist somit ersichtlich, dass die einfache Formel 2.42 für Teilchen, welche klein gegen die Wellenlänge sind, falsch ist.

Anhand der bisherigen Überlegungen lässt sich vermuten, dass die Lichtstreuung von kleinen Teilchen isotrop in jede Richtung erfolgen muss. Dies gilt jedoch nur für eine Polarisationsrichtung des eingestrahlten Lichts (siehe Abbildung 2.15).

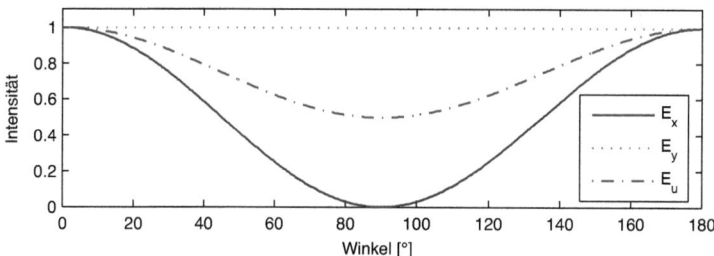

Abb. 2.15: Berechnung der Streuung eines Rayleigh-Streuers [ein Wasserpartikel mit $d = 10$ nm, $\lambda = 633$ nm] für verschiedene Polarisationszustände des eingestrahlten Lichts relativ zur Beobachtungsebene. Die Benennung bezieht sich auf die Beobachtungsebene, wie sie in Abbildung 2.16 (b) gezeigt ist. Die Polarisationsrichtung E_y wird isotrop abgestrahlt. Die Polarisationsrichtung E_x verschwindet bei 90° aus dieser Beobachtungsebene. Unpolarisiert eingestrahltes Licht fällt somit bei 90° auf die Hälfte der ursprünglichen Intensität ab, wobei es dort vollständig E_y polarisiert ist.

Die im elektromagnetischen Feld des Lichts schwingenden Ladungen können in guter Näherung als Hertzscher Dipol beschrieben werden. Von diesem, wie von allen bewegten Ladungen, ist bekannt, dass er in Schwingungsrichtung keine Leistung abstrahlen kann. Ein mit unpolarisiertem Licht bestrahltes Teilchen strahlt somit senkrecht zur Einstrahlungsrichtung des Lichts stark polarisiert ab. Es fehlt immer die Polarisationsrichtung, die parallel zur Beobachtungsrichtung liegt. Dies erklärt auf anschauliche Weise die Polarisation des Himmels. Wie in Abbildung 2.16 gezeigt, trifft das flach über den Erdball eingestrahlte Sonnenlicht auf streuende Teilchen in der Atmosphäre. Blicken wir senkrecht zum Himmel kann wie im Fall (c) nur die Polarisation E_x in unsere Richtung gestreut werden.

Die im Vakuum abgestrahlte Leistung eines Hertzschen Dipols ist proportional zur vierten Potenz der Kreisfrequenz,

2 Theorie

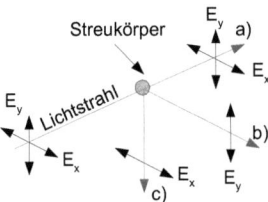

Abb. 2.16: Der unpolarisierte Lichtstrahl wird am Streukörper polarisiert. Fall (a): Die Vorwärtsstreuung ist weiterhin unpolarisiert. Fall (b) und (c): Beschleunigte Ladung kann in die Bewegungsrichtung keine Leistung abstrahlen, diese Polarisationsrichtung verschwindet jeweils.

$$P = \frac{p^2 \omega^4}{12\pi\varepsilon_0 c^3}. \tag{2.43}$$

Somit ist es nicht verwunderlich, dass ein Rayleigh-Streuer auch eine Abhängigkeit proportional zur vierten Potenz der Kreisfrequenz des eingestrahlten Lichts besitzt. Die gestreute Strahlungsleistung, abhängig von dem Streuwinkel θ und dem Abstand zum Streuer R, berechnet sich nach Rayleigh wie folgt

$$I = I_0 \frac{1 + \cos^2\theta}{2R^2} \left(\frac{\omega}{c}\right)^4 \left(\frac{n^2 - 1}{n^2 + 2}\right) \left(\frac{d}{2}\right)^6. \tag{2.44}$$

Da die Kreisfrequenz reziprok zur Wellenlänge ist, wird blaues Licht mit $\lambda = 400$ nm rund sechs Mal stärker gestreut als rotes Licht mit $\lambda = 630$ nm. Dies ist die grundlegende Erklärung für das Farbenspiel am Himmel (siehe Abbildung 2.17). Das Sonnenlicht wird an den Luftmolekülen der Atmosphäre gestreut. Wenn wir bei streifendem Einfall der Sonne nach oben blicken, wird hauptsächlich das blaue Licht in unsere Richtung gestreut. Beim Blick in den Sonnenuntergang, wird das blaue Licht aus dieser Richtung weggestreut und das rote bleibt übrig. Eine interessante Frage, die sich in diesem Zusammenhang stellt, ist warum die Streuung an Wolken offensichtlich wellenlängenunabhängig ist, also warum Wolken weiß sind. In der Wolke wird Licht an Wassertropfen gestreut, welche größer als die Wellenlänge des eingestrahlten Lichts sind. Die Farbe der Wolken kann also nur durch die Eigenschaften der Mie-Streuung erklärt werden.

Abb. 2.17: Aufnahme eines Sonnenuntergangs bei Boston.

2.3.2 Mie-Streuung

In seinem 1908 erschienenen Aufsatz in den Annalen der Physik beschreibt Gustav Mie auf 69 Seiten die Lösung der Maxwell-Gleichungen für ein kugelförmiges Metallteilchen und erklärt damit die unterschiedliche Färbung in Suspensionen von kleinsten Metallpartikeln. Die Mie-Theorie ist eine

2.3 Einzelstreuung

allgemeine analytische Lösung der Maxwell-Gleichungen für die Streuung einer ebenen elektromagnetischen Welle an einem kugelförmigen Partikel. Obwohl auch andere, wie Lorentz und Debye, das Kugelproblem gelöst hatten und Mie nach heutiger Meinung nicht zwingend der Erste war, wird seitdem die Lösung der Maxwell-Gleichungen für sphärische Körper nach ihm benannt.

In dieser Arbeit wird die Mie-Theorie zur Berechnung der Streuung an verschiedensten Partikeln, welche als kugelförmig angenommen werden können, verwendet. Darunter fallen Wassertropfen, Fetttropfen sowie Polystyrene.

Ausgangspunkt der Überlegungen sind dabei die Maxwell-Gleichungen 2.1-2.4. Zu der in Kapitel 2.2.1 hergeleiteten Vektorwellengleichung werden die zwei Vektorfelder **M** und **N** definiert, welche mit dem Potential Ψ derart verknüpft sind, dass sie ebenfalls die Vektorwellengleichung für das elektrische und magnetische Feld erfüllen. Somit ist es möglich, das Problem der Lösung der Vektorwellengleichung auf das einfachere Problem der Lösung der skalaren Wellengleichung zu beschränken

$$\nabla^2 \Psi + k^2 \Psi = 0. \tag{2.45}$$

Für das in Abbildung 2.18 dargestellte Problem, der Lösung einer ebenen elektromagnetischen Welle, die auf eine Kugel trifft, ist es zweckdienlich, auch Gleichung 2.45 in Kugelkoordinaten darzustellen

$$\frac{1}{r^2}\frac{\partial}{\partial r}\left(r^2 \frac{\partial \Psi}{\partial r}\right) + \frac{1}{r^2 \sin\theta}\frac{\partial}{\partial \theta}\left(\sin\theta \frac{\partial \Psi}{\partial \theta}\right) + \frac{1}{r^2 \sin\theta}\frac{\partial^2 \Psi}{\partial \phi^2} + k^2 \Psi = 0. \tag{2.46}$$

Dies ermöglicht den Separationsansatz

$$\Psi(r,\theta,\phi) = R(r)\Theta(\theta)\Phi(\phi). \tag{2.47}$$

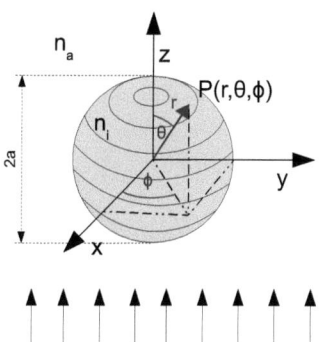

Abb. 2.18: Eine ebene elektromagnetische Welle fällt auf ein kugelförmiges Teilchen. Zur Lösung des Problems wird der Ursprung des Polarkoordinatensystems in den Mittelpunkt der Kugel gelegt. Der Durchmesser der Kugel beträgt zwei Mal den Radius a. Der komplexe Brechungsindex des äußeren Mediums sei n_a, der der Kugel n_i.

Beim Einsetzen des Separationsansatzes (Gleichung 2.47) in die skalare Wellengleichung (Gleichung 2.46) ergeben sich drei separate Differentialgleichungen für die Lösung von $R(r)$, $\Theta(\theta)$ und

$\Phi(\phi)$. Die vollständige Lösung kann in der Literatur nachgelesen werden [13]. Die Lösung ist nicht an allen Stellen trivial, folgendes Zitat aus dem Buch von Bohren und Huffman, nach der Umformung einer ebenen Welle in Kugelfunktionen, ist dabei recht aufschlussreich:

> "The desired expansion of a plane wave in spherical harmonics was not achieved without difficulty. This is undoubtedly the result of the unwillingness of a plane wave to wear a guise in which it feels uncomfortable; expanding a plane wave in spherical wave functions is somewhat like trying to force a peg into a round hole."

Als Lösung für $\Phi(\phi)$ ergeben sich trigonometrische Funktionen, die Abstandsabhängigkeit $R(r)$ wird mit Hankel-Funktionen beschrieben und die charakteristischen Mie-Oszillationen (siehe Abbildung 2.19) stecken in den assoziierten Legendre-Polynomen der Lösung von $\Theta(\theta)$. Zur Lösung der winkelabhängigen Streuintensität müssen nun im Wesentlichen zwei unendliche Reihen S_1 und S_2, bestehend aus den winkelabhängigen Funktionen π_n, τ_n und den komplexen Entwicklungskoeffizienten a_n und b_n, welche aus der Entwicklung nach den beiden Vektorfelder $\mathbf{M}$ und $\mathbf{N}$ entstehen, gelöst werden,

$$S_1 = \sum_n \frac{2n+1}{n(n+1)}(a_n \pi_n + b_n \tau_n), \qquad (2.48)$$

$$S_2 = \sum_n \frac{2n+1}{n(n+1)}(a_n \tau_n + b_n \pi_n). \qquad (2.49)$$

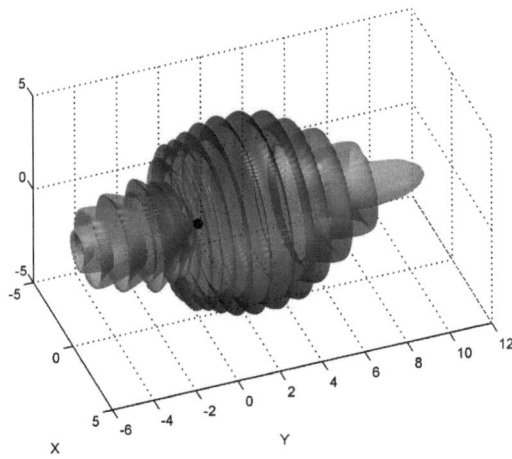

Abb. 2.19: Dreidimensionale Darstellung der Mie-Streuung an einem Wasserpartikel mit $d = 4$ µm, welcher sich im Nullpunkt befindet. Das unpolarisierte Licht mit 633 nm Wellenlänge fällt von links, parallel zur y-Achse ein. Die Darstellung ist logarithmisch aufgetragen. Der Abstand der Oberfläche zum Mittelpunkt stellt die Streuintensität in die jeweilige Richtung dar.

2.3 Einzelstreuung

Die Entwicklung nach der Ordnung n konvergiert dabei nach einer vom Größenparameter der Kugel $x = 2\pi n_a a/\lambda$ abhängigen Anzahl von Termen n_c, welche für Kugeln mit einer Größe im Bereich der Wellenlänge ungefähr dem siebenfachen des Größenparameters x entspricht. Die Funktionen π_n, τ_n sind nur abhängig von ihrer Ordnung und dem Winkel θ, wohingegen die Entwicklungskoeffizienten a_n und b_n von ihrer Ordnung, dem Größenparameter x sowie dem Brechungsindexquotienten $m = n_i/n_a$, bestimmt werden. Sie bestehen dabei aus einer Reihe von Riccati-Bessel-Funktionen.

Bei der Berechnung der Streuung in Vorwärtsrichtung $\theta = 0°$ fallen die Funktionen π_n und τ_n weg $S(0°) = S_1(0°) = S_2(0°)$ und es ergibt sich der Extinktionskoeffizient des Streukörpers zu

$$C_{ext} = \frac{4\pi}{k^2}\text{Re}\{S(0°)\} = \frac{2\pi}{k^2}\sum_n (2n+1)\text{Re}(a_n+b_n). \quad (2.50)$$

Aus dem Betragsquadrat der Entwicklungskoeffizienten kann der Streuquerschnitt berechnet werden

$$C_{sca} = \frac{2\pi}{k^2}\sum_n (2n+1)(|a_n|^2+|b_n|^2). \quad (2.51)$$

Allgemeiner lässt sich die Beziehung zwischen einfallendem Stokes-Vektor und dem am Teilchen gestreuten, ausfallenden Stokes-Vektor mit der Müller-Matrix aus Kapitel 2.2.2 bestimmen

$$\begin{pmatrix} I_e \\ Q_e \\ U_e \\ V_e \end{pmatrix} = \frac{1}{k^2 r^2} \begin{pmatrix} S_{11} & S_{12} & 0 & 0 \\ S_{12} & S_{11} & 0 & 0 \\ 0 & 0 & S_{33} & S_{34} \\ 0 & 0 & -S_{34} & S_{33} \end{pmatrix} \begin{pmatrix} I_i \\ Q_i \\ U_i \\ V_i \end{pmatrix}. \quad (2.52)$$

Die Koeffizienten der Matrix ergeben sich mit den Ergebnissen der Gleichungen 2.48 und 2.49 zu

$$S_{11} = \frac{1}{2}\left(|S_2|^2+|S_1|^2\right), \quad (2.53) \qquad S_{12} = \frac{1}{2}\left(|S_2|^2-|S_1|^2\right), \quad (2.54)$$

$$S_{33} = \frac{1}{2}(S_2^*S_1 + S_2 S_1^*), \quad (2.55) \qquad S_{34} = \frac{i}{2}(S_1 S_2^* - S_2 S_1^*). \quad (2.56)$$

Abhängig von der Polarisation des einfallenden und austretenden Stokes-Vektors ergibt sich somit aus Gleichung 2.52 die Phasenfunktion $p(m,x,\theta)$ abhängig vom Brechungsindexquotienten m, dem Größenparameter x und dem Winkel θ. Da die Größe eines Teilchens während einer Messung als konstant angenommen wird und sowohl der Brechungsindex $n(\lambda)$ als auch der Größenparameter $x(\lambda)$ Funktionen von λ sind, wird die Phasenfunktion meist geschrieben als $p(\lambda,\theta)$.

Zusammenfassend kann mit der Mie-Theorie der Extinktions- und Streuquerschnitt sowie die Phasenfunktion der Streuung einer elektromagnetischen Welle an einem kugelförmigen Teilchen mit komplexem Brechungsindex berechnet werden. Jede Teilchengröße produziert dabei charakteristische Oszillationen über den Winkel θ. Je größer das Teilchen ist, umso mehr Oszillationen entstehen. Während der Streuquerschnitt für kleine Teilchen $a \ll \lambda$ stark zunimmt, oszilliert er ab Teilchengrö-

2 Theorie

ßen im Bereich der Wellenlänge um den Faktor zwei.

Erweiterte Mie-Theorie

Die Mie-Streuung wurde für die Interaktion einer ebenen elektromagnetischen Welle mit einer Kugel mit bestimmter Größe hergeleitet. Dies beinhaltet zwei Annahmen, die in der Praxis oft nicht zutreffend sind. Zum einen ist die einfallende Welle oft nicht eben und zum anderen wird meist die Streuung an vielen Teilchen gemessen, welche eine bestimmte Größenverteilung besitzen. Im Fernfeld der streuenden Teilchen lassen sich diese komplexeren Probleme recht einfach durch Superposition berechnen.

- Teilchensuspensionen

Der Streukoeffizient einer Suspension aus Teilchen mit verschiedenen Radien a ergibt sich aus der Summe der einzelnen Streuquerschnitte

$$\mu_s = \sum_a \frac{C_{sca}(a) \cdot \sigma_{sca}(a)}{V(a)}. \tag{2.57}$$

Der anhand der Gleichung 2.51 berechnete Streuquerschnitt $C_{sca}(a)$ wird dabei gewichtet mit der jeweiligen Volumenkonzentration $\sigma_{sca}(a)$ und dem Teilchenvolumen $V(a) = 4/3\pi a^3$.

Die Phasenfunktion lässt sich analog zu Gleichung 2.57 berechnen. Dabei wird für jede Teilchengröße a eine eigene Phasenfunktion $p_i(\theta, \lambda)$ mit Gleichung 2.52 berechnet. Die Phasenfunktion der Suspension ergibt sich dann aus der Summe der nichtnormierten Phasenfunktionen gewichtet mit der Anzahl der Teilchen in der Lösung N_i zu

$$p_{tot}(\theta, \lambda) = \sum_i \frac{N_i \cdot p_i(\theta, \lambda)}{N_{tot}}. \tag{2.58}$$

Die Gesamtanzahl der Teilchen in der Lösung lässt sich aus der Summe der Einzelpartikel bestimmen $N_{tot} = \sum N_i$.

- Nicht ebene Welle

Im Experiment besitzt in aller Regel sowohl die Bestrahlungs- wie auch die Detektionsseite eine gewisse numerische Apertur $NA = n \cdot \sin \alpha$ mit dem Öffnungswinkel α. In Abbildung 2.20 ist exemplarisch ein Aufbau gezeigt, in dem sowohl die Bestrahlung wie auch die Detektion fasergestützt ist. Die Bestrahlungsfaser wird mit einer Linse in die Streuebene abgebildet. Es wird vereinfachend angenommen, dass der Streukörper mit gleicher Intensität aus allen Winkeln bis zum Maximalwinkel der numerischen Apertur der Beleuchtung angestrahlt wird. Für eine gut ausgeleuchtete Multimode-Glasfaser, welche ein Flat-Top-Intensitätsprofil besitzt, ist dies eine gute Näherung. Die Detektion integriert ihrerseits nun über alle Winkel bis zum Maximalwinkel ihrer NA.

2.3 Einzelstreuung

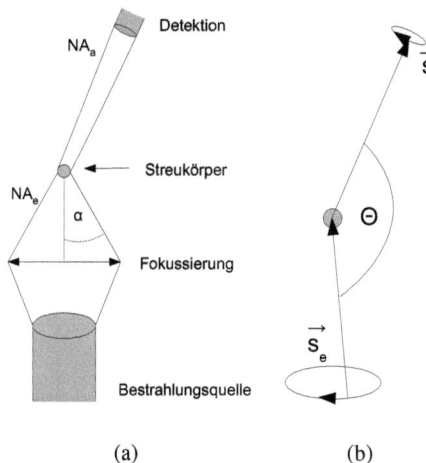

Abb. 2.20: a) Ein Streukörper wird mit der numerischen Apertur NA_e bestrahlt. Die Detektion besitzt den Öffnungswinkel NA_a. b) Das gemessene Signal bestimmt sich aus der Superposition aller auftretenden Winkel zwischen Einstrahlung und Detektion.

Der Winkel zwischen Einstrahlung und Detektion Θ bestimmt sich zu

$$\Theta = \arccos \frac{\vec{S}_e \cdot \vec{S}_a}{|\vec{S}_e| \, |\vec{S}_a|}. \tag{2.59}$$

Das Signal I, welches mit dem Detektor gemessen wird, ist die Superposition aller auftretenden Winkel zwischen Einstrahlung und Detektion Θ. Dazu muss über alle aus der Fläche tretenden Winkel der differenzielle Streuquerschnitt $dC_{sca}/d\Omega$ berechnet und integriert werden

$$\frac{I}{I_0} \propto \int \frac{dC_{sca}(\Theta(\alpha))}{d\Omega} \sin(\alpha) d\alpha. \tag{2.60}$$

2.3.3 Streuung an einem Zylinder

Neben der Lösung der Maxwell-Gleichungen für die Kugel existieren noch einige weitere Lösungen für grundlegende geometrische Formen wie beschichtete Kugeln oder unendlich ausgedehnte Zylinder. Die Streuung an einem Zylinder ist aus mehreren Gründen sehr interessant. Für die experimentelle Verifikation gibt es zylinderförmige Streuer in verschiedenen Größen. An diesen Zylindern kann sehr einfach die Streuung an einem einzelnen oder mehreren Streukörpern untersucht werden [30]. Im biologischen Gewebe lassen sich viele Strukturen wie Kollagenfasern in der Haut, Tubuli im Zahn oder Myofibrillen im Muskel als zylinderförmig annähern. Diese Streuer sind hauptverantwortlich für die Richtungsabhängigkeit der Lichtausbreitung in vielen menschlichen Geweben. Somit gibt die Untersuchung einzelner Zylinder Aufschluss über die Grundlage dieser Richtungsabhängigkeit.

Anders als bei kugelsymmetrischen Streuern ist die Streuung an einem Zylinder stark abhängig von der Einfallsrichtung des Lichts $\vec{s}$, wie es in Abbildung 2.21 dargestellt ist.

2 Theorie

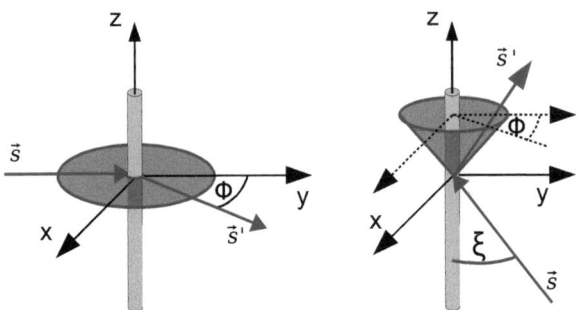

Abb. 2.21: Darstellung der Streuung an einem Zylinder. Linke Seite: Bei senkrechter Einstrahlung ist die Phasenfunktion nur für die Rotation des Streuvektors $\vec{s}'$ um den Winkel ϕ ungleich null. Rechte Seite: Wird der Einfallswinkel $\vec{s}$ um den Winkel ξ zur Zylinderachse gekippt, ist die Phasenfunktion nur noch für Streuwinkel auf einem Kegelschnitt mit dem Öffnungswinkel $\zeta = \pi - \xi$ ungleich null.

Die Herleitung der Streufunktion für den Zylinder geschieht ähnlich wie in Kapitel 2.3.2 für die Kugel gezeigt. Gleichung 2.46 wird jedoch nicht in Kugelkoordinaten, sondern in Zylinderkoordinaten dargestellt

$$\frac{1}{r}\frac{\partial}{\partial r}\left(r\frac{\partial \psi}{\partial r}\right) + \frac{1}{r^2}\frac{\partial^2 \psi}{\partial \phi^2} + \frac{\partial^2 \psi}{\partial z^2} + k^2 \psi = 0. \tag{2.61}$$

Die Herleitung ist in der Literatur dokumentiert [13, 42]. Die Streuung an einem Zylinder enthält ähnliche Oszillationen, wie sie an einer Kugel gleichen Durchmessers entstehen (siehe Abbildung 2.22). Aus rein geometrischen Überlegungen ist jedoch bereits ersichtlich, dass Licht an einem Zylinder nur in Kegelschnitten gestreut werden kann. Der Kegelwinkel ζ ergibt sich direkt aus dem Einstrahlwinkel zum Zylinder $\zeta = \pi - \xi$. Die Phasenfunktion $p(\phi)$ rotiert somit um den Winkel ϕ auf dem Kegel. Da das gesamte auf den Zylinder eingestrahlte Licht in diesen Kegel gestreut wird und nicht in den gesamten Raumwinkel wie bei der Kugel, ist auch die Intensität um ein Vielfaches höher. Die Zylinderwelle besitzt weiterhin eine andere Abstandsabhängigkeit.

2.3.4 Phasenfunktionen

Aufgrund der Komplexität der Lösungen der Mie-Theorie werden sehr häufig viel einfachere Phasenfunktionen herangezogen, um die Streuung an biologischem Gewebe anzunähern. Diese Phasenfunktionen besitzen große Unterschiede zu den realen Phasenfunktionen des Gewebes. Dies kann jedoch in guter Näherung vernachlässigt werden, wenn die Messung im hochstreuenden Gewebe weit genug vom Einstrahlort entfernt liegt. Dies bedeutet in aller Regel, dass der Abstand der Detektion zur Einstrahlung sehr viel größer als der reziproke reduzierte Streukoeffizient ist $r \gg 1/\mu'_s$.

2.3 Einzelstreuung

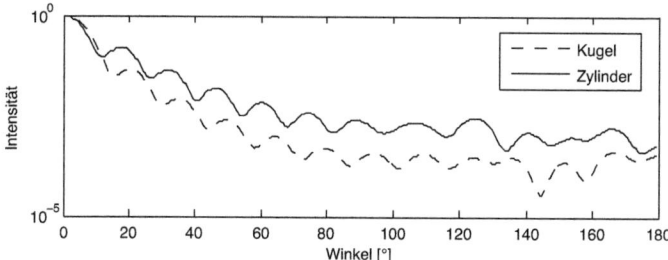

Abb. 2.22: Auftragung der normierten Phasenfunktion der Streuung von unpolarisiertem Licht der Wellenlänge 633 nm an einer Kugel mit 2 μm Durchmesser und an einem Zylinder gleichen Durchmessers, für senkrechten Einfall. Die Anzahl der Oszillationen ist für beide Körper ähnlich. Die Streuung an der Kugel fällt jedoch besonders in Rückwärtsrichtung stärker ab.

Henyey-Greenstein-Phasenfunktion

Die meistverwendete Phasenfunktion in der Biophotonik ist die Henyey-Greenstein-Phasenfunktion [39]. Sie wurde ursprünglich für die Astronomie entwickelt und fand erst im Nachhinein für die Streuung an trüben Medien Verwendung. Diese Phasenfunktion besitzt nur einen Parameter, g:

$$p_{hg}(\theta) = \frac{1}{2} \frac{1-g^2}{(1-2g\cos\theta + g^2)^{\frac{3}{2}}}. \tag{2.62}$$

Die Ergebnisse von Formel 2.62 werden in Abbildung 2.23 für verschiedene Werte von g veranschaulicht. Der Parameter g kann dabei Werte von -1 bis 1 annehmen. Die Phasenfunktion kann von absoluter Rückwärtsstreuung, $g = -1$, über vollkommen isotrope Streuung, $g = 0$, bis zu kompletter Vorwärtsstreuung, $g = 1$, reichen.

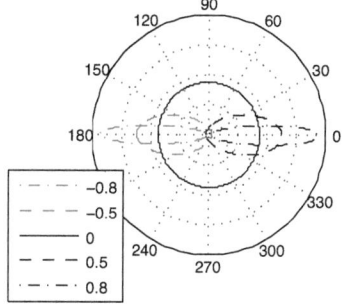

Abb. 2.23: Auftragung der Henyey-Greenstein-Phasenfunktion für verschiedene Werte von g. Der Übersichtlichkeit halber wurden die Phasenfunktionen skaliert.

Die Henyey-Greenstein-Phasenfunktion hat die Besonderheit, dass das Integral über den Kosinus

2 Theorie

aller Winkel (der sogenannte g-Faktor) gerade ihrem gleichnamigen Parameter g entspricht. Trotz der Namensgebung ist eine Phasenfunktion mit einem bestimmten g-Faktor aber nicht gleichzusetzen mit der Henyey-Greenstein-Phasenfunktion mit ebendiesem g-Faktor. Die Anzahl von Funktionen mit identischem g-Faktor ist unendlich.

Reynolds-McCormick-Phasenfunktion

Da die Henyey-Greenstein-Funktion mit einem Parameter recht eingeschränkte Möglichkeiten der Gestaltung lässt und in einigen Fällen die Wirklichkeit nur schlecht wiedergibt, wird häufig die Reynolds-McCormic-Phasenfunktion verwendet. Diese bietet zusätzlich zum Parameter g' den Parameter α

$$p_{rm}(\theta) = \frac{\alpha g (1 - g'^2)^{2\alpha}}{\pi (1 + g'^2 - 2g' \cos(\theta))^{\alpha+1} ((1 + g')^{2\alpha} - (1 - g')^{2\alpha})}. \qquad (2.63)$$

Dabei entspricht die Reynolds-McCormick-Phasenfunktion für einen Parameter α von 0,5 genau der Henyey-Greenstein-Phasenfunktion (siehe Abbildung 2.24).

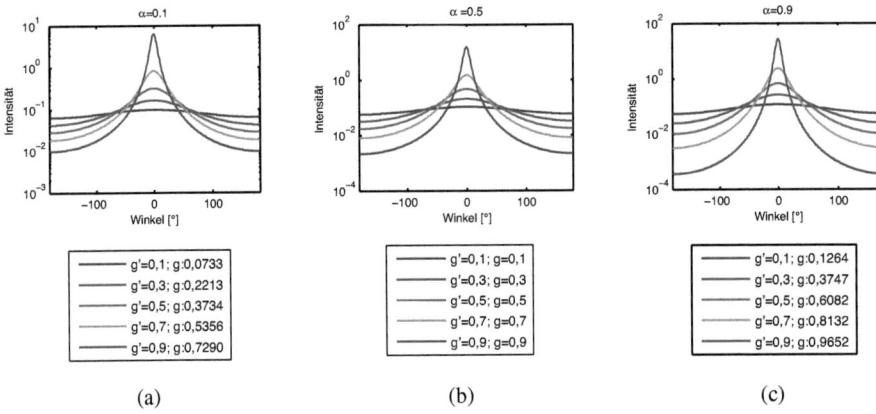

Abb. 2.24: Vergleich verschiedener Reynolds-McCormick-Phasenfunktionen für Winkel von -180° bis 180° jeweils für einen festen Parameter α. Zu dem Parameter g' der Reynolds-McCormick-Phasenfunktionen ist jeweils der g-Faktor berechnet.

Berechnung des g-Faktors

Der g-Faktor ergibt sich aus dem Integral über die Streufunktion $p(\Omega)$ multipliziert mit dem Kosinus wie folgt

$$g = \frac{\int_{4\pi} p(\Omega) \cos\theta \, d\Omega}{\int_{4\pi} p(\Omega) \, d\Omega}. \qquad (2.64)$$

Damit bestimmt er, wie bei der Henyey-Greenstein-Funktion gesehen, das Verhältnis zwischen Vorwärts- und Rückwärtsstreuung. Der differentielle Raumwinkel $d\Omega$ in Kugelkoordinaten ist

$$d\Omega = r^2 \sin\theta d\theta d\phi.$$

Bei der Annahme einer rotationssymmetrischen Phasenfunktion $p(\theta)$ muss über den gesamten Raumwinkel integriert werden. Das Integral ergibt sich dann zu

$$g = \frac{\int_0^\pi p(\theta)\cos\theta \sin\theta 2\pi d\theta}{\int_0^\pi p(\theta)\sin\theta 2\pi d\theta}. \tag{2.65}$$

2.3.5 Das Extinktionsparadoxon

Mit Formel 2.50 aus der Herleitung der Mie-Theorie lässt sich der Extinktionsquerschnitt C_{ext} für verschiedene Teilchengrößen berechnen. In Abbildung 2.25 (a) ist eine exemplarische Rechnung gezeigt. Zum Vergleich ist die geometrische Projektionsfläche des Teilchens aufgetragen.

Der Extinktionsquerschnitt steigt für Körper, welche klein gegenüber der Wellenlänge sind, wie von Rayleigh bereits vorhergesagt, zuerst stark an. Für Teilchen, welche größer als die Wellenlänge des eingestrahlten Lichts sind, steigt der Extinktionsquerschnitt wieder proportional mit der Projektionsfläche an. Dies entspricht den ursprünglichen geometrisch optischen Überlegungen aus Kapitel 2.3 (siehe Gleichung 2.42). Erstaunlicherweise ist der Extinktionsquerschnitt für Teilchen in dieser Größenordnung jedoch größer als die eigentliche Projektionsfläche. Aus der Division des Extinktionsquerschnitts und der Projektionsfläche ergibt sich, siehe Abbildung 2.25, dass der Extinktionsquerschnitt für große Teilchen gerade doppelt so groß ist wie die eigentliche Projektionsfläche.

Dass mehr Licht von einem Teilchen gestreut wird als auf seine Projektionsfläche trifft, lässt sich nur durch Interferenz erklären.

2.4 Mehrfachstreuung

2.4.1 Lambert-Beer Gesetz

Aus geometrischen Überlegungen folgt, dass der Extinktionsquerschnitt eines Ensembles von Teilchen linear mit der Summe der Extinktionsquerschnitte ansteigt. Dies widerspricht jedoch der experimentellen Beobachtung, bei der ein logarithmischer Anstieg der Extinktion mit zunehmender Konzentration von Partikeln in der Lösung festgestellt wird. Im folgenden Abschnitt wird das (eigentlich widersprüchliche) experimentelle Verhalten aus einfachen geometrischen Überlegungen hergeleitet.

Wenn eine Fläche A welche Streupartikel enthält mit Licht bestrahlt wird , wird ein Teil der Lichtintensität gestreut oder absorbiert. Ein Messaufbau zur Bestimmung dieses Anteils ist in Kapitel 3.1 "Kollimierte Transmission" beschrieben. Die Abnahme der eingestrahlten Intensität I_0 durch

2 Theorie

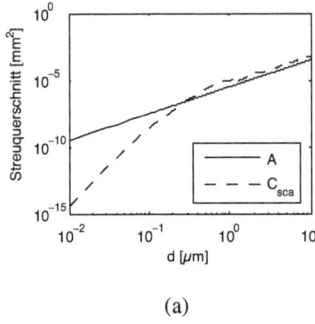
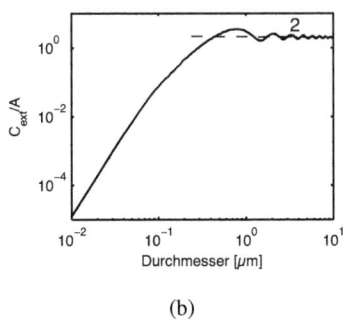

(a)   (b)

Abb. 2.25: a) Der Extinktionsquerschnitt C_{ext} wurde für Wassertropfen verschiedener Größe berechnet. Für Durchmesser, welche klein gegenüber der Wellenlänge sind, steigt er sehr viel stärker an als die geometrische Projektionsfläche A des Teilchens. b) Die Division von Extinktionsquerschnitt und Projektionsfläche des Teilchens gibt Aufschluss über die Effektivität der Streuung.

die Streuung oder Absorption an einem Partikel erfolgt wie in der Projektionsansicht in Abbildung 2.26 (a) gezeigt. Durch das Partikel wird dabei der blaue Anteil aus der ebenen Welle entfernt. Dieser Querschnitt lässt sich mit der Mie-Theorie berechnen, dabei unterscheidet sich der Extinktionsquerschnitt $C_{ext}(\lambda)$ meist stark von der geometrischen Projektionsfläche des Partikels (siehe Abbildung 2.25). Der Extinktionsquerschnitt $C_{ext}(\lambda)$ bildet die Summe aus dem Streu- und Absorptionsquerschnitt $C_{ext}(\lambda) = C_{sca}(\lambda) + C_{abs}(\lambda)$. Er kann auch direkt mit Formel 2.50 berechnet werden. Die Intensität hinter einer bestrahlten Fläche ergibt sich für ein einzelnes Partikel zu

$$I = (1 - \frac{C_{ext}(\lambda)}{A}) \cdot I_0. \qquad (2.66)$$

Dabei wird angenommen, dass die Fläche A homogen mit der Gesamtintensität I_0 bestrahlt wird. Die transmittierte Gesamtintensität I wird somit um das Verhältnis des Extinktionsquerschnitts $C_{ext}(\lambda)$ und A verringert. Solange die Partikel unabhängig und statisch sind, kann der Gesamtextinktionsquerschnitt $C_{ext,ges}(\lambda)$ für eine Anzahl von Partikeln x, durch die Summe der Einzelextinktionsquerschnitte $C_{ext,n}$ aller Partikel in der bestrahlten Fläche A bestimmt werden

$$C_{ext,ges}(\lambda) = \sum_{n=1}^{x} C_{ext,n}(\lambda). \qquad (2.67)$$

Mit dem Volumen der Probe $V_{ges} = A \cdot d$, dem Volumen des Teilchens V_{ext} und für eine bestimmte Teilchenkonzentration $c = V_{ext}/V_{ges}$ lässt sich Gleichung 2.66 auch in Abhängigkeit des Extinktions-

2.4 Mehrfachstreuung

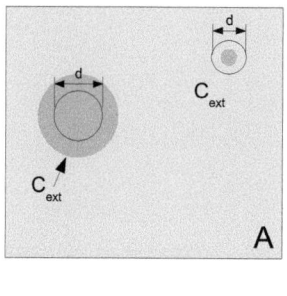
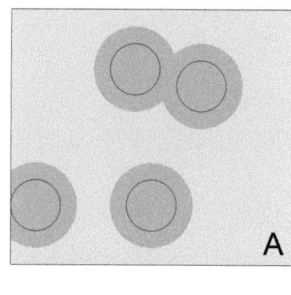

(a)   (b)

Abb. 2.26: a) Kugelförmige Teilchen mit verschiedenen Durchmessern befinden sich innerhalb der bestrahlten Fläche A. Der Extinktionsquerschnitt eines Teilchens kann sich sehr von seiner geometrischen Projektionsfläche unterscheiden. b) Bei größeren Teilchenkonzentrationen können die Extinktionsquerschnitte überlappen.

koeffizienten $\mu_{ext}(\lambda) = c \cdot \frac{C_{ext}(\lambda)}{V_{ext}}$ schreiben

$$\frac{I}{I_0} = (1 - \mu_{ext}(\lambda) \cdot d \cdot c). \tag{2.68}$$

Der lineare Abfall der durchtretenden Intensität, welcher von Gleichung 2.68 vorhergesagt wird, kann experimentell nur bei kleinen Konzentrationen bestätigt werden. Zum Verständnis des Experiments müssen Effekte berücksichtigt werden, welche erst bei höheren Konzentrationen deutlich werden.

Der Extinktionskoeffizient $\mu_{ext}(\lambda)$ beschreibt den Kehrwert der mittleren freien Weglänge zwischen zwei Absorptions- oder Streuereignissen im Medium.

Bei einer großen Anzahl von Streuern können sich die Extinktionsquerschnitte C_{ext}, wie in Abbildung 2.26 (b) gezeigt, überlappen. Gleichung 2.67 ist nur gültig, solange die Anzahl der Streuer sehr klein ist $\frac{C_{ext(ges)}(\lambda)}{A} \ll 1$. Für eine allgemeingültige Lösung wird angenommen, dass der Streukörper zusammengesetzt ist aus vielen hintereinanderliegenden dünnen Schichten der Dicke d' (siehe Abbildung 2.27), in denen Gleichung 2.66 gilt, also $\frac{C_{ext(ges)}(\lambda)}{A} \ll 1$. Zwischen den einzelnen Schichten treten keine Reflexionen auf. Es ergibt sich

$$I_1 = I_0(1 - \mu_{ext}(\lambda) \cdot d \cdot c) \Rightarrow I_2 = I_1(1 - \mu_{ext}(\lambda) \cdot d \cdot c)\dots,$$

womit sich die Reihe schreiben lässt als

$$\frac{I}{I_0} = (1 - \mu_{ext}(\lambda) \cdot d \cdot c)^n.$$

Wie in Abbildung 2.27 gezeigt, ist die Gesamtdicke der Probe $d = n \cdot d'$. Für eine immer größere

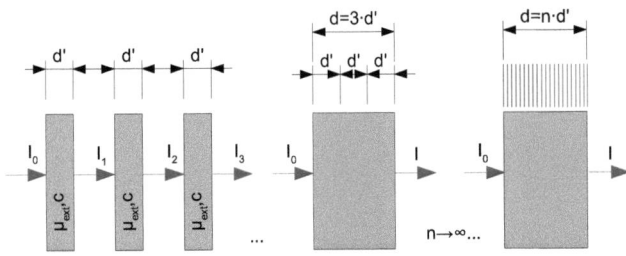

Abb. 2.27: Der einfallende Lichtstrahl I_0 wird abhängig von der Dicke d der Konzentration c und dem Extinktionskoeffizienten der Lösung abgeschwächt.

Anzahl n immer dünnerer Schichten ergibt sich die Grenzwertbildung von $n \to \infty$ zu

$$\frac{I}{I_0} = \lim_{n \to \infty} \left(1 - \frac{\mu_{ext}(\lambda) \cdot d \cdot c}{n}\right)^n.$$

Die Gesamtdicke d ist dabei fix. Mit $\lim_{n \to \infty} \left(1 - \frac{x}{n}\right)^n$, der formalen Herleitung der Exponentialfunktion e^x, kann somit das Lambert-Beer Gesetz aus der Streuung eines Einzelstreuer hergeleitet werden

$$I = I_0 \cdot e^{(-\mu_{ext}(\lambda) \cdot c \cdot d)}. \tag{2.69}$$

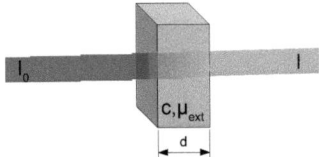

Abb. 2.28: Der einfallende Lichtstrahl I_0 wird exponentiell, abhängig von der Dicke d der Konzentration c und dem Extinktionskoeffizienten μ_{ext} der Lösung, abgeschwächt.

Gültigkeitsbereich des Lambert-Beer Gesetzes

Das Lambert-Beer Gesetz gilt nur solange die Konzentration der Absorber und Streukörper nicht über einen bestimmten Wert steigt. Diese Maximalkonzentration unterscheidet sich in Abhängigkeit des untersuchten Absorbers und Streuers stark. Über dieser Konzentration fällt die Intensität durch verschiedene Effekte in der Regel schwächer ab, als vom exponentiellen Abfall des Lambert-Beer Gesetzes vorhergesagt.

In streuenden Proben ergibt sich das Problem, dass durch die mehrfache Streuung eines Photons dieses zufällig wieder in die ursprüngliche Richtung der ebenen Welle zurückgestreut werden kann. Somit kann es versehentlich als nicht gestreut gemessen werden. Die Mehrfachstreuung tritt bei zu großen Werten von $\mu_{sca} \cdot c \cdot d$ auf. Ab welcher Konzentration dieser Effekt zu signifikanten Problemen bei einer Messung führt, hängt sehr stark von der Messgeometrie (d.h. Akzeptanzwinkel des Detektors) und der Phasenfunktion des streuenden Mediums ab. Es gibt deshalb keine allgemeingültige Abschätzung, wann mit signifikanter Mehrfachstreuung gerechnet werden muss. Für Werte von $\mu_{sca} \cdot c \cdot d \leq 1$ kann in einem üblichen Messaufbau zur Messung der kollimierten Transmission Mehrfachstreuung jedoch nahezu ausgeschlossen werden.

Zusätzlich zu der Mehrfachstreuung tritt bei Proben mit zu hoher Konzentration abhängige Streuung auf (siehe Kapitel 2.4.4). Die Ursache der abhängigen Streuung ist die Annäherung zweier Streukörper auf einen Abstand im Bereich unterhalb der Wellenlänge. Dies führt zu einer Abnahme der Streuung, ähnlich wie die Mehrfachstreuung. Beide Effekte, abhängige Streuung sowie Mehrfachstreuung, treten häufig ab einer bestimmten Konzentration von Streukörpern gemeinsam auf und können mit einfachen Mitteln nicht unterschieden werden.

Ein ganz ähnlicher Effekt kann auch bei Absorbern beobachtet werden. Wird die Konzentration einer Probe zu groß, befinden sich die Absorber zu nah beieinander und können sich gegenseitig bei der Absorption stören. Die Absorption sinkt.

2.4.2 Transporttheorie

Das vorhergehende Kapitel hat gezeigt, wie die Intensität einer ebenen Welle beim Eintritt in ein streuendes oder absorbierendes Medium abnimmt. Mit der Transporttheorie kann berechnet werden, wie sich das Licht in dem Medium ausbreitet. Eine Quelle $S(\vec{r},\vec{s})$ sendet Photonen am Ort $\vec{r}$ in Richtung $\vec{s}$ aus. Die Transportgleichung verknüpft die Strahldichte $L(\vec{r},\vec{s})$, welche am Ort $\vec{r}$ in Richtung $\vec{s}$ durch eine infinitesimale Fläche tritt, mit dem Streukoeffizienten μ_s, dem Extinktionskoeffizienten μ_{ext} und der Phasenfunktion $p(\vec{s},\vec{s}')$ eines streuenden Mediums. Dabei beschreibt die Phasenfunktion die Wahrscheinlichkeit, dass ein Photon aus Richtung $\vec{s}'$ kommend in Richtung $\vec{s}$ gestreut wird. Für den zeitunabhängigen Fall ergibt sich die Transportgleichung für unpolarisiertes Licht zu

$$\frac{dL(\vec{r},\vec{s})}{ds} = -\mu_{ext} L(\vec{r},\vec{s}) + \mu_s \int_{4\pi} p(\vec{s},\vec{s}') L(\vec{r},\vec{s}') d\Omega' + S(\vec{r},\vec{s}). \tag{2.70}$$

Die Lösung der Transportgleichung wird in dieser Arbeit verwendet, um die Lichtausbreitung in großen Volumen hochstreuenden Mediums zu berechnen. Die Lösung der Gleichung 2.70 berücksichtigt im Gegensatz zu den Lösungen der Maxwell-Gleichungen jedoch keine Interferenzeffekte. In streuenden Medien ist diese Näherung ab einer bestimmten Distanz zum Einstrahlort hinreichend. Jedoch muss beachtet werden, dass im Fall einer statischen, sich nicht bewegenden Probe, bei Verwendung einer kohärenten Lichtquelle, das entstehende Specklemuster nicht mit Gleichung 2.70 berechnet werden kann. In flüssigen Proben oder unter Verwendung nichtkohärenter Quellen ist das Specklemuster nicht mehr statisch und wird sich nach kurzer Zeit ausmitteln. Dann ist Gleichung 2.70 eine gute Lösung der Lichtausbreitung in dem betrachteten Medium.

Es gibt nur wenige spezielle Fälle, in denen die Transportgleichung analytisch gelöst werden kann. Dabei existiert keine analytische Lösung, welche einen bedeutenden Beitrag zur Berechnung der Lichtausbreitung in hochstreuenden biologischem Gewebe hätte. Die Lösungen zur Berechnung der Lichtausbreitung in hochstreuendem biologischem Gewebe basieren auf diversen numerischen Lösungsansätzen. Besondere Bedeutung haben dabei vor allem die Adding-Doubling-Methode und das Monte-Carlo-Verfahren. Aufgrund ihrer Vielseitigkeit wird in dieser Arbeit die Monte-Carlo-Methode verwendet (siehe Kapitel 2.6).

2.4.3 Diffusionstheorie

Die Diffusionstheorie stellt als Approximation der Transportgleichung eine vereinfachte Lösung zur Berechnung der Lichtausbreitung in streuenden Medien dar. Für einfache Probengeometrien unter Berücksichtigung einiger weiterer Einschränkungen liefert sie eine schnelle Lösung des Problems. Zur Vereinfachung der Transportgleichung betrachtet die Diffusionsapproximation die Streuung als isotrop in alle Raumrichtungen. Dabei ist die Raumbestrahlungsstärke $\psi(\vec{r})$ das Integral der Strahldichte über alle Raumrichtungen

$$\psi(\vec{r}) = \int_{4\pi} L_d(\vec{r},\vec{s}) \mathrm{d}\Omega. \tag{2.71}$$

Aus der Transportgleichung ergibt sich die Diffusionsgleichung für die Raumbestrahlungsstärke zu

$$D\triangle\psi(\vec{r}) - \mu_a \psi(\vec{r}) = -S_D(\vec{r},\vec{s}). \tag{2.72}$$

Die internen sowie die externen Strahlquellen sind dabei gegeben durch $S_D(\vec{r},\vec{s})$, und die Diffusionskonstante D ist gegeben durch

$$D = \frac{1}{3(\mu_a + \mu_s')}. \tag{2.73}$$

Dabei ist der reduzierte Streukoeffizient μ_s' der mit dem Anisotropie-Koeffizienten gewichtete Streukoeffizient und ergibt sich zu

$$\mu_s' = (1-g) \cdot \mu_s. \tag{2.74}$$

Zur Lösung der Diffusionstheorie müssen auch die Randbedingungen der Transportgleichung angewendet werden. Da dies aufgrund der Diffusionsapproximation nicht exakt möglich ist, werden auch die Randbedingungen approximiert. Bei der Lösung eines semiinfiniten Mediums wird dazu im Fall der Zero-Boundary-Conditions gefordert, dass die diffuse, in das Medium gerichtete Strahldichte auf dem Rand des Mediums gleich Null sein muss. Es wird eine positive Punktquelle in einem Abstand z_0 von der Oberfläche des Streumediums eingebracht

$$z_0 = (\mu_a + \mu_s')^{-1}.$$

2.4 Mehrfachstreuung

Eine negative Spiegelquelle außerhalb des Streukörpers bewirkt im gleichen Abstand von der Oberfläche, dass die Strahldichte auf der Oberfläche verschwindet.

In dieser Arbeit werden jedoch die Extrapolated-Boundary-Conditions (EBC) verwendet. Diese haben ihren Ursprung in der Lösung des Milne-Problems [38]. Die Strahldichte ist auf der physikalischen Grenzfläche des Mediums nicht null, sondern verschwindet erst in einem Abstand z_b zum Medium. Dieser Abstand berechnet sich nach

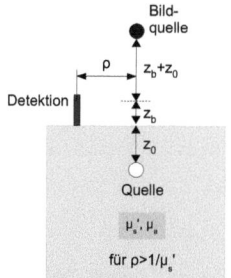

Abb. 2.29: „EBC" für ein semiinfinites Medium.

$$z_b = \frac{1+R_{eff}}{1-R_{eff}} 2D. \quad (2.75)$$

In Formel 2.75 werden bereits die Fresnel-Reflexionen an der Grenzfläche berücksichtigt. Die gesamt Reflexion isotroper Strahlung an der Grenzfläche des Mediums R_{eff} hängt stark von den Brechungsindizes des Übergangs ab. Tabelle 2.2 gibt die verwendeten Parameter für verschiedene Medien an.

Die Reflektanz R des untersuchten Mediums in Abhängigkeit zum Abstand vom Einstrahlort ρ kann nun für den zeitunabhängigen Fall mit einer Lösung der Diffusionstheorie berechnet werden [49]:

$$R(\rho) = f_\Phi \cdot \Phi(\rho) + f_R \cdot R_f(\rho). \quad (2.76)$$

Die Faktoren f_Φ und f_R werden durch die EBC gegeben [38] und sind in Tabelle 2.2 für verschiedene Brechungsindizes des Mediums n_{med} gegeben. Die Strahldichte ergibt sich nun zu

$$\Phi(\rho) = \frac{1}{4\pi D} \left[\frac{\exp\left\{-\mu_{eff}\left[z_0^2 + \rho^2\right]^{1/2}\right\}}{\left[z_0^2 + \rho^2\right]^{1/2}} - \frac{\exp\left\{-\mu_{eff}\left[(z_0+2z_b)^2 + \rho^2\right]^{1/2}\right\}}{\left[(z_0+2z_b)^2 + \rho^2\right]^{1/2}} \right] \quad (2.77)$$

und die Reflektanz zu

$$R_f(\rho) = \frac{1}{4\pi} \left[z_0 \left(\mu_{eff} + \frac{1}{r_1} \right) \frac{\exp(-\mu_{eff} r_1)}{r_1^2} + (z_0 + 2z_b) \left(\mu_{eff} + \frac{1}{r_2} \right) \frac{\exp(-\mu_{eff} r_2)}{r_2^2} \right]. \quad (2.78)$$

2 Theorie

Mit $\mu_{eff} = [3\mu_a(\mu_a + \mu_s')]^{1/2}$ und den Abständen r_1 und r_2:

$$r_1 = \sqrt{z_0^2 + \rho^2}, \qquad r_2 = \sqrt{(z_0 + 2z_b)^2 + \rho^2}.$$

Mit der hier vorgestellten Lösung (Formel 2.77) kann somit die Rückstreuung eines vollkommen homogenen, unendlich ausgedehnten Quaders berechnet werden. Dies ist erfüllt, sobald die Strahldichte an den unteren und seitlichen Grenzflächen vernachlässigbar ist. In der Praxis ist diese Näherung für typische optische Eigenschaften von biologischem Gewebe ab einem Abstand vom Einstrahlort von 5 cm-10 cm gut erfüllt. Weiterhin wird eine punktförmige Einstrahlung von unpolarisiertem Licht vorausgesetzt.

Da die Diffusionstheorie eine Näherung ist, sind ihre Lösungen nur für bestimmte Voraussetzungen gültig. So muss die Streuung im Medium größer als die Absorption sein $\mu_s \gg \mu_a$. Durch die Diffusionsapproximation bedingt gibt es in der Nähe des Einstrahlortes keine gültigen Ergebnisse. Erst in einem Abstand, in dem die Strahlung im Medium als diffus angenommen werden kann, liefert die Diffusionstheorie gültige Werte. Dies gilt in etwa für Abstände $\rho \gg \mu_s'^{-1}$.

Tab. 2.2: Werte zur Berechnung der Reflektanz für typische Brechungsindexunterschiede.

n_{med}	n_{out}	R_{eff}	f_ϕ	f_R
1,00	1,00	0,000	0,250	0,500
1,33	1,00	0,431	0,132	0,336
1,40	1,00	0,493	0,118	0,306

2.4.4 Abhängige Streuung

Viele der bisherigen Betrachtungen beruhen auf der Annahme, dass die einzelnen Streuprozesse in einem Medium als unabhängig angenommen werden können. Aus dem Lambert-Beer Gesetz 2.69 folgt, dass die Extinktion in einer Suspension μ_{ext} linear mit der Konzentration c der Lösung ansteigt

$$\mu_{ext}(\lambda, c) = c \cdot \frac{C_{ext}(\lambda)}{V_{ext}}. \tag{2.79}$$

Wie die Betrachtung zur Gültigkeit des Lambert-Beer Gesetzes (Kapitel 2.4.1) bereits andeutete, gilt dieses Verhalten jedoch nur bis zu einer gewissen Maximalkonzentration der Lösung. Neben den anderen aufgeführten Effekten wird der Streukoeffizient eines Partikels $\mu_s = C_{sca}/V$ bei hohen Konzentrationen durch die Anwesenheit anderer Streukörper in der Umgebung kleiner. Wenn die Partikel sich auf Abstände kleiner der Wellenlänge des eingestrahlten Lichts annähern, befinden sich die Streukörper im gegenseitigen Nahfeld. Die Berechnung des Streuquerschnitts muss dann für das gesamte Ensemble von Partikeln erfolgen (siehe auch Kapitel 2.5.2). Der Streuquerschnitt mehrerer Streukörper im gegenseitigen Nahfeld sinkt im Vergleich zu der Summe der Streuquerschnitte unabhängiger Partikel.

Die meisten biologischen Gewebe weisen eine hohe Konzentration an Streukörpern auf, die meist

2.4 Mehrfachstreuung

über der Grenze liegt, bis zu der man einzelne Streukörper als unabhängig betrachten könnte. Die einzelnen streuenden Strukturen, wie z.b. Fasern, Zellkerne und Mitochondrien, können nicht als separat betrachtet werden. Demzufolge ist es momentan nicht möglich, z.b. eine einzelne Muskelfaser zu extrahieren, deren streuenden Eigenschaften zu untersuchen und daraus die Streuung des gesamten Muskels zu berechnen. Der Übergang von der Einfachstreuung dichtgepackter Medien zur Vielfachstreuung in makroskopischen Volumen wirft noch viele Fragen auf.

Um die abhängige Streuung genauer zu verstehen und grundlegende Fragen zur Kopplung des mikroskopischen Regimes der Einfachstreuung an das makroskopische Regime der Vielfachstreuung zu lösen, wurde die Streuung von hohen Konzentrationen der gut untersuchten Fettemulsionen mit geeigneten Lösungen der Maxwell-Gleichungen berechnet und experimentell untersucht (siehe Kapitel 4.5). In den letzten Jahren gab es einige Studien, die sich mit der Messung und Berechnung der abhängigen Streuung in hochkonzentrierten streuenden Medien beschäftigt haben. Insbesondere wurden dabei auch die Fettsuspensionen gut untersucht [108]. Messungen des Einflusses der Konzentration auf die Phasenfunktion hochkonzentrierter Medien hat es unseres Wissens nach jedoch noch nicht gegeben.

2.5 Lösung der Maxwell-Gleichungen

Für jedes Medium, welches experimentell vermessen wurde, wurde ein geeignetes physikalisches Modell des Mediums erstellt. Da keine dreidimensionale FDTD-Simulation zur Verfügung stand, welche in der Lage wäre, die Streuung in den untersuchten Messvolumen zu berechnen, wurden je nach Geometrie der Streukörper andere Lösungen der Maxwell-Gleichungen herangezogen. Je nach Komplexität des Streukörpers mussten dabei Vereinfachungen getroffen werden. Es hat sich jedoch gezeigt, dass unsere Herangehensweise auch bei komplexeren Streukörpern dazu beitrug, aus den Messdaten quantitative Informationen über die Struktur des Streukörpers rekonstruieren zu können.

Zur Lösung dieser Probleme wurden verschiedene analytische und numerische Lösungen der Maxwell-Gleichungen verwendet. Eine kurze Einleitung zu den analytischen Lösungen für die Kugel und den Zylinder wurde in Kapitel 2.3.2 und Kapitel 2.3.3 gegeben. Die verwendete FDTD-Simulation wird im folgenden Kapitel 2.5.4 auf Basis der Grundlagen kurz erklärt.

In diesem Kapitel soll hauptsächlich auf die besonderen Eigenschaften der in dieser Arbeit verwendeten Lösungen eingegangen werden. Außerdem werden jeweils einige Beispielrechnungen und wenn nötig Verifikationsrechnungen zu den jeweiligen Lösungen gezeigt. Die experimentelle Verifikation folgt in den Kapiteln 4.3 und 4.2.

2.5.1 Unabhängige Kugelstreuer

Zur Lösung der Mie-Theorie wurde der freie Matlab-Code von Dave Barnett verwendet [8]. Er basiert auf der Herleitung nach Bohren und Huffman, wie sie in Kapitel 2.3.2 kurz erklärt ist. Im Besonderen zeichnet sich die Barnett-Lösung durch eine effiziente Implementierung der Riccati-Bessel-Funktionen aus. Diese ermöglichte erst die Berechnung einer Vielzahl an Partikelgrößen in Partikelsuspensionen in einer hinreichend kurzen Zeit. In Abbildung 2.30 ist exemplarisch die Phasenfunktion eines Partikels für ein breites Spektrum von Wellenlängen aufgetragen.

Zu beachten ist, dass bei der Berechnung des Stokes-Vektors (Formel 2.52) $k^2 \cdot r^2$ als 1 angenommen wird. Für die Berechnung der normierten Phasenfunktion ist diese Annahme ohne Bedeutung. Bei der Berechnung von Streuquerschnitten oder Streukoeffizienten mit der Mie-Theorie muss die Lösung von Barnett jedoch um diesen Term ergänzt werden. Vergleiche des angepassten Codes mit anderen Lösungen der Mie-Theorie zeigten keine Unterschiede. Weiterhin konnten die Ergebnisse des Algorithmus mit Experimenten an Kugelstreuern hinreichend gut validiert werden (siehe Kapitel 4.3).

Der Barnett-Code wurde in dieser Arbeit um einige Komponenten erweitert. Es wurde die Berechnung des Streuquerschnitts und des Extinktionsquerschnitts hinzugefügt. Aus der Phasenfunktion wurde der g-Faktor abgeleitet. Die numerische Apertur der Quelle und der Detektion konnte, wie in Kapitel 2.3.2 erläutert, berücksichtigt werden. Weiterhin wurde die Berechnung beliebiger Partikelsuspensionen implementiert (siehe auch Kapitel 2.3.2). Bei der Berechnung von Partikelsuspensionen

2.5 Lösung der Maxwell-Gleichungen

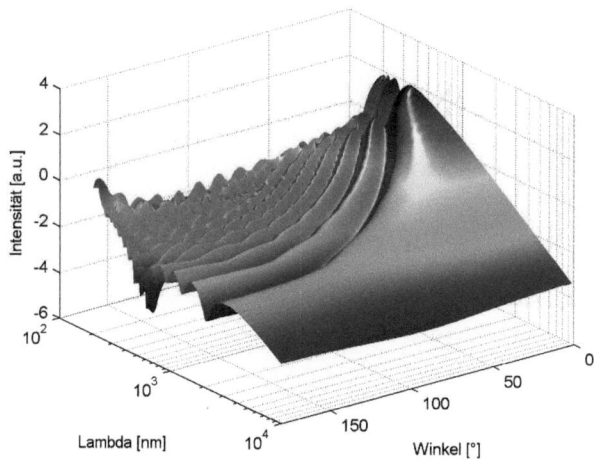

Abb. 2.30: Aufgetragen ist die winkelabhängige Streuintensität eines Polystyrens ($d = 1$ µm) in Wasser für Wellenlängen von 100 nm bis 10 µm. Die charakteristischen Oszillationen der Mie-Theorie verschwinden für langwellige Strahlung.

wird jedoch von unabhängigen Streukörpern ausgegangen. Für die Berechnung von kugelförmigen Streukörpern, welche sich im gegenseitigen Nahfeld befinden, wurde eine Mehrkugellösung verwendet.

2.5.2 Mehrkugellösung

Ausgehend von der Lösung der Maxwell-Gleichungen für eine Kugel lässt sich auch eine analytische Lösung für ein Mehrkugelsystem finden [104, 103]. Es können verschiedene Kugeln unterschiedlicher Größe mit unterschiedlichem Brechungsindex in einem Berechnungsvolumen beliebig verteilt werden (siehe Abbildung 2.31). Bedingung ist, dass sich die kugelförmigen Streukörper nicht überlappen und sich somit jeder einzelne Streukörper originär mit der Mie-Theorie berechnen lässt. Im Gegensatz zu der vorgestellten Lösung für unabhängige Streuer, bei der nur die Intensitäten der einzelnen Streukörper im Fernfeld aufsummiert wurden, werden bei der Mehrkugellösung die Felder der einzelnen Streuer phasenrichtig aufsummiert und es wird die Abhängigkeit der Streuer im gegenseitigen Nahfeld berücksichtigt. Es ist möglich, eine große Anzahl von Streuern (bis einige Tausend) in einem Berechnungs-

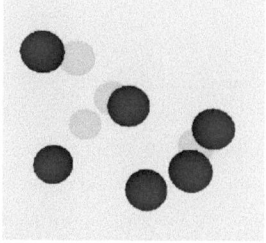

Abb. 2.31: Simulationsfeld der Mehrkugellösung.

41

volumen beliebig zu positionieren. Somit ist es möglich, die exakte Lösung für Streuer im gegenseitigen Nahfeld zu erhalten und die Effekte der abhängigen Streuung genauer zu untersuchen. Aus der Superposition der Felder einer Anzahl von Einzelstreuern, die jeweils mit dem Index i gekennzeichnet sind, ergibt sich

$$\mathbf{E}_{sca} = \sum_i \mathbf{E}^i_{sca}, \quad (2.80) \qquad \mathbf{H}_{sca} = \sum_i \mathbf{H}^i_{sca}. \quad (2.81)$$

Hierbei wurde noch nicht die gegenseitige Abhängigkeit der Streufelder berücksichtigt. Für die vollständige Lösung müssen jeweils am Ort des Einzelstreuers, neben den einfallenden Feldkomponenten $\mathbf{E}^i_{inc,0}$ und $\mathbf{H}^i_{inc,0}$, auch die Felder jedes anderen Kugelstreuers $\mathbf{E}^k_{sca}$ und $\mathbf{H}^k_{sca}$ betrachtet werden. Die Gesamtfelder $\mathbf{E}^i_{inc}$ und $\mathbf{H}^i_{inc}$ am Ort jedes einzelnen Streukörpers ergeben sich zu

$$\mathbf{E}^i_{inc} = \mathbf{E}^i_{inc,0} + \sum_{k, k \neq i} \mathbf{E}^k_{sca}, \quad (2.82) \qquad \mathbf{H}^i_{inc} = \mathbf{H}^i_{inc,0} + \sum_{k, k \neq i} \mathbf{H}^k_{sca}. \quad (2.83)$$

Für die einfallenden Feldkomponenten $\mathbf{E}^i_{inc,0}$ und $\mathbf{H}^i_{inc,0}$ ist die Bestimmung der Phase am Ort des jeweiligen Streuers über den Abstand und die damit verbundene Phasenverschiebung noch relativ einfach zu berechnen. Die Schwierigkeit bei der Lösung des Mehrkugelsystems ist es, die Streubeiträge der verschiedenen Kugelstreuer $\mathbf{E}^k_{sca}$ und $\mathbf{H}^k_{sca}$, abhängig vom Ort der jeweiligen Streuer, phasenrichtig aufeinander abzubilden. Dazu werden die Basisfunktionen $\mathbf{M}$ und $\mathbf{N}$ der Mie-Theorie im gegenseitigen Bezugssystem der Kugeln mit Vektor-Translationskoeffizienten aufeinander abgebildet [95].

Für die Lösung des Mehrkugelsystems wurde ein frei verfügbarer Fortran-Code (GMM01F u. GMM01S) verwendet [104]. Einige Grundzüge der Implementierung und der Vergleich der analytischen Kugellösung mit Ergebnissen der Transportgleichungen finden sich in der Veröffentlichung von Voit et al. [96, 97].

Validierung

Die Mehrkugellösung wurde bereits oftmals mit Experimenten validiert [106, 105]. Dazu wurden makroskopische Kugelmodelle unterschiedlichster Anordnung mit einem Mikrowellenstreuaufbau untersucht. Die Größenparameter entsprachen dabei ungefähr denen unserer optischen Experimente mit mikroskopisch kleinen Kugeln. Wie in Kapitel 4.5 zu sehen ist, sind die Ergebnisse der Mehrkugellösung für den Fall geringer Streuer-Volumenkonzentration weiterhin identisch mit den Ergebnissen der Berechnungen für unabhängige Kugelstreuer.

2.5.3 Zylinder

Zur Berechnung der Streuung an einem Zylinder wurden zwei verschiedene Lösungen benutzt. Für einen einzelnen unendlich langen Zylinder wurde eine Implementierung nach Bohren und Huff-

2.5 Lösung der Maxwell-Gleichungen

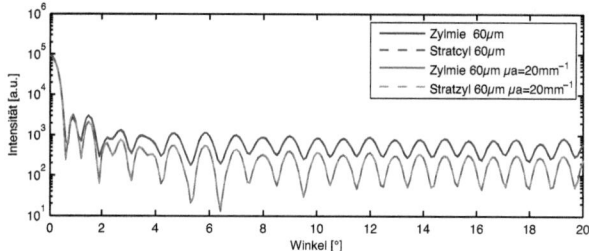

Abb. 2.32: Vergleich der zwei analytischen Lösungen für den Zylinder. Berechnet für einen einzelnen Zylinder mit und ohne Absorption für $n = 1{,}55$.

man [13], wie in Kapitel 2.3.3 bereits eingeführt, verwendet (Zylmie). Mit der Lösung für den Einzelzylinder kann die Streuung eines beliebig großen, auch absorbierenden Zylinders für senkrechtes, paralleles oder unpolarisiertes Licht berechnet werden. Die Ergebnisse konnten gut anhand von Experimenten mit Zylinderstreuern (siehe Kapitel 4.2) und durch den Vergleich mit einer FDTD-Implementierung (siehe Kapitel 2.5.4) validiert werden.

Es gibt mehrere Ansätze, ein System bestehend aus mehreren konzentrischen Zylindern zu berechnen [7, 42, 85]. Für die Interpretation der experimentellen Ergebnisse wurde eine Lösung für beliebig viele konzentrische unendlich lange Zylinder nach Barabás verwendet [7] (Stratcyl). Diese Lösung erlaubt die Berechnung der Streuung nahezu beliebig großer, auch absorbierender, konzentrischer Zylinder für den senkrechten Einfall von parallel oder senkrecht polarisiertem Licht (aus deren Superposition sich unpolarisierte Strahlung berechnen lässt). Im Vergleich zur Einzylinderlösung zeigt sich eine sehr gute Übereinstimmung, wie Abbildung 2.32 zeigt. Auch der Vergleich mit der FDTD-Simulation (Kapitel 2.5.4) erbringt gute Ergebnisse.

2.5.4 FDTD-Simulation

Mit der Finite-Difference-Time-Domain-Methode (FDTD) lässt sich die Interaktion von Licht mit einem (beliebig komplexen) Körper variabler Geometrie numerisch lösen [90, 25, 3]. Sie ist damit eine der prädestiniertesten Methoden, um die Lichtstreuung in jedem beliebigen, streuenden Medium anhand der Maxwell-Gleichungen zu untersuchen. Aufgrund der immensen Rechenanforderungen ist jedoch eine dreidimensionale FDTD-Simulation in den Abmessungen der in dieser Arbeit untersuchten Streukörper (einige $1000\,\mu m^3$) beim jetzigen Stand der Technik nicht möglich. Es konnten jedoch gute Übereinstimmungen der Experimente mit zweidimensionalen Simulationen erzielt werden. Im Folgenden wird die zweidimensionale Lösung kurz beschrieben.

Die vier Maxwell-Gleichungen sind der Ausgangspunkt bei der Herleitung der FDTD-Simulation. Die Gleichungen 2.3 und 2.4 sind nicht zeitabhängig und bilden sozusagen die Startbedingung. Die

2 Theorie

zeitabhängigen Rotations-Maxwell-Gleichungen 2.1 und 2.2 beschreiben vollständig die zeitliche und räumliche Ausbreitung des elektromagnetischen Feldes, $\mathbf{E}(\mathbf{r},t)$ und $\mathbf{H}(\mathbf{r},t)$. Die FDTD-Methode basiert auf den Rotations-Maxwell-Gleichungen in ihrer allgemeinen Form:

$$\mathbf{rot}\,\mathbf{E}(\mathbf{r},t) = -\mu(\mathbf{r})\frac{\partial \mathbf{H}(\mathbf{r},t)}{\partial t}, \tag{2.84}$$

$$\mathbf{rot}\,\mathbf{H}(\mathbf{r},t) = \varepsilon(\mathbf{r})\frac{\partial \mathbf{E}(\mathbf{r},t)}{\partial t} + \mathbf{j}(\mathbf{r}). \tag{2.85}$$

Obwohl wir uns in dieser Arbeit auf dielektrische, nichtleitende Medien beschränken, wird $\mathbf{j}(\mathbf{r})$, die Stromdichte, berücksichtigt. Die betrachteten Medien sind alle nicht ferromagnetisch, womit die Permeabilität sich ortsunabhängig zu $\mu(\mathbf{r}) = \mu_0$ vereinfacht. Die Dielektrizitätszahl berechnet sich aus dem Brechungsindex des Mediums $\varepsilon = n^2$. Die Materialeigenschaften von absorbierenden Dielektrika können über den Brechungsindex beschrieben werden. In absorbierenden Medien wird der Brechungsindex komplex und auch die Dielektrizität erhält einen komplexen Anteil. Bei der numerischen Berechnung großer Vektorfelder ist es sinnvoller, nur mit reellen Größen zu rechnen. Es wird deshalb nur der reelle Anteil der Dielektrizitätskonstante $\varepsilon_r = n_r^2 - n_i^2$ verwendet. Dieser kann durch ein reelles Skalarfeld $\varepsilon_\mathbf{r}(\mathbf{r})$ beschrieben werden. In nicht absorbierenden Medien drückt dieses Skalarfeld die komplette Materialinformation aus. Mit einem anderen Ansatz lässt sich nun der komplexe Anteil durch ein weiteres reelles Skalarfeld einführen. In dem nichtleitenden Medium wird eine Leitfähigkeit nach dem ohmschen Gesetz angenommen $\mathbf{j}(\mathbf{r}) = \sigma(\mathbf{r})\mathbf{E}(\mathbf{r},t)$ und in Gleichung 2.85 eingeführt. Durch einen Koeffizientenvergleich können nun sowohl die Absorption, als auch der Brechungsindex durch zwei reelle Skalarfelder ausgedrückt werden:

$$\varepsilon_\mathbf{r}(\mathbf{r}) = n_r^2(\mathbf{r}) - \frac{\mu_a^2(\mathbf{r})\lambda^2}{16\pi^2}, \tag{2.86}$$

$$\sigma(\mathbf{r}) = 2n_r(\mathbf{r})\mu_a(\mathbf{r})c\varepsilon_0. \tag{2.87}$$

In dieser Arbeit wurde ausschließlich eine zweidimensionale FDTD-Simulation verwendet. Dies bedeutet, dass es sich um ein Simulationsfeld ohne z-Abhängigkeit handelt. Bei der Herleitung der Grundgleichungen für zwei Dimensionen entfallen demzufolge die z-Abhängigkeiten der Felder

$$\mathbf{rot}\,\mathbf{f} = \begin{pmatrix} \frac{\partial f_z}{\partial y} - \frac{\partial f_y}{\partial z} \\ \frac{\partial f_x}{\partial z} - \frac{\partial f_z}{\partial x} \\ \frac{\partial f_y}{\partial x} - \frac{\partial f_x}{\partial y} \end{pmatrix} = \begin{pmatrix} \frac{\partial f_z}{\partial y} \\ -\frac{\partial f_z}{\partial x} \\ \frac{\partial f_y}{\partial x} - \frac{\partial f_x}{\partial y} \end{pmatrix}. \tag{2.88}$$

Angewandt auf die Grundgleichungen lassen sich die Abhängigkeiten des E- vom H-Felds durch diskrete Differenzen berechnen. Dazu werden die Vektorfelder mit jeweils drei zweidimensionalen (skalaren) Matrizen mit den Laufparametern i und j ausgedrückt. Für das E-Feld gibt es demnach

2.5 Lösung der Maxwell-Gleichungen

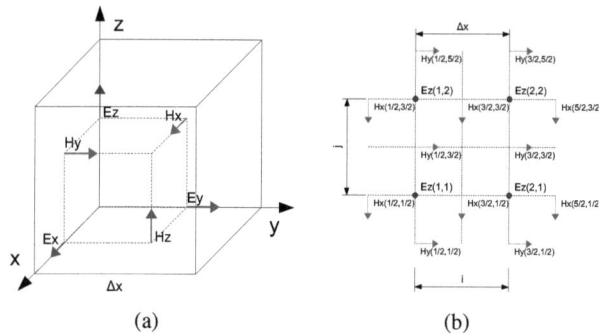

(a)   (b)

Abb. 2.33: Yee-Zelle [107] a) dreidimensional; b) Für den zweidimensionalen TEz Fall.

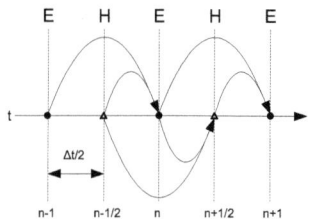

Abb. 2.34: Leap Frog Schema.

die drei Matrizen Ex, Ey und Ez. Wenn die Polarisation des E-Feldes senkrecht zum Simulationsfeld steht, dem TEz Fall, lässt sich das E-Feld vollständig mit der Ez Matrix beschreiben. Das H-Feld kann in diesem Fall Komponenten sowohl in x- wie auch y-Richtung enthalten und benötigt zwei Matrizen, Hx und Hy.

Die Matrizen der Felder werden nach einem bestimmten Schema in einer Yee-Zelle [107] angeordnet. Wie in Abbildung 2.33 (a) gezeigt, liegen die E- und H-Felder nicht aufeinander, sondern sind jeweils um einen halben Iterationsschritt, $\Delta x/2$, getrennt. Für den zweidimensionalen Fall der TEz Polarisation sind die Felder wie in Abbildung 2.33 (b) angeordnet. Analog zu der räumlichen Diskretisierung wird auch die zeitliche Diskretisierung angesetzt. In einem „Leap Frog" genannten Iterationsschema sind die Zeitpunkte der E- und H-Feld-Berechnung wieder um einen halben Iterationsschritt, $\Delta t/2$, getrennt (siehe Abbildung 2.34).

Aus der zweidimensionalen Rotation (Gleichung 2.88) der Rotations-Maxwell-Gleichungen ergeben sich nun die Differentialgleichungen, die das Ez-Feld mit den Hx- und Hy-Feldern verknüpft. Durch die Diskretisierung der drei Felder über Raum und Zeit lassen sich nun die Differentiale als finite Differenzen ausdrücken. Die Abhängigkeit der einzelnen Feldkomponenten lässt sich nun für jeden Iterationsschritt mit folgenden Gleichungen berechnen

2 Theorie

$$Hx_{i,j}^{n+1/2} = Hx_{i,j}^{n-1/2} - C \cdot (Ez_{i,j+1/2}^n - Ez_{i,j-1/2}^n),$$
$$Hy_{i,j}^{n+1/2} = Hy_{i,j}^{n-1/2} + C \cdot (Ez_{i+1/2,j}^n - Ez_{i-1/2,j}^n),$$
$$Ez_{i,j}^{n+1} = A_{i,j} \cdot Ez_{i,j}^n + B_{i,j} \cdot [(Hy_{i+1/2,j}^{n+1/2} - Hy_{i-1/2,j}^{n+1/2}) - (Hx_{i,j+1/2}^{n+1/2} - Hx_{i,j-1/2}^{n+1/2})].$$

Die Materialeigenschaften werden über die Skalarfelder $\varepsilon_{i,j}$ und $\sigma_{i,j}$ eingeführt und sind in den A, B und C Matrizen enthalten

$$A_{i,j} = \frac{\varepsilon_{i,j} - \sigma_{i,j}\Delta t/2}{\varepsilon_{i,j} + \sigma_{i,j}\Delta t/2}, \qquad B_{i,j} = \frac{\Delta t}{\Delta x(\varepsilon_{i,j} + \sigma_{i,j}\Delta t/2)}, \qquad C = \frac{\Delta t}{\mu_0 \Delta x}.$$

Durch die Diskretisierung ergeben sich numerische Fehler bei der Simulation. Gekrümmte Oberflächen lassen sich in dem kartesischen Gitter nur unzureichend darstellen. Je nach Gitterbreite Δx kommt es zu einem mehr oder weniger deutlichen 'Staircasing'. Weiterhin zeigt sich, dass die Ausbreitungsgeschwindigkeit eines Pulses im freien Raum des Simulationsfeldes durch die Diskretisierung ebenfalls von der Wellenlänge abhängt. Dies ist die sogenannte numerische Dispersion. Bei der Simulation zeigt sich weiterhin, dass die Ausbreitungsgeschwindigkeit zusätzlich noch von der Richtung abhängt. Diese anisotrope Dispersion entsteht durch den längeren Weg, den eine sich schräg ausbreitende Welle, im Gegensatz zu einer in Gitterrichtung laufenden Welle, in dem Simulationsfeld zurücklegen muss.

Allen Effekten ist gemein, dass sie sich durch eine feinere Diskretisierung reduzieren lassen. Die Genauigkeit der FDTD-Simulation steigt also deutlich mit der Auflösung ihrer Diskretisierung. Eine genaue Grenze, ab welcher Auflösung der Diskretisierung die Simulation hinreichend genau ist, kann nicht angegeben werden. Durch empirische Untersuchungen und Vergleiche mit analytischen Lösungen der Maxwell-Gleichungen haben sich folgende Werte bewährt:

$$\Delta x \sim \frac{\lambda}{20} n_{med}, \qquad \Delta t \sim \frac{\Delta x}{2c} n_{med}.$$

Als Quellfeld eignen sich je nach Aufgabe verschiedene Ansätze. Es kann sowohl eine einfache, kontinuierliche Sinusschwingung nach Formel 2.15 oder ein kurzer Lichtpuls als Quelle verwendet werden. Die Verwendung eines Pulses bietet einige Vorteile. Ein kurzer Lichtpuls ermöglicht es, nach der Nahfeld-Fernfeld Transformation, die Simulation für ein Spektrum von Wellenlängen auszuwerten. Wir verwenden gaußförmige Pulse der Form

$$f(t) = A \cdot e^{-\frac{\omega_0^2(t-t_0)^2}{2b^2}}. \qquad (2.89)$$

Die Simulation wird in der Regel solange durchgeführt, bis der Puls das Simulationsfeld achtmal

2.5 Lösung der Maxwell-Gleichungen

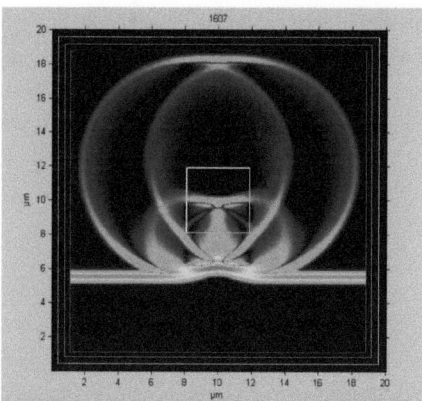

Abb. 2.35: Zweidimensionale FDTD-Simulation eines rechteckigen Körpers für 650 nm und Pol0. Die Randbedingungen sind von innen nach außen TFSF, NFFF, PML.

durchlaufen konnte. So ist gewährleistet, dass auch mehrfache Reflexionen des Pulses nur noch mit vernachlässigbaren Intensitäten im Simulationsfeld vorhanden sind.

Randbedingungen

Damit die Simulation verwertbare Ergebnisse liefert, müssen noch einige Vorkehrungen getroffen werden. Wie in Abbildung 2.35 zu sehen ist, befinden sich im Randbereich des Simulationsfeldes drei Grenzflächen (Total Field Scattered Field (TFSF), Near Field Far Field (NFFF), Perfectly Matched Layer (PML)), die die Auswertung der Simulationsergebnisse erst ermöglichen. Diese Grenzflächen werden im Folgenden kurz erläutert.

Die Formulierung der Randbedingungen stellt bei der FDTD-Simulation einen der kritischsten Punkte dar. An den Rändern der Simulation können die Felder nicht mehr propagieren. Dieses Verhalten entspricht dem Verhalten eines perfekten Leiters, was dazu führt, dass die gesamte Intensität in das Simulationsfeld zurückreflektiert wird. Um dies zu vermeiden werden Randbedingungen eingeführt, welche einem perfekten Absorber entsprechen sollen und die Reflexionen verhindern. Diese Randschicht wird auch als Perfectly-Matched-Layer (PML) bezeichnet und ist die äußerste Schicht der Simulation. Es werden die sogenannten PML-Split-Field-Randbedingungen verwendet, um Reflexionen soweit wie möglich zu verhindern.

Die Reflexionen am Rand der Simulation können durch die Definition der Gesamtfeld-Streufeld-Methode (TFSF) weiter verringert werden. Basierend auf der Superposition der Maxwell-Gleichungen wird in einem Randbereich des Simulationsvolumens das gestreute Feld vom Anregungsfeld getrennt. Auf der Grenzfläche zwischen Gesamtfeld und Streufeld gelten wiederum andere Iterationsgleichungen, die die Trennung verursachen. Hinter dieser Grenze propagiert nur noch das Streufeld.

2 Theorie

Ziel der FDTD-Simulation ist die Berechnung der Phasenfunktion, des Extinktion- und Streuquerschnitts des simulierten Streukörpers. Die FDTD-Simulation berechnet die elektromagnetische Ausbreitung im Nahfeld des Körpers. Phasenfunktion, Extinktion- und Streuquerschnitt sind jedoch im Fernfeld definiert. Das Streufeld wird zuletzt mithilfe einer Fouriertransformation vom Nahfeld ins Fernfeld transformiert (NFFF).

Einschränkungen

Die vorliegende Simulation wurde in Matlab implementiert [29]. Matlab ist eine Sprache, die zur Laufzeit interpretiert wird und keine besonders hohe Geschwindigkeit erwarten lässt. Matlab erlaubt jedoch, anders als natives C, die direkte Formulierung der einzelnen Iterationsschritte durch Matrizenoperationen. Da die FDTD-Simulation hauptsächlich aus Matrizenoperationen besteht, die Matlab nativ mit eigenem hochoptimiertem Binärcode ausführt, ist die Simulation schnell. Die Matrizenoperationen kann Matlab intern parallelisieren und lastet ein Multiprozessorsystem nahezu vollständig aus. Ein eigener Benchmark, der die Ausführungsgeschwindigkeit von Matrizenmultiplikationen einmal nativ in C und einmal in Matlab programmiert vergleicht, ergab, dass Matlab sogar schneller arbeitet als die einfachste mögliche Implementierung in nativem C. Für das Hochleistungscomputing mit Matlab muss jedoch darauf geachtet werden, Matrizenoperationen direkt, ohne Schleifen zu implementieren.

Die wichtigste Grenze einer FDTD-Simulation stellt jedoch nicht unbedingt die Rechengeschwindigkeit, sondern der Speicherverbrauch dar. Der Speicherverbrauch einer zweidimensionalen Simulation lässt sich in einfacher Näherung durch die Simulationsfeldgröße bestimmen. Für „double precision" ergibt sich ein Verbrauch von $\sim 40 \cdot N^2$ byte. Auf einem 32 Bit-System ist relativ schnell die maximale Speichergröße von 2 GB für einen einzelnen Thread erreicht. Simulationsfelder mit einem Durchmesser größer als 150 µm können nur noch auf einem 64 Bit-System mit ausreichend Speicher berechnet werden. Da der Speicherverbrauch quadratisch ansteigt, ergeben sich sehr schnell immense Anforderungen an den Speicherausbau. Dies ist einer der wichtigsten Gründe, warum keine dreidimensionale Simulation zum Einsatz kam. Hier würde der Speicherverbrauch kubisch zunehmen und demzufolge würden Simulationsvolumen im einstelligen Mikrometerbereich bereits den vollständigen Speicher eines gewöhnlichen Rechners verbrauchen.

Validierung

Die Komplexität der FDTD-Lösung lässt einen großen Spielraum für systematische und unbeabsichtigte Fehler. Die Programme sollten regelmäßig mit anderen Lösungen der Maxwell-Gleichungen validiert werden. Selbst wenn nur kleinste Änderungen an der Simulation stattgefunden haben, wie vergrößerte Simulationsfelder, andere Quellfelder etc., sollte eine erneute Validierung durchgeführt werden.

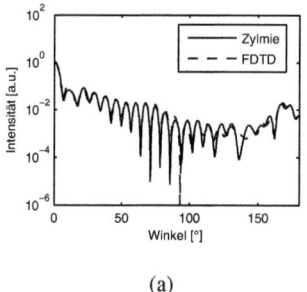
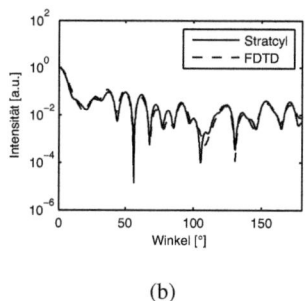

(a) (b)

Abb. 2.36: Vergleich der FDTD-Simulation mit a) Einzelzylinderlösung mit $n_{med} = 1$, $d = 7,8\,\mu m$ $n_{cyl} = 1,55$, $\lambda = 900\,nm$; b) Zwei konzentrischen Zylindern mit $n_{med} = 1$, $d_1 = 3,12\,\mu m$ $n_{cyl1} = 1$, $d_2 = 5,2\,\mu m$ $n_{cyl2} = 1,55$, $\lambda = 900\,nm$.

Zur Validierung der FDTD-Simulation wurde sowohl die einfache analytische Zylinderlösung wie auch die Lösung für mehrere konzentrische Zylinder verwendet. Dazu wurde in unserem Fall ein oder mehrere Zylinder mit bestimmten optischen Eigenschaften in das Simulationsfeld eingebracht und die Phasenfunktion der FDTD-Simulation mit den analytischen Lösungen verglichen. Zumeist wurde dies für eine ganze Reihe von relevanten Wellenlängen und Zylindergrößen durchgeführt.

In Abbildung 2.36 (a) ist exemplarisch die Simulation eines Einzelzylinders mit der analytischen Lösung und in Abbildung 2.36 (b) die eines Doppelzylinders mit der analytischen Lösung verglichen. Alle Phasenfunktionen wurden auf die maximale Intensität normiert.

Es ist ersichtlich, dass die Simulation insbesondere in Vorwärtsrichtung gut mit der analytischen Lösung übereinstimmt. In Rückwärtsrichtung sind einige kleinere Abweichungen zu erkennen. Diese Abweichungen werden häufig durch numerische Fehler bei der Nahfeld-Fernfeld Transformation verursacht. Da hierbei die Fouriertransformation über den gesamten Raumwinkel gebildet wird, und die Rückwärtsstreuung einige Größenordnungen kleiner ist als die Vorwärtsstreuung, führen selbst kleinste Fehler zu signifikanten Unterschieden.

2.6 Lösung der Transporttheorie

Zur Lösung der Transporttheorie wird in dieser Arbeit eine Monte-Carlo-Simulation verwendet, welche bereits in [44] vorgestellt wurde. Diese Methode erlaubt die Berechnung unterschiedlichster Geometrien des streuenden Gewebes mit frei modellierbaren makroskopischen Strukturen im Simulationsgebiet, die sich untereinander im Brechungsindex, in der Absorption, dem Streukoeffizienten und der Phasenfunktion unterscheiden können. Mit angepassten Simulationen können sogar gerichtete Strukturen im Gewebe und damit die vollständige Phasenfunktion $p(\vec{s}, \vec{s}')$ berücksichtigt werden [46].

2 Theorie

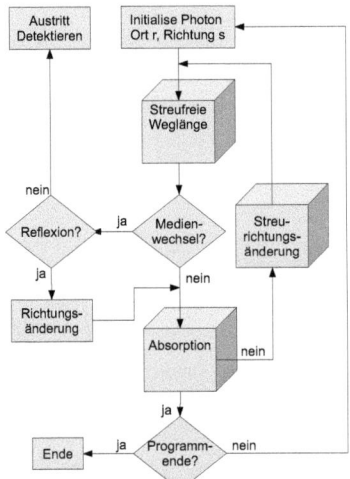

Abb. 2.37: Flussdiagramm der Monte-Carlo-Simulation. Die drei Zufallszahlengeneratoren sind als Quader dargestellt.

Die Monte-Carlo-Simulation ist ein statistisches Verfahren, bei dem die Propagation von einzelnen Photonen in einem streuenden Medium simuliert wird. Welleneffekte können somit nicht berücksichtigt werden. Die Genauigkeit der Simulation hängt von der Anzahl der simulierten Photonen ab. Der Programmablauf gestaltet sich im Wesentlichen wie im Folgenden beschrieben (siehe auch Abbildung 2.37).

Ein Photon wird in ein Gewebe eingebracht und bewegt sich in Einstrahlrichtung fort. Auf Basis des Streukoeffizienten wird anhand einer Zufallszahl eine streufreie Weglänge festgelegt. Diese zufällige streufreie Weglänge ist derart proportioniert, dass eine unendliche Anzahl eingebrachter Photonen im Mittel dem exponentiellen Abfall des Lambert-Beer Gesetzes (für den Streukoeffizienten) entsprechen. Am Ende dieser Weglänge wird das Photon gestreut. Auf Grundlage der Phasenfunktion des streuenden Mediums wird "zufällig" der Streuwinkel berechnet. Dies geschieht derart, dass eine unendliche Anzahl an dem Punkt gestreuter Photonen genau der winkelabhängigen Intensitätsverteilung der Phasenfunktion entsprechen.

Nach dem Streuereignis wird erneut eine zufällige Weglänge berechnet, die sich das Photon nun in die Streurichtung ausbreitet. Für jede Weglänge, die das Photon zurücklegt, wird zusätzlich die Wahrscheinlichkeit der Absorption auf Basis des Absorptionskoeffizienten berechnet. Im Mittel über unendlich viele Photonen entsprechen die Weglängen, die die Photonen im streuenden Medium zurücklegen bis sie absorbiert werden und aus der Simulation verschwinden, wieder genau dem Lambert-Beer Gesetz (für den Absorptionskoeffizienten). Das Photon propagiert so lange im Simulationsvolumen, bis es absorbiert wird oder aus einer der Grenzflächen austritt. Danach wird die Simulation eines neuen Photons gestartet.

Für die exakte Lösung des Problems müssen zusätzlich noch die Fresnel-Reflexionen der Photonen an den Grenzflächen und an Brechungsindexübergängen im Simulationsvolumen berechnet werden.

2.7 Lösung des inversen Problems

Als inverses Problem wird die Berechnung der optischen Eigenschaften eines Mediums aus den Messergebnissen bezeichnet. Es gibt vielfältige Möglichkeiten das inverse Problem zu lösen. Diese können sich stark in Rechenaufwand und Genauigkeit unterscheiden. Hier sollen μ_a und μ_s' aus der Messung der ortsaufgelösten Reflektanz mithilfe der Diffusionstheorie (Formel 2.77) rekonstruiert werden.

Die Diffusionstheorie ist eine Näherung der Transporttheorie und demzufolge nicht exakt und nur in gewissen Grenzen anwendbar (Kapitel 2.4.3). Mit einer direkten Lösung der Transporttheorie wäre eine bessere Beschreibung des Problems möglich. Die Verwendung der Monte-Carlo-Simulation (MCS) zur Lösung des inversen Problems ist jedoch sehr rechenaufwendig. Anhand von Monte-Carlo-Simulationen konnte jedoch der Fehler bei der Lösung des inversen Problems mit der Diffusionstheorie abgeschätzt werden.

In Abbildung 2.38 wurde die ortsaufgelöste Reflektanz für verschiedene optische Parameter berechnet, um die Ergebnisse der Monte-Carlo-Simulation mit der Diffusionstheorie zu vergleichen. Im vorderen Bereich zeigt die Diffusionstheorie große Abweichungen zur Monte-Carlo-Simulation. Bei der Rekonstruktion werden deshalb nur Daten ab einem Abstand von $\rho > \mu_s'^{-1}$ verwendet. Für große Absorptionskoeffizienten steigt die Abweichung der Diffusionstheorie zur Monte-Carlo-Simulation sichtlich an.

Zur Rekonstruktion der optischen Eigenschaften aus den ortsabhängigen Reflektanzwerten $R_f(\rho)$ wird ein Least-Squares-Fit verwendet, um die Berechnungen der Diffusionstheorie $D(x,\rho)$ an die Messdaten anzufitten. Dieser versucht den Wert folgender Funktion zu minimieren

$$\chi(x)^2 = \sum_{i=1}^{N} \left[R_f(\rho_i) - D(x,\rho_i) \right]^2, \qquad (2.90)$$

wobei x die Parameter der Fitfunktion enthält. Neben μ_a und μ_s' sind für den Fit der Theorie an eine Kameramessung der ortsaufgelösten Reflektanz noch der multiplikative Parameter fm, welcher die unbekannte Effizienz der Messung berücksichtigt, und die additive Komponente fa, welche eine Schwankung des Dunkelstroms berücksichtigt, enthalten. Die additive Komponente fa reduziert darüberhinaus auch einen Teil des Fehlers, der durch die Punktantwortfunktion der Kamera entsteht (siehe Kapitel 3.3.1). Der Fit läuft somit entlang des Gradienten von $\chi(x)^2$ in dem Raum, den die Fitparameter in x aufspannen. Bei der Betrachtung von nur zwei Parametern erhält man eine Oberfläche wie in Abbildung 2.39 gezeigt. Der Fit-Algorithmus läuft auf dieser ins Tal, wobei die Oberfläche im besten Fall nur ein eindeutiges Minimum hat und $\chi(x)^2 = 0$ wird.

In Abbildung 2.40 ist ein $\chi(x)^2$ Oberflächen-Konturdiagramm dargestellt. Es ist ersichtlich, dass

2 Theorie

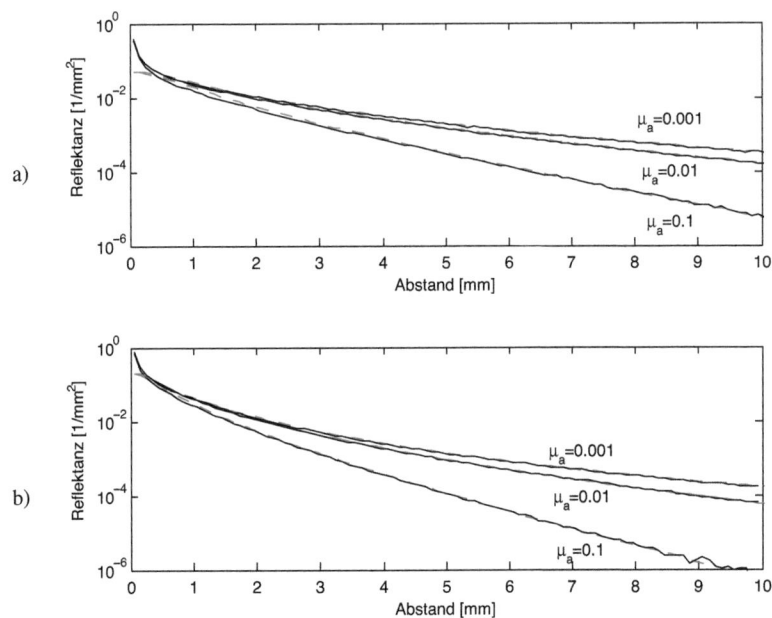

Abb. 2.38: Vergleich der Simulation der ortsaufgelösten Reflektanz berechnet mit einer Monte-Carlo-Methode (schwarz) und mit der Diffusionstheorie (grau). a) $\mu_s' = 1\,\text{mm}^{-1}$; b) $\mu_s' = 2\,\text{mm}^{-1}$. Jeweils mit $n = 1$, $n_{medium} = 1{,}33$, $g = 0{,}8$, $5 \cdot 10^6$ Photonen, punktförmige Einstrahlung.

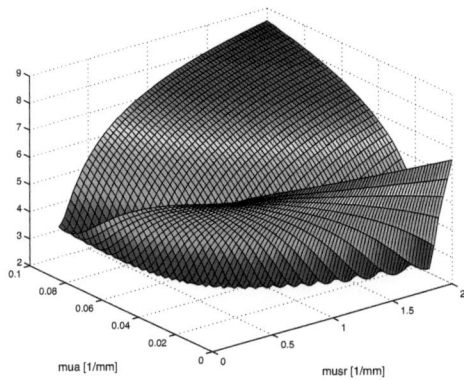

Abb. 2.39: Logarithmische Auftragung der Oberfläche des Fehlers $\chi(x)^2$ für den Fit der Diffusionstheorie an eine Monte-Carlo-Simulation mit $\mu_s' = 1\,\text{mm}^{-1}$ und $\mu_a = 0{,}03\,\text{mm}^{-1}$ für die zwei Dimensionen μ_a und μ_s'.

2.7 Lösung des inversen Problems

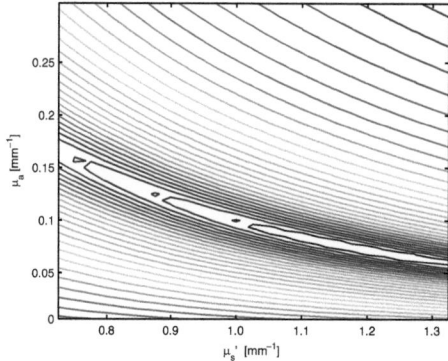

Abb. 2.40: Konturdiagramm von $\log(\chi(x)^2)$ für den Fit der Diffusionstheorie an eine Monte-Carlo-Simulation für $\mu_s = 1\,\text{mm}^{-1}$, $\mu_a = 0,1\,\text{mm}^{-1}$.

sich μ_a und μ_s' nicht gut voneinander trennen lassen, da die Funktion in der Mitte relativ flach verläuft. Dieser Effekt trifft vor allem für die Rekonstruktion von sehr hohen Absorptionskoeffizienten, wie hier gezeigt, zu. In dem Konturdiagramm sind drei lokale Minima sichtbar. Diese entstehen durch das Rauschen in der Monte-Carlo-Simulation oder der Messung. Abhängig von den Startparametern kann der Fit-Algorithmus in einem der lokalen Minima enden. Es ist somit möglich, dass der Fit nicht den besten Wert für μ_a und μ_s' findet.

2.7.1 Fit an Henyey-Greenstein-Phasenfunktion

Das Ergebnis des Fit-Algorithmus ist von den Startparametern abhängig. Deshalb wurde die Abweichung der Rekonstruktion einer Monte-Carlo-Simulation für verschiedene Startwerte von μ_a und μ_s' untersucht. Die Monte-Carlo-Simulationen wurden mit einer Henyey-Greenstein-Phasenfunktion mit einem Anisotropie-Koeffizienten von 0,8 durchgeführt. In Abbildung 2.41 ist der relative Fehler der Rekonstruktion zum Zielwert in Abhängigkeit vom Startwert aufgetragen. Es wurde ein Fit mit vier Freiheitsgraden (μ_a, μ_s', fm und fa) verwendet.

Jeder Punkt in dem Plot stellt eine Berechnung für den jeweiligen Startwert von μ_a und μ_s' dar. Die Farbe repräsentiert dabei den relativen Fehler der Rekonstruktion in Prozent. Kreuze bedeuten einen Fehler von über 25 %. Für sinnvolle Startwerte funktioniert die Rekonstruktion mit einem Fehler deutlich unter 10 %. Der Startwert von μ_a scheint dabei weniger wichtig zu sein als der Startwert von μ_s'.

Für diese Arbeit war die Rekonstruktion des reduzierten Streukoeffizienten von besonderer Bedeutung. Der Absorptionskoeffizient konnte auch mit anderen Messungen wie der kollimierten Transmission relativ genau bestimmt werden. Um den Streukoeffizienten möglichst genau bestimmen zu können, wurde die Rekonstruktion des Streukoeffizienten durch einen Fit mit drei Parametern (μ_s', fm und fa) genauer untersucht. Der Absorptionskoeffizient wurde dabei vorgegeben. In Abbildung 2.42 ist

2 Theorie

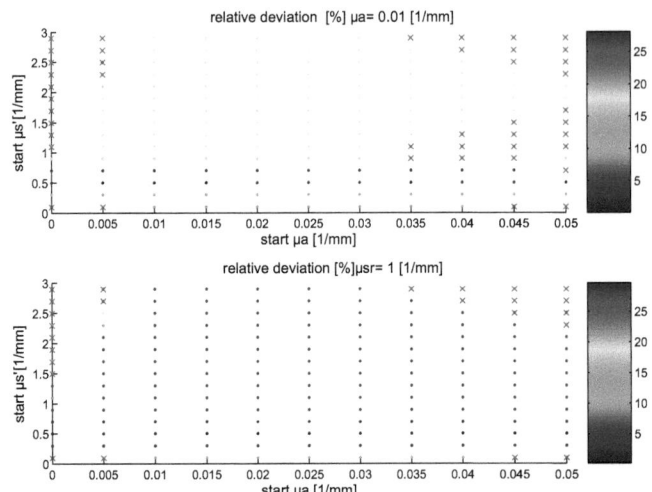

Abb. 2.41: Relative Fehler des Fit-Algorithmus zum Zielwert in Abhängigkeit des Ausgangspunktes. Vier Parameter Fit (μ_a, μ_s', fm und fa) mit Henyey-Greenstein-Phasenfunktion.

der rekonstruierte reduzierte Streukoeffizient gegen die Startparameter von μ_s' aufgetragen. Der Ausgangswert des reduzierten Streukoeffizienten der Monte-Carlo-Simulation betrug jeweils 1 mm^{-1}. Es wurden Rekonstruktionen für Absorptionskoeffizient von 0,1 mm^{-1} bis 0,003 mm^{-1} untersucht.

Für nicht zu niedrige Startwerte von μ_s' erreicht der Fit-Algorithmus relative Fehler kleiner 10 %. Je kleiner die Absorption der Monte-Carlo-Simulation ist, desto besser funktioniert der Fit. Für Absorptionen kleiner als 0,01 mm^{-1} funktioniert die Rekonstruktion mit einem Fehler kleiner 0,5 %.

2.7.2 Fit an Lipovenös-Phasenfunktion

Bei der Lösung des inversen Problems mit der Diffusionstheorie kann die Phasenfunktion des untersuchten Mediums nicht berücksichtigt werden. Die Phasenfunktionen typischer hochstreuender Medien unterscheiden sich jedoch stark von der Henyey-Greenstein-Phasenfunktion. Monte-Carlo-Simulationen mit Henyey-Greenstein-Phasenfunktionen können sich stark von Berechnungen mit realistischeren Phasenfunktionen unterscheiden [45].

In diesem Abschnitt soll die Lösung des inversen Problems an realistischeren Monte-Carlo-Simulationen untersucht werden. Dazu wurde die Phasenfunktion von Lipovenös 10 %, einem Kalibrationsstandard, verwendet um mit einer Monte-Carlo-Simulation die ortsaufgelöste Reflektanz dieses Mediums zu berechnen.

Da für diese Arbeit insbesondere die Rekonstruktion des Streukoeffizienten von Bedeutung ist, wurde wiederum der Fehler eines Fits von drei Prametern untersucht. Dabei wird die Absorption, die sich

2.7 Lösung des inversen Problems

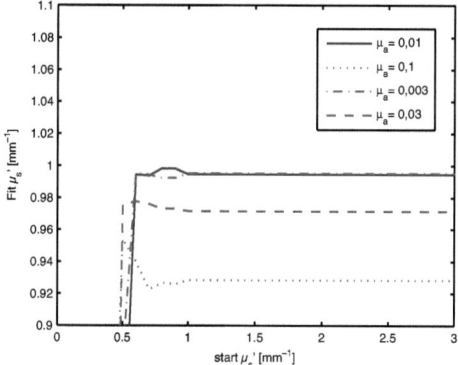

Abb. 2.42: Fit der drei Parameter μ'_s, fm und fa, bei gegebenem μ_a. Der reduzierte Streukoeffizient betrug bei allen MCS $1\,\text{mm}^{-1}$.

aus anderen Messungen rekonstruieren lässt, vorgegeben. In Abbildung 2.43 ist der rekonstruierte reduzierte Streukoeffizient gegen den Startparameter für vier verschiedene Monte-Carlo-Simulationen mit der Phasenfunktion von Lipovenös aufgetragen. Insgesamt ist festzustellen, dass der relative Fehler leicht größer geworden ist. Für Absorptionskoeffizienten unter $0{,}1\,\text{mm}^{-1}$ bleibt der relative Fehler aber immer noch unter $2\,\%$.

2.7.3 Inverse Mie-Theorie

Auch bei anderen Messaufbauten, wie der goniometrischen Messung, können aus den Messdaten die optischen Eigenschaften rekonstruiert werden. Es ist z.B. möglich, bei Suspensionen von mikroskopisch kleinen Kugeln die Mie-Theorie an die Messdaten anzufitten. Dies funktioniert ähnlich, wie es für den Fit der Diffusionstheorie an die Messung der ortsaufgelösten Reflektanz beschrieben wurde. Als problematisch stellten sich bei der Mie-Theorie und den dazugehörigen Messungen jedoch die große Anzahl von Oszillationen heraus. Diese treten vermehrt bei monodispersiven Lösungen auf. Auf der einen Seite kann aus den Oszillationen sehr viel Information gewonnen werden. Auf der anderen Seite zeigt sich bei der Auftragung von $\chi(x)^2$ eine hohe Anzahl von Nebenminima.

Ein Fit-Algorithmus mit leicht falschen Startwerten wird demnach immer in einem Nebenminima enden. Um dieses Problem zu umgehen, wurde zur Rekonstruktion der optischen Eigenschaften aus den goniometrischen Messdaten und der kollimierten Transmission ein Korrelationsalghorithmus der Art

$$C(i,j) = \sum_{m=0}^{m_{max}} \sum_{n=0}^{n_{max}} A(m,n) \cdot conj(B(m+i, n+j)) \tag{2.91}$$

verwendet. Die Korrelation vergleicht dabei immer die Übereinstimmung der Theorie für verschie-

2 Theorie

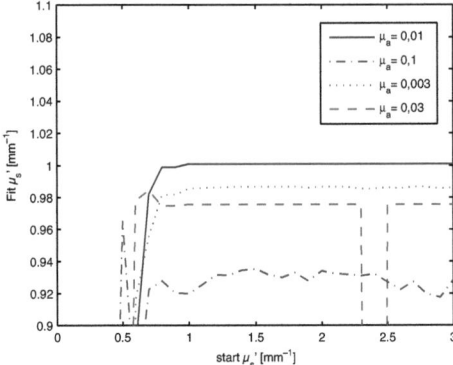

Abb. 2.43: Fit der drei Parameter μ'_s, fm und fa bei gegebenem μ_a. Der reduzierte Streukoeffizient betrug bei allen MCS $1\,\text{mm}^{-1}$. Es wurde die Phasenfunktion von Lipovenös für die MCS verwendet.

dene Parameter wie Brechungsindex, Größe und Standardverteilung mit der Messung. Vollständige Übereinstimmung ergibt 1, je größer die Abweichung, umso besser wird die Korrelation. In Abbildung 2.44 ist die Korrelation der Messung eines 7,490 μm dicken Zylinders mit der Zylindertheorie aufgetragen. Die Korrelation wurde in diesem Fall für Zylinderdurchmesser von 5 μm bis 10 μm gebildet und zeigt eine starke Oszillation. Je größer das Teilchen wird, umso mehr Oszillationen finden sich in der Phasenfunktion. Bei jeder neuen Oszillation findet sich wieder eine Größe, bei der die meisten Maxima der Phasenfunktion gut übereinanderliegen. Das Maximum der Funktion der Oszillation ist recht scharf, hebt sich aber nur leicht von den Nebenmaxima ab. Dennoch ist eine gute Größenrekonstruktion möglich (siehe Kapitel 4.3 und 4.2).

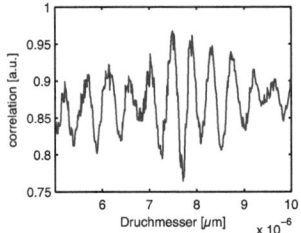

Abb. 2.44: Korrelation der Zylindertheorie mit der Messung der Phasenfunktion eines Zylinders (siehe Kapitel 4.2).

3 Messaufbauten

Kapitel 3

Zur Messung der optischen Eigenschaften von biologischem Gewebe wurden während dieser Arbeit einige experimentelle Aufbauten entworfen und validiert. Ein Experimentalaufbau muss immer als Kompromiss zwischen vielen gegensätzlichen Anforderungen verstanden werden. Zum einen steht immer nur ein beschränkter Zeit- und Kostenrahmen zur Verfügung. Zum anderen, und dies ist oft der weit schwierigere Kompromiss, gibt es unterschiedliche physikalische Grenzen, die gegeneinander abgewogen werden müssen. So steigt z.B. die in eine Probe eingebrachte Leistung (und damit auch das Messsignal) mit einer erhöhten numerischen Apertur der Einstrahlung, aber auch der Winkelfehler der Messung steigt an. Es ist also immer wichtig, vorab die Anforderungen an das Messsystem abzuschätzen und die Fehler zu analysieren.

3.1 Kollimierte Transmission

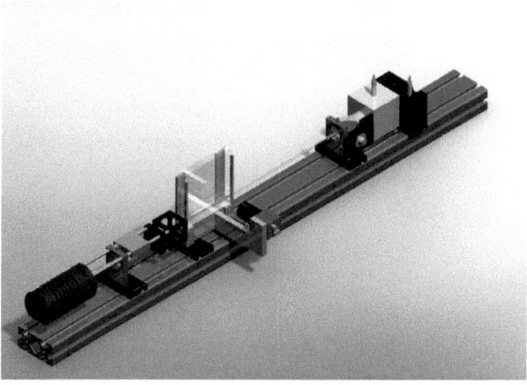

Abb. 3.1: Labormuster zur Messung der kollimierten Transmission.

3 Messaufbauten

Die kollimierte Transmission dient der Messung des Extinktionskoeffizienten μ_{ext}. Der Extinktionskoeffizient ist die Summe des Streu- und Absorptionskoeffizienten in einem Medium

$$\mu_{ext}(\lambda) = \mu_a(\lambda) + \mu_s(\lambda). \tag{3.1}$$

Sowohl die Absorption wie auch die Streuung besitzen eine starke Abhängigkeit von der Wellenlänge. Zur Bestrahlung wird folglich eine Weißlichtquelle und zur Detektion ein geeignetes Spektrometer verwendet. Zur Messung des Streukoeffizienten ist es erforderlich, mit dem Spektrometer nur die ungestreuten Photonen zu detektieren. Dies wird durch eine kollimierte Bestrahlung der Probe und durch einen großen Abstand zwischen Probe und Spektrometer realisiert. Bei gegebener Bestrahlungsstärke I_0 berechnet sich nun die mit dem Spektrometer detektierte Intensität I anhand des Lambert-Beer-Gesetzes

$$I(\lambda) = I_0(\lambda) \cdot e^{(-\mu_{ext}(\lambda) \cdot c \cdot d)}, \tag{3.2}$$

wobei c die Konzentration (z.B. des Absorbers) im Medium ist und d die Dicke der Küvette bezeichnet.

Das hier vorgestellte Messsystem kann zwischen der Absorption und der Streuung in einem Medium nicht unterscheiden. Die meisten streuenden Medien besitzen jedoch eine gewisse Absorption. Weiterhin besitzen viele Absorber auch einen nicht zu vernachlässigenden Streukoeffizienten. Ist jedoch eine der Komponenten sehr viel größer als die andere, so kann die größere Komponente als unabhängig betrachtet werden und mit der kollimierten Transmission gemessen werden

$$\mu_{ext} = \mu_s, \quad \mu_s \gg \mu_a, \tag{3.3}$$

$$\mu_{ext} = \mu_a, \quad \mu_a \gg \mu_s. \tag{3.4}$$

Die Messgröße sollte dabei mindestens um einen Faktor 100 größer sein als die zu vernachlässigende Größe. Da beide Koeffizienten über Formel 3.1 verknüpft sind, würde bei $\mu_s = 100 \cdot \mu_a$ der relative Fehler f_{rel} bei der Bestimmung von μ_s immerhin noch $f_{rel} = \Delta\mu_s/\mu_s = \mu_a/\mu_s \Rightarrow 1\%$ der Messgröße betragen. Glücklicherweise ist in vielen biologischen Medien die Streuung um mindestens zwei Größenordnungen höher als die Absorption.

Die Messung der kleineren Komponente hingegen verlangt nach anderen Methoden. Im einfachsten Fall lässt sich die Absorption von der Streuung separieren, z.B. lassen sich bei einer Öl-Wasser Suspension auch die Absorptionen der nicht streuenden Einzelkomponenten bestimmen, und so lässt sich über die Konzentrationen der Einzelkomponenten die Absorption des Gesamtmediums berechnen. Lassen sich jedoch die Einzelkomponenten nicht so leicht voneinander trennen, wie es beispielsweise meist bei Gewebeproben der Fall ist, so benötigen wir ein weiteres Messsystem, wie z.B. den photothermischen Aufbau oder die ortsaufgelöste Reflektanz (Kapitel 3.3).

3.1 Kollimierte Transmission

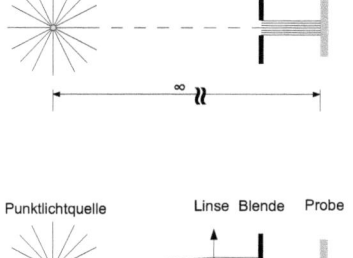

Abb. 3.2: Die einfachste Art der Kollimation einer Punktlichtquelle benötigt nur eine Blende.

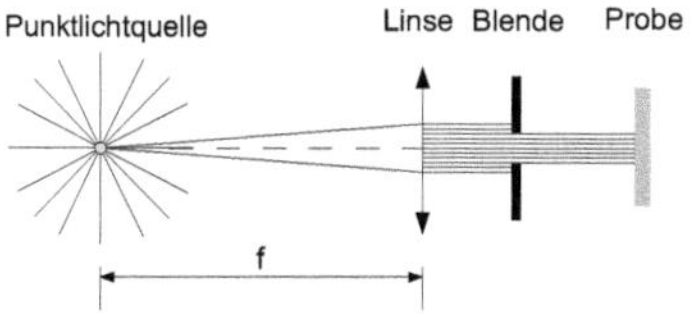

Abb. 3.3: Mit einer zusätzlichen Linse können alle Strahlen aus einer Punktlichtquelle ins Unendliche abgebildet werden.

Die kollimierte Transmission wird in dieser Arbeit häufig zur Bestimmung des Streukoeffizienten herangezogen. Im Folgenden wird zuerst die Berechnung der Kollimationsoptik erläutert, bevor auf die zu erwartende Unsicherheit aufgrund der Winkelfehler genauer eingegangen wird.

3.1.1 Berechnung der Kollimation

Da zur Bestrahlung der Probe eine Weißlichquelle und kein kollimierter Laser benutzt wurde, sind einige Überlegungen zur Kollimation der Lichtquelle angebracht. Im Idealfall sollten alle Strahlen, welche auf die Probe treffen, parallel sein und der Lichtfleck auf der Probe sollte eine gewisse Größe nicht überschreiten. Im einfachsten Fall lässt sich eine Punktlichtquelle mit einer einzelnen Blende kurz vor der Probe kollimieren, siehe Abbildung 3.2.

Dazu muss sich die Lichtquelle im Unendlichen befinden. Jedoch sinkt mit dem Abstand r die Intensität auf der Probe proportional mit r^2. Ziel der Kollimation ist es, möglichst viel Licht aus einer Punktlichtquelle auf die Probe zu bringen und dabei den Lichtfleck und die numerische Apertur so klein wie möglich zu halten. Mit einer Linse lässt sich nun die Punktlichtquelle ins Unendliche abbilden, siehe Abbildung 3.3.

In unserem Versuchsaufbau verwenden wir jedoch wahlweise einen Lichtwellenleiter oder einen Raumfilter (dabei wird das Licht mit einer ersten Linse auf ein Pinhole fokussiert) als Beleuchtungsquelle. Diese Quellen sind im Gegensatz zur Punktquelle jedoch ausgedehnt. Aus dieser Ausdehnung folgt bei der Abbildung mit einer Linse ein Divergenzwinkel der Kollimation. Aus Abbildung 3.4 leitet sich der Divergenzwinkel α_2 der Kollimation ab.

Wenn sich die Linse im Fokus f befindet ergibt sich

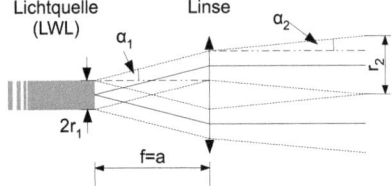

Abb. 3.4: Eine ausgedehnte Lichtquelle verursacht einen Divergenzwinkel der Kollimation.

$$\begin{pmatrix} \alpha_2 \\ r_2 \end{pmatrix} = \begin{pmatrix} 0 & -\frac{1}{f} \\ a & 1-\frac{b}{f} \end{pmatrix} \begin{pmatrix} \alpha_1 \\ r_1 \end{pmatrix}, \qquad (3.5)$$

$$\alpha_2 = -\frac{r_1}{f}. \qquad (3.6)$$

Der kollimierte Lichtstrahl besitzt nun eine annähernd gaußförmige Intensitätsverteilung. Dies kann unter Umständen zu einem instabilen Messaufbau führen. Wenn sich beim Probenwechsel der Lichtstrahl durch eine Parallelverschiebung in der Küvette leicht verschiebt, führt dies bei einem gaußförmigen Intensitätsprofil bereits zu einem Messfehler.

Aus diesem Grund ist für einige Anwendungen ein Hutprofil der Lichtintensität vorzuziehen. Hier lässt sich ausnutzen, dass ein Multimode-Lichtwellenleiter ausreichender Länge ein nahezu hutförmiges Intensitätsprofil liefert. Mithilfe einer Linse lässt sich dieses nun an einen beliebigen Ort in der Versuchsanordnung abbilden. Für eine Abbildung auf den Detektor kann die newtonsche Abbildungsgleichung verwendet werden

$$\frac{1}{f} = \frac{1}{b} + \frac{1}{g}. \qquad (3.7)$$

Womit sich der Abbildungsmaßstab M ergibt zu

$$M = \frac{G}{B} = \frac{g-f}{f}, \qquad (3.8)$$

mit der Gegenstandsgröße G und der Bildgröße B. Der Öffnungswinkel der "Kollimation" ergibt sich nun aus der Bildlänge b sowie der Bildgröße B und der Linsenhöhe A (oder auch die Höhe der letzten Blende). Es muss berücksichtigt werden, dass die Strahlen auch vom obersten Punkt der Linse auf den untersten Punkt des Bildes abgebildet werden, womit sich in diesem Fall der Öffnungswinkel α_2 ergibt zu

$$\alpha_2 = \arcsin\left(\frac{A/2 + B/2}{b}\right). \qquad (3.9)$$

3.1.2 Fehlerabschätzung

Bedingt durch den Öffnungswinkel der Kollimation und der Detektion wird auch gestreutes Licht auf den Detektor fallen und das Messsignal verfälschen. Dieser Fehler entspricht dem Quotienten aus dem fälschlicherweise gemessenen gestreuten Licht I_f und dem insgesamt von der Probe gestreuten Licht I_{ges}. In guter Näherung ergibt sich der Fehler zu

$$\frac{I_f}{I_{ges}} = \frac{\int_0^{2\pi} \int_0^{\alpha} p(\theta)\sin\theta d\theta d\phi}{\int_0^{2\pi} \int_0^{\pi} p(\theta)\sin\theta d\theta d\phi}. \tag{3.10}$$

Mit der Verwendung einer normierten Phasenfunktion $\int p(\Omega) = 1$ ergibt sich

$$\frac{I_f}{I_{ges}} = \frac{\int_0^{2\pi} d\phi \int_0^{\alpha} p(\theta)\sin\theta d\theta}{1} = 2\pi \int p(\theta)\sin\theta d\theta. \tag{3.11}$$

Zur einfachen Abschätzung des zu erwartenden Fehlers setzen wir nun die Henyey-Greenstein-Phasenfunktion (siehe Gleichung 2.62) in Gleichung 3.11 ein und erhalten den Fehler in Abhängigkeit des g-Faktors und des Öffnungswinkels der Kollimation α:

$$\frac{I_f}{I_{ges}} = \frac{-1+g^2}{2g} \left(\frac{1}{\sqrt{1+g^2 - 2g \cdot \cos\alpha}} - \frac{1}{1-g} \right). \tag{3.12}$$

Der tatsächlich auftretende Fehler hängt sehr stark vom g-Faktor des zu messenden Mediums ab. Zeigt der Streuer ein isotropes Abstrahlverhalten, kann auch ein größerer Öffnungswinkel toleriert werden. Bei stark in Vorwärtsrichtung streuenden Proben werden jedoch selbst sehr kleine Öffnungswinkel bereits zu einer großen Verfälschung des Messsignals führen.

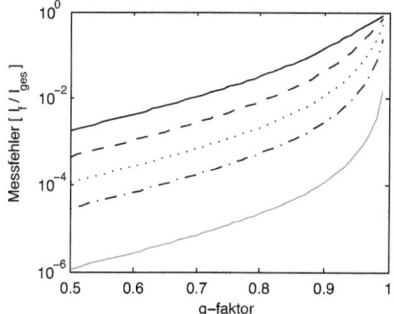
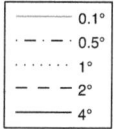

Abb. 3.5: Fehler der kollimierten Transmission durch den Öffnungswinkel α_2 (siehe Legende) der Kollimation bei Annahme der Henyey-Greenstein-Phasenfunktion.

3.1.3 Aufbau der kollimierten Transmission

Ein schematischer Aufbau zur Messung der kollimierten Transmission ist in Abbildung 3.6 zu sehen. Mit diesem einfachen Aufbau können bei sorgfältiger Justage bereits sehr gute Messungen durchgeführt werden. Als Lichtquelle genügt eine einfache Halogenlampe (z.b. Ocean Optics HL-2000), was allerdings die Messung im Ultravioletten ausschließt. Ein einfaches fasergestütztes Spektrometer (z.B. Ocean Optics USB-2000) mit nicht zu kleinem Spaltdurchmesser wird zur Messwerterfassung verwendet. Als Nachteil erweist sich jedoch der hohe Justageaufwand dieses Messsystems und die fehlende Langzeitstabilität. Es gibt keine Möglichkeit, Messfehler nachträglich zu erkennen. Eine Abschätzung des Messfehlers kann nur über hinreichende Statistik erfolgen, was jedoch systematische Fehler nicht berücksichtigt. Absolute Messungen sind mit einem derartigen Aufbau nur sehr eingeschränkt möglich. Unter absoluter Messung versteht man die Messung des Extinktionskoeffizienten, z.b. einer wässrigen Lösung, ohne die Referenzierung auf destilliertes Wasser, welches als nicht streuend angenommen wird.

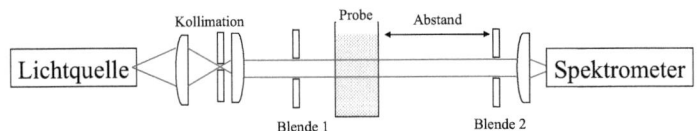

Abb. 3.6: Skizze des Aufbaus zur Messung der kollimierten Transmission.

Für einen praxistauglichen Messaufbau (siehe Abbildung 3.1), welcher auch absolute Messungen des Extinktionskoeffizienten ermöglicht, müssen noch einige Dinge beachtet werden. Die Helligkeit der Lichtquelle wird mit einer Referenzdiode ständig überwacht. Das Licht wird nicht mehr direkt in die Lichtleitfaser des Spektrometers eingekoppelt, sondern in einer Ulbrichtkugel gesammelt. Die Lichtleitfaser des Spektrometers empfängt in der Ulbrichtkugel nun immer Licht aus allen Raumrichtungen. Somit werden alle Moden der Lichtleitfaser angeregt und die Messung wird wesentlich stabiler. Mit einer stabilen Küvettenhalterung ist nach einmaliger Kalibrierung der Messaufbau über lange Zeiträume ohne jede weitere Justage benutzbar.

Da durch die Ulbrichtkugel die vom Spektrometer empfangene Intensität stark zurückgeht, müssen kollimationsseitig einige Kompromisse eingegangen werden, um mit vertretbaren Integrationszeiten noch rauscharme Messungen durchführen zu können. Die Lichtquelle wird nun nicht mehr durch ein Pinhole fokussiert, sondern in eine 1-mm-Faser fokussiert. In der Faser mit ausreichender Länge durchmischt sich das Anregungslicht vollständig, womit man am Faserende ein Hutprofil erhält. Dieses wird nun mit einer Linse auf den Eingang der Ulbrichtkugel abgebildet, wobei das Bild kleiner ist als der Ulbrichtkugeleingang. Eine kleine Parallelverschiebung des Lichtstrahls durch eine leichte Verkippung der Probe hat somit keinen Einfluss mehr auf die detektierte Lichtintensität. Der Abstand und Abbildungsmaßstab muss nun derart gewählt werden, dass der Fehler für die zu erwartenden Phasenfunktionen der Messproben (siehe Abbildung 3.5) in vertretbarem Maß bleibt und die Messdauer und das Rauschen nicht zu hoch werden.

Zur zusätzlichen Kontrolle der Messungen hat es sich als praktikabel erwiesen, den Durchtritt einer separaten Laserquelle durch die Probe mit einer Kamera zu beobachten. Wenn die Intensität des mit der Kamera gemessenen Streulichts von den Ergebnissen der kollimierten Transmission abweicht, kann dies zwar auf einen geänderten g-Faktor der Probe hinweisen, bei gleichem Probenmaterial kann so jedoch ein Fehler in der Messung der kollimierten Transmission festgestellt werden.

3.1.4 Absolute Messung des Extinktionskoeffizienten

Standardmäßig wird bei der kollimierten Transmission zuerst eine Nullprobe, z.B. destilliertes Wasser, als Referenz $I_0(\lambda)$ vermessen. Anschließend wird der Absorber oder Streuer zugesetzt und das durchtretende Licht $I(\lambda)$ gemessen. Zusammen mit dem aufgenommenen Dunkelspektrum $D(\lambda)$ ergibt sich die Transmission T zu

$$T = \frac{I(\lambda) - D(\lambda)}{I_0(\lambda) - D(\lambda)}. \tag{3.13}$$

Als zweckmäßig hat sich erwiesen, die Transmissionsmessung ohne Referenzprobenmessung durchzuführen. Nur so ist es möglich, den Extinktionskoeffizienten absolut zu bestimmen und auch Proben messen zu können, für die keine passende Nullprobe zur Verfügung steht. Für die Transmissionsmessung ohne Referenzprobe werden genaue Werte für den wellenlängenabhängigen Brechungsindex des Probenmediums und des Küvettenmaterials benötigt. Damit lässt sich die Transmission durch die Küvette, gefüllt mit dem Medium $t_m(\lambda)$, berechnen. Zur Referenzierung des Spektrometers wird noch die Messung der Transmission ohne Küvette $I_{OP}(\lambda)$ benötigt. Die absolute Transmission der Probe errechnet sich zu

$$T = \frac{I(\lambda) - D(\lambda)}{(I_{OP}(\lambda) - D(\lambda)) \cdot t_m(\lambda)}. \tag{3.14}$$

Es ist nun weiterhin möglich, durch die Messung der leeren Küvette $I_{LK}(\lambda)$ die Verunreinigung der Küvette F_k zu bestimmen

$$F_k = 1 - \frac{I_{LK}(\lambda) - D(\lambda)}{(I_{OP}(\lambda) - D(\lambda)) \cdot t_l(\lambda)}, \tag{3.15}$$

wobei $t_l(\lambda)$ die errechnete Transmission einer luftgefüllten Küvette ist. Grundsätzlich wird vor jeder Messung die Streuung der Küvette bestimmt und erst bei ausreichender Reinheit die Transmissionsmessung der Probe durchgeführt. In der Praxis verursacht eine gut gereinigte Küvette immer noch eine Streuung von rund 1 %. Da sich nicht sagen lässt, ob diese Streuung auf der Innen- oder Außenseite der Küvette stattfindet und die Streuung auf der Innenseite der Küvette durch das Befüllen der Küvette mit dem Messmedium in aller Regel stark herabgesetzt wird, kann dieser Fehler nicht zuverlässig korrigiert werden. Der gemessene Küvettenfehler geht aber in die Fehlerabschätzung der Messung ein.

In einem guten Messaufbau bestimmt die Streuung der Küvette die untere Grenze für die Messung von sehr kleinen Extinktionen. So ist unter Verwendung von Formel 3.2 ab einem Extinktionskoeffizienten von

$$\mu_t(\lambda) = -\frac{\ln(1-F_k)}{c \cdot d}. \tag{3.16}$$

die Streuung durch die Küvette und die Extinktion durch die Probe gleich groß, also die Messung mit einem relativen Messfehler von 50 % behaftet. Bei Verwendung einer 100 mm langen Küvette entspricht dieser Extinktionskoeffizient 0.0001 mm^{-1}, was näherungsweise dem Absorptionskoeffizienten von destilliertem Wasser bei 583 nm entspricht. Genauere Messungen können nur noch mit einer längeren Küvette oder einer höchstreinen Küvette erfolgen.

3.2 Goniometer

Abb. 3.7: Labormuster eines Goniometeraufbaus zur gleichzeitigen Messung der Phasenfunktion und kollimierten Transmission in Schnitten biologischen Gewebes.

Ein Goniometer, wie es in Abbildung 3.7 dargestellt ist, misst die Lichtintensität einer Quelle in Abhängigkeit des Winkels. Die Quelle kann selbstleuchtend sein oder, wie im Fall einer Streuprobe, mit einem Laser angestrahlt werden. Gemessen wird die Phasenfunktion der Probe $p(\vec{s},\vec{s}')$ in Abhängigkeit der Einfallsrichtung des Lichts $\vec{s}$ und der Ausfallrichtung $\vec{s}'$. Wie in Abbildung 3.8 gezeigt, sitzt die Probe im Mittelpunkt eines Kugelkoordinatensystems, aufgetragen sind die Winkel ϕ und θ des Ausfallvektors $\vec{s}'$.

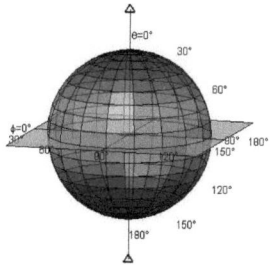

Abb. 3.8: Ein 3-Achsen-Goniometer misst die Streuung im gesamten Raumwinkel um eine Probe. Die Probenebene ist mittig eingezeichnet. Der Laserstrahl fällt hier senkrecht zur Probenebene ein. Der Raumwinkel wird (bei senkrechtem Einfall) durch die Probenebene in zwei Hemisphären (die vordere und die hintere) geteilt.

Es gibt verschiedene Realisierungen eines 3-Achsen-Goniometers. Gezeigt sind die beiden Goniometertypen, welche in dieser Arbeit aufgebaut wurden. Die Auftragung der Phasenfunktion erfolgt immer gegen die beiden Winkel der Ausfallrichtung $\vec{s}'$, ϕ und θ. Die Einstrahlrichtung $\vec{s}$ kann mit

3 Messaufbauten

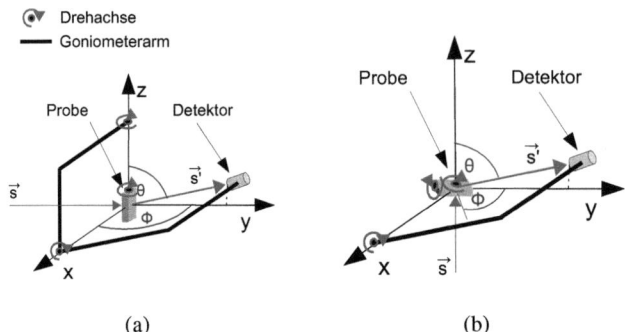

(a)   (b)

Abb. 3.9: Mögliche Konfigurationen eines 3-Achsen-Goniometers. a) Detektor wird mit einem zweiachsigem Arm um die Probe rotiert. Die Probe rotiert um die z-Achse. b) Der Detektor wird an einem einachsigen Arm um die Probe rotiert, diese ist sowohl um die y- sowie die z-Achse drehbar. Die Polarisationsrichtung wird im Verlauf der Arbeit immer relativ zur y-z Ebene angegeben.

den in Abbildung 3.9 gezeigten Aufbauten, manuell um den Winkel α gedreht werden. Gemessen wird also die Phasenfunktion $p(\phi, \theta, \alpha)$ abhängig von den drei Winkeln ϕ, θ und α.

Je nach Messaufgabe wurden fasergestützte Weißlichquellen, Diodenlaserquellen oder ein durchstimmbarer Weißlichtlaser (Fianium SC450) zur Beleuchtung verwendet. Von langkohärenten Quellen wie He-Ne-Lasern muss abgeraten werden. Mit kohärenten Quellen treten Interferenzeffekte an den Grenzflächen der Küvette und der Probe auf. Die Reflexionen an der Küvette können nicht mehr vorhergesagt werden, da die Dicke nicht exakt bekannt ist. Die eintretende Intensität kann somit um einige Prozent schwanken, je nachdem ob die Reflexe an der Küvette konstruktiv oder destruktiv interferieren. In Rückwärtsrichtung ergeben sich so schnell relative Fehler im Bereich von 100%. Weiterhin wird bei statischen Proben und hinreichend kleinem Detektor die Messung von Speckles überlagert. Mit einer Lichtquelle mit kürzerer Kohärenzlänge können diese Probleme umgangen werden.

Je nach Lichtquelle wurde eine andere Kollimation verwendet. Für Diodenlaserquellen genügte eine Zylinderlinse und ein Achromat, um in 30 cm Abstand Fleckdurchmesser von ca. 100 µm zu erzeugen. Die numerische Apertur konnte in diesem Fall vernachlässigt werden. Für die fasergestützten Weißlichtquellen gelten die meisten Überlegungen von Kapitel 3.1.1.

Bei beiden Aufbauten befinden sich die Streuprobe und der Detektorarm in der Mitte eines Tanks. Dieser kann mit einem Medium mit angepasstem Brechungsindex befüllt werden. Für biologische Proben war dies meist destilliertes Wasser. Die Brechungsindexanpassung verringert die störende Oberflächenstreuung, verhindert Totalreflexion innerhalb der Probe und unterdrückt die Brechung

3.2 Goniometer

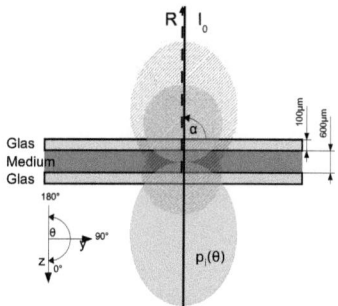

Abb. 3.10: Die eingestrahlte Intensität I_0 wird vom Medium mit der intrinsischen Phasenfunktion $p_i(\theta)$ gestreut (grau dargestellt). Die Reflexion des einfallenden Strahls (gestrichelt) und die Reflexion des gestreuten Lichts selbst überlagern die intrinsische Phasenfunktion (schraffiert dargestellt).

austretender Lichtstrahlen. Biologische Proben werden zudem vor der Austrocknung geschützt.

3.2.1 Probenhalterung

Die meisten während dieser Doktorarbeit untersuchten Proben wurden in einer Küvette vermessen. Dies waren zumeist flüssige Proben oder dünne Gewebsschnitte, welche beide in flachen, planparallelen Küvetten gehaltert wurden. Insbesondere aufgrund der Zielsetzung, der Messung der Phasenfunktion von Gewebsschnitten, war die Verwendung runder Küvetten nicht möglich. Die Dicke der Proben betrug oft nur einige hundertstel Millimeter. Dies ermöglichte erst die Messung hochstreuender Medien sowie eine adäquate Winkelauflösung. Die Küvetten wurden aus Deckgläsern (Firma Helmut Sauer) und Silikondistanzringen selbst hergestellt. Diese Bauform ist sehr flexibel und vereinfacht insbesondere die Reinigung der Küvetten.

Das eintretende sowie das gestreute Licht wird nach den Fresnelschen Gesetzen an der Küvettengrenzschicht gebrochen und reflektiert. Dabei gelten die Überlegungen aus Kapitel 2.2.4. Die Reflexion und Brechung führt zu einer Verzerrung der gemessenen Phasenfunktion. Diese Verzerrungen lassen sich jedoch zum Großteil rekonstruieren. Die in goniometrischen Aufbauten häufig verwendeten, runden Küvetten verursachen ähnliche Verzerrungen der Phasenfunktion und bieten deshalb für die Messung von flüssigen Proben nur den Vorteil, dass die Messung im Bereich von 90° einfacher zugänglich ist.

Der augenscheinlichste Einfluss der Küvette auf die Messung ist die Reflexion des eintretenden Lichts an der Austrittsseite der Küvette. Das reflektierte Licht wird in der Küvette erneut gestreut. Dies führt zu einer teilweisen Überlagerung der Phasenfunktion mit der invertierten Phasenfunktion. Genauso wie der eintretende Lichtstrahl wird auch das gestreute Licht selbst an den Grenzflächen reflektiert. Beide Effekte wurden in Abbildung 3.10 skizziert. Bei einer planparallelen Küvette steigt die Reflexion nach Fresnel in Richtung der Küvette stark an. Wie in Abschnitt 3.2.2 gezeigt wird, lässt sich die verzerrte Phasenfunktion theoretisch komplett rekonstruieren.

3.2.2 Rekonstruktion

In Kapitel 2.2.4 wurde bereits die Reflexion an einer planparallelen Platte $R_g(\sigma)$ sowie die Reflexion an einer Küvette $R_k(\sigma)$ hergeleitet. Die Reflektivität ist abhängig von der Polarisation sowie vom Einfallswinkel α des eintretenden Lichts. Die gemessene Phasenfunktion $p_m(\phi, \theta, \alpha)$ beinhaltet alle Reflexionen der intrinsischen Phasenfunktion $p_i(\phi, \theta, \alpha)$ des gemessenen Mediums sowie des Anregungsstrahls. Verzerrungen durch Brechung werden vorerst vernachlässigt und sollen durch die Brechungsindexanpassung weitgehend vermieden werden.

Der durch die Küvette propagierende Laserstrahl wird am hinteren Küvettenglas reflektiert. Der Reflex überlagert nun die intrinsische Phasenfunktion mit einem in Abhängigkeit des Winkels der Küvette zum Laserstrahl α winkelgedrehten Anteil. Für das Messergebnis ergibt sich somit die erste Annäherung $p_{i1}(\phi, \theta, \alpha)$:

$$p_{i1}(\phi, \theta, \alpha) = p_i(\phi, \theta, \alpha) + R_g(\alpha) \cdot p_i(2 \cdot \alpha - \phi, \theta, \alpha). \tag{3.17}$$

Die entstandene Phasenfunktion p_{i1} wird nun an den Grenzflächen der Küvette reflektiert. Dabei wird die Transmission durch die Reflexion verringert und der reflektierte Anteil wird der intrinsischen Phasenfunktion überlagert. Die Reflexion addiert, ähnlich dem reflektierten Laserstrahl, eine winkelgedrehte Phasenfunktion zum Messergebnis.

Reflexion sowie Transmission können erneut durch eine geometrische Reihe ausgedrückt werden, wobei R_1 der Reflexion am hinteren Küvettenglas und R_2 der Reflexion am vorderen Küvettenglas entspricht. Die geometrische Reihe für die transmittierte Intensität lautet

$$T_{ges} = 1 - R_1 + R_1 \cdot R_2 \cdot (1 - R_1) + (R_1 \cdot R_2)^2 \cdot (1 - R_1) + \ldots \quad . \tag{3.18}$$

Die geometrische Reihe für die reflektierte Intensität lautet

$$R_{ges} = R_1 \cdot (1 - R_2) + R_1^2 \cdot R_2 \cdot (1 - R_2) + R_1 \cdot (R_1 \cdot R_2)^2 \cdot (1 - R_2) + \ldots \quad . \tag{3.19}$$

Mit $R = R_1 = R_2$ ergibt sich für die Transmission nach allen Vereinfachungen

$$T_{ges} = \frac{1}{1+R} \tag{3.20}$$

und für die Reflexion

$$R_{ges} = \frac{R}{1+R}. \tag{3.21}$$

Bei dieser Vereinfachung ist Vorsicht geboten. Die Lösung der geometrischen Reihe berücksichtigt unendlich viele Terme. Dies stimmt nur exakt für die Betrachtung einer unendlich breiten Küvette aus dem Unendlichen. Für den Fall $\lim_{(\phi \to 90)}$ laufen sowohl Transmission als auch Reflexion gegen 0,5.

Für die Geometrie des untersuchten Messaufbaus zeigt sich, dass die Verwendung des ersten Terms

3.2 Goniometer

der Transmission wie auch der Reflexion eine sehr viel bessere Annäherung an die Realität liefert. Das Messergebnis ergibt sich nun aus der 1. Näherung (3.17) multipliziert mit den ersten Termen der Transmission und Reflexion

$$p_i(\phi,\theta,\alpha) = p_{i1}(\phi,\theta,\alpha) \cdot T_{ges} + p_{i1}(2\cdot\alpha-\phi,\pi-\theta,\alpha) \cdot R_{ges}, \qquad (3.22)$$

es sei: $T_{ges} = 1 - R_1$ und $R_{ges} = R_1 \cdot (1 - R_2)$.

3.2.3 Rücktransformation der Messung

Gleichung (3.22) beschreibt nun eindeutig das zu erwartende Messergebnis für eine gegebene Phasenfunktion. Gesucht ist der Formalismus zur Bestimmung der intrinsischen Phasenfunktion aus den Messdaten. Gleichung (3.22) und Gleichung (3.17) können nicht direkt nach der intrinsischen Phasenfunktion $p_i(\phi,\theta,\alpha)$ aufgelöst werden, da $p_i(\phi,\theta,\alpha)$ und $p_i(2\cdot\alpha-\phi,\theta,\alpha)$ trotz ihres formalen Zusammenhangs hier als unterschiedliche Funktionen betrachtet werden müssen.

Gleichung (3.22) und Gleichung (3.17) werden deshalb für Winkel von 0 bis π sowie von π bis 2π getrennt betrachtet. Es ergeben sich somit zwei Gleichungen mit zwei Unbekannten.

Für Gleichung (3.17) ergibt sich:

$$p_{i1}(\phi,\theta,\alpha) = p_i(\phi,\theta,\alpha) + R_g(\alpha) \cdot p_i(2\cdot\alpha-\phi,\theta,\alpha), \qquad (3.23)$$
$$p_{i1}(2\cdot\alpha-\phi,\theta,\alpha) = p_i(2\cdot\alpha-\phi,\theta,\alpha) + R_g(\alpha) \cdot p_i(\phi,\theta,\alpha) \qquad (3.24)$$

und für Gleichung (3.22) :

$$p_i(\phi,\theta,\alpha) = p_{i1}(\phi,\theta,\alpha) \cdot T_{ges} + p_{i1}(2\cdot\alpha-\phi,\pi-\theta,\alpha) \cdot R_{ges}, \qquad (3.25)$$
$$p_i(2\cdot\alpha-\phi,\theta,\alpha) = p_{i1}(2\cdot\alpha-\phi,\theta,\alpha) \cdot T_{ges} + p_{i1}(\phi,\pi-\theta,\alpha) \cdot R_{ges}. \qquad (3.26)$$

In Abbildung 3.11 wird die Vorwärtstransformation der theoretischen Phasenfunktion von Intralipid nach Formel 3.22 gezeigt. Die Rekonstruktion ergibt nach Auflösung des Gleichungssystems (3.23) bis (3.26) wieder exakt die intrinsische Phasenfunktion.

3.2.4 Verifikation

Die Berechnungen aus Kapitel 3.2.2 konnten mit Messungen verifiziert werden. Eine Beispielmessung ist in Abbildung 3.12 gezeigt. Gemessen wurde die Phasenfunktion von Lipovenös 20 % für senkrecht polarisiertes Licht mit einer Wellenlänge von 650 nm. Die Probe wurde in einer planparallelen Küvette gehalten und mit verschiedenen α-Winkeln zwischen Küvette und Einstrahlvektor

3 Messaufbauten

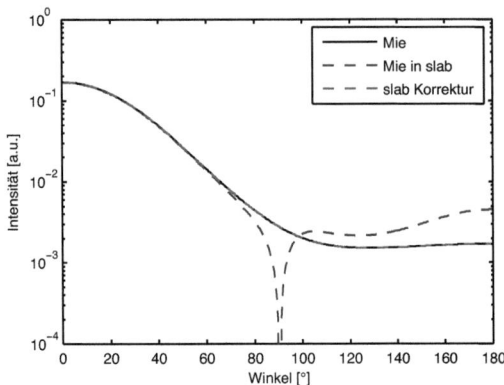

Abb. 3.11: Aufgetragen ist die Verzerrung der theoretischen Phasenfunktion von Intralipid (Linie) durch eine planparallele Küvette. Diese verzerrte Phasenfunktion kann theoretisch vollständig rekonstruiert werden. Allerdings funktioniert dies unter realen Bedingungen für θ-Winkel um 90° nur eingeschränkt.

vermessen ($\alpha = 90°$, 80°, 68° und 57°). Die Messung in Abbildung 3.12 ist logarithmisch aufgetragen. Die gemessene Funktion ändert sich mit dem Winkel der Einstrahlung. Die Abschattung der Küvette wandert ebenfalls von $\theta = 90°$ bis $\theta = 57°$. Der Reflex des einfallenden Lichts verschiebt sich von 180° bis 113°.

Alle vier Messungen aus Abbildung 3.12 (a) zeigen, bedingt durch die Kippung, große Abweichungen. Die Phasenfunktionen konnten dennoch für weite Teile rekonstruiert werden (Abbildung 3.12 (b)). Eine einzelne Messung wird immer einen gewissen Bereich in Küvettenrichtung nicht rekonstruieren können. Die Rekonstruktion funktioniert dort aufgrund von Mehrfachstreuung, welche durch den längeren Weg der Strahlung durch die Küvette verursacht wird, nicht. Durch die Messung unterschiedlich gedrehter Küvetten kann mithilfe der Rekonstruktion auch mit der planparallelen Küvette der Bereich um $\theta = 90°$ gemessen werden.

3.2.5 Extrapolation

Bei der goniometrischen Messung gibt es einen gewissen Anteil des Raumwinkels, der mit einer einzelnen Messung nicht direkt erfasst werden kann. Dies sind die vom einfallenden Licht überlagerten Winkel in Vorwärtsrichtung, die vom Reflex des einfallenden Strahls überlagerten Bereiche, ein kleiner Bereich in Rückwärtsrichtung, wo der Detektor das Anregungslicht blockt und zusätzlich, bei der Messung mit einer planparallelen Küvette, der Bereich längs der Küvette. Bei einer Messung mit senkrecht eingesetzter planparalleler Küvette in Wasser sind so die θ-Winkel von ungefähr 0° - 10°, 80° - 100° und von 170° - 180° nicht direkt zugänglich. Der große fehlende Winkelbereich

3.2 Goniometer

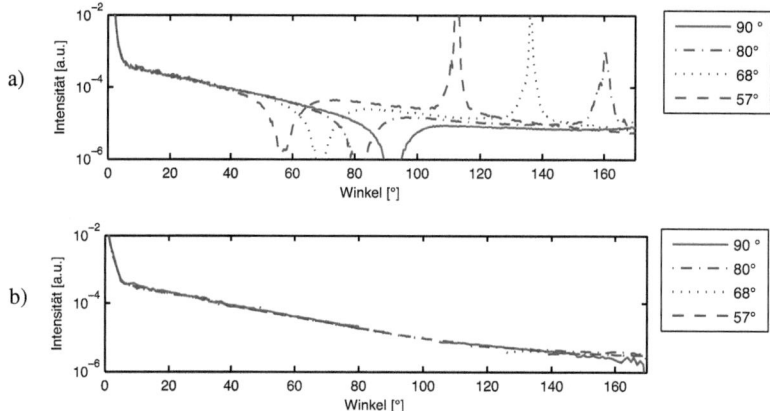

Abb. 3.12: a) Auftragung der Messung von Lipovenoes 20 % für verschiedene Einstrahlwinkel relativ zur planparallelen Küvette; b) Mit der Methode aus Kapitel 3.2.2 können die verschiedenen Messungen korrigiert und die intrinsische Phasenfunktion kann vollständig rekonstruiert werden.

in Vorwärtsrichtung ist hauptsächlich der Messung in Wasser geschuldet. Der verhältnismäßig lange Weg des einfallenden Strahls durch das Wasser verbreitet den Strahl aufgrund der Streuung des destillierten Wassers.

Für viele Proben ist es möglich, die fehlenden Teile zuverlässig zu extrapolieren. Für Vielteilchensuspensionen hat sich folgende Methode bewährt: Eine Reynolds-McCormick-Phasenfunktion wird an die Messung von $\theta = 12°$ - $60°$ angefittet, um den Bereich von $\theta = 0°$ - $10°$ zu rekonstruieren. Für die Bereiche von $\theta = 80°$ - $100°$ und $\theta = 160°$ - $180°$ wurde jeweils der Fit einer zweiparametrischen Exponentialfunktion verwendet. Diese Methode wurde anhand von Messungen und Mie-Berechnungen für die Streuung von Fettsuspensionen (Erklärung zu Fettsuspensionen folgt in Kapitel 4.4) im Sichtbaren und Nahinfraroten validiert.

Dazu wurde die Extrapolation an einer theoretischen Phasenfunktion von Intralipid 10 % durchgeführt, siehe Abbildung 3.13 (a). Für verschiedene Wellenlängen wurde nun der korrespondierende g-Faktor der theoretischen Phasenfunktion berechnet. Zusätzlich wurde der entsprechende g-Faktor für die einzelnen Extrapolationsschritte bestimmt, woraus sich der Fehler der Methode ergibt. Der relative Fehler der Methode bei der Rekonstruktion des g-Faktors liegt in einem Wellenlängenbereich von 200 nm - 1000 nm unter 0,3 % (Abbildung 3.2.5 (b)). Dies entspricht einem relativen Fehler von unter 2 % für die Berechnung von $\mu'_s = (1-g) \cdot \mu_s$. Die Güte der Extrapolation ist stark abhängig von der zu rekonstruierenden Phasenfunktion selbst. Für andere Medien, als die hier betrachteten Fettsuspensionen, können sich die Fehler stark unterscheiden. Die hier präsentierte Methode ist nicht universell anwendbar und muss für jedes neue Medium erneut validiert werden.

3 Messaufbauten

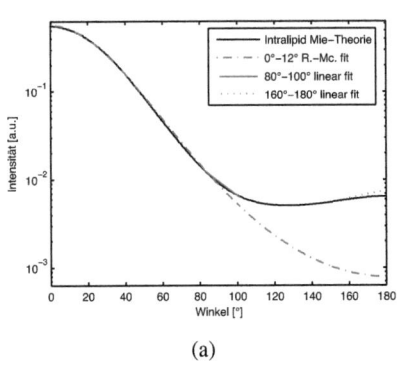
(a)

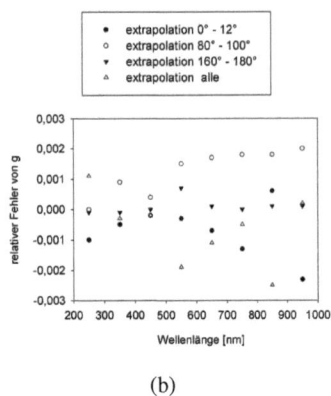
(b)

Abb. 3.13: a) Plot der Phasenfunktion von Intralipid 10 %, berechnet mit der Mie-Theorie. In grau sind die verschiedenen Extrapolationskurven eingezeichnet; b) Für die verschiedenen Extrapolationsschritte aus (a) wurde jeweils der g-Faktor bestimmt. Für Wellenlängen von 200 nm - 1000 nm ergibt sich ein relativer Fehler der Extrapolation von unter 0,3 %.

3.2.6 Einfluss der Konzentration

Bei der goniometrischen Messung der Phasenfunktion eines streuenden Mediums soll meistens die Phasenfunktion der Einfachstreuung gefunden werden. Dazu sollte die streufreie Weglänge in dem Medium sehr viel länger als der Weg des Lichts durch das Medium sein $d \ll (c \cdot \mu_s)^{-1}$. Bei Fettsuspensionen kann die streufreie Weglänge über die Konzentration c variiert werden, bei biologischen Präparaten kann nur die Dicke der Probe d verkleinert werden.

Das Signal der Messung ist proportional mit dem Produkt $\mu_s \cdot c \cdot d$. Für zu kleine Konzentrationen steigt deshalb der Messfehler. Durch zu hohe Konzentrationen kann bei der goniometrischen Messung die Phasenfunktion durch Mehrfachstreuung verfälscht werden. Diese Effekte sind stark abhängig von der Phasenfunktion selbst. Für eine möglichst rauscharme Messung muss deshalb ein Kompromiss gefunden werden.

Schwachstreuende Medien

Zur möglichst exakten Messung von schwachstreuenden Medien wurde mit einer Monte-Carlo-Simulation der Streuung in einer planparallelen Küvette der Einfluss der Streuerkonzentration auf das Messergebnis von Fettsuspensionen untersucht. In Abbildung 3.14 wurde die Messung mit der Mie-Theorie und Monte-Carlo-Simulationen für zwei Konzentrationen verglichen. Die Küvettengeometrie wurde nicht korrigiert, stattdessen wurden die Küvetteneffekte bei der Berechnung der Mie-Theorie berücksichtigt. Bei einer Wellenlänge von 650 nm ist eine gute Übereinstimmung aller Kurven ersichtlich. Für 350 nm sieht man im Bereich von 100° bis 140° Abweichungen zwischen den Kurven. Die

3.2 Goniometer

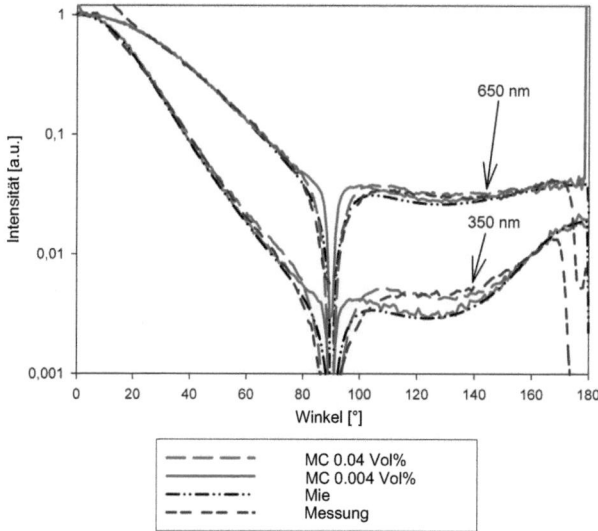

Abb. 3.14: Die Phasenfunktion von Lipovenös 10 % ist aufgetragen. Es wurde die Messung mit der Mie-Theorie und zwei Monte-Carlo-Simulationen, einer für geringe und einer für die Konzentration der Messung, verglichen. Die geringe Fettkonzentration betrug 0,004 Vol.-% und entspricht der Einfachstreuung. Die Fettkonzentration von 0,04 Vol.-% entspricht der Konzentration der Fettsuspension in den Messungen in Kapitel 4.4. Die Messung und die entsprechende MC-Simulation zeigen eine Abweichung zur Theorie bei kurzen Wellenlängen. Die Küvette war 600µm dick.

Monte-Carlo-Simulation mit sehr niedriger Konzentration hat eine gute Übereinstimmung mit der Mie-Theorie, die Monte-Carlo-Simulation mit Messkonzentration verläuft ähnlich der Messung. Die Fettkonzentration von 0,04 Vol.-% entspricht dem eingewogenen Streueranteil bei der Messung in Kapitel 4.4.

Der Unterschied zwischen den beiden Wellenlängen liegt hauptsächlich in dem stärkeren Abfall der Phasenfunktion für kurze Wellenlängen. Deshalb treten bei kleineren Wellenlängen Mehrfachstreueffekte in Rückwärtsrichtung stärker hervor. Trotz der Abweichungen wurde bei der Messung von Suspensionen die Konzentration nicht weiter verringert, da andere Messfehler, wie das Signalzu Rauschverhältnis und ungewolltes Streulicht, sonst dominieren würden. Durch diese Untersuchung konnte jedoch die Auswirkung des Fehlers bestimmt werden. Es ist möglich diesen in den Ergebnissen zu korrigieren. Der g-Faktor wird bei Fettsuspensionen durch die Mehrfachstreuung für Wellenlängen von 350 nm um 3 % verringert. Dieser Fehler wurde bei den späteren Messungen korrigiert.

73

3 Messaufbauten

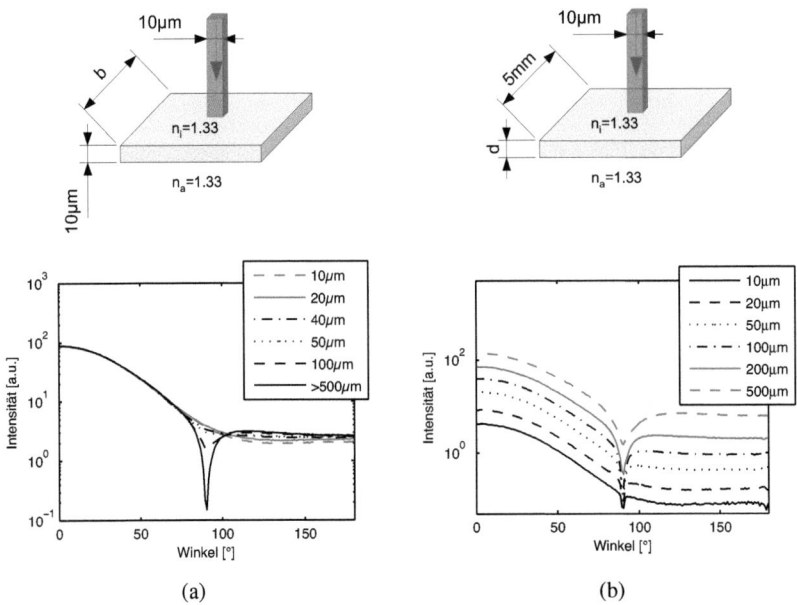

Abb. 3.15: Phasenfunktion berechnet mit einer Monte-Carlo-Simulation von Lipovenös 10 % für verschiedene quadratische Schichtgeometrien. a) Verschiedene Schichtbreiten b mit $c = 10$ Vol.-% Fettkonzentration; b) Verschiedene Schichtdicken d mit $c = 0,4$ Vol.-% Fettkonzentration bei $\lambda = 650$ nm, unpolarisiertes Licht.

Hochstreuuende Medien

Bei biologischen Geweben kann die Konzentration der Streuer naturgemäß nicht verringert werden. Der Streukoeffizient ist oft derart hoch, dass die Schichtdicken nicht so weit reduziert werden können, dass keine Mehrfachstreuung mehr auftritt. Aus diesem Grund wurde anhand von hochkonzentrierten Fettsuspensionen auch die Auswirkung der Mehrfachstreuung auf die goniometrische Messung in einer planparallelen Küvette untersucht (siehe auch Kapitel 4.5).

Der Effekt der Schichtgeometrie auf die Phasenfunktion hängt im Wesentlichen von der Dicke, der Breite, dem Streukoeffizienten und der Konzentration in der Schicht ab. Zur Quantifizierung der Effekte wurden Simulationen verschiedener Küvettendicken und -breiten vorgenommen. In Abbildung 3.15 sind Simulationen der Phasenfunktionen von Fettsuspensionen in verschieden dicken und breiten Küvetten aufgetragen.

Durch die Küvette wird, bei entsprechender Konzentration, die Phasenfunktion verzerrt. Die hier gezeigte Verzerrung basiert rein auf der Mehrfachstreuung der Photonen. Sie haben keinen Zusammenhang mit der Verzerrung welche zusätzlich durch die Reflexionen an der Glasküvette erfolgt. Im

3.2 Goniometer

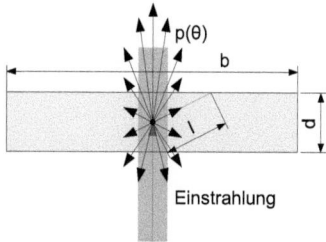

Abb. 3.16: Rekonstruktion von Mehrfachstreuung in einer Schichtgeometrie.

Ergebnis ist diese Verzerrung durch die Mehrfachstreuung der Verzerrung durch die Glasküvette jedoch sehr ähnlich. Der Zusammenhang zwischen der Dicke, der Breite und der Konzentration eines streuenden Mediums in einer Glasküvette wurde im folgenden Kapitel genauer untersucht und es wird eine Näherung zur Rekonstruktion der Mehrfachstreuung in einer planparallelen Küvette vorgestellt.

Rekonstruktion

Wie zuvor gesehen entstehen durch Mehrfachstreuung in der Küvette Verzerrungen der Phasenfunktion des Mediums, in Abhängigkeit des Streukoeffizienten μ_s, der Küvettendicke d und -breite b sowie evtl. der Konzentration c des Mediums. Die Länge l, welche das gestreute Licht durch den Streukörper zurücklegen muss, unterscheidet sich in Abhängigkeit des Winkels θ. In Abbildung 3.16 ist das Problem skizziert. Es wird vereinfachend angenommen, dass die Streuung exakt in der Mitte der Küvette erfolgt.

Die Weglänge durch die Küvette ergibt sich nun zu

$$l(\theta) = \left| \frac{d/2}{cos(\theta)} \right|, \quad l_{max} = \frac{b}{2}. \quad (3.27)$$

Es kann nun mit dem Lambert-Beer Gesetz berechnet werden, welcher Anteil der Phasenfunkton $p(\theta)$ auf dem Weg durch die Küvette gestreut wird $s(\theta) = exp(-\mu_s \cdot l(\theta) \cdot c)$. Dieses mehrfachgestreute Licht überlagert sich mit der ursprünglichen Phasenfunktion des Mediums $p(\theta)$. Es tritt nicht mehr unter dem ursprünglichen Streuwinkel aus dem Streukörper aus. Auf dem Weg durch den Streukörper wird es erneut gestreut, was sich näherungsweise als Faltung mit der Phasenfunktion des Mediums beschreiben lässt. Die Phasenfunktion $p_{ms}(\theta)$, welche außerhalb des Mediums zugänglich ist, ergibt sich nun näherungsweise zu

$$p_{ms}(\theta) = p(\theta) \cdot s(\theta) + [p(\theta) \cdot (1 - s(\theta))] * p_{conv}(\theta). \quad (3.28)$$

Die Phasenfunktion, welche zur Faltung mit dem erneut gestreuten Licht verwendet wird, $p_{conv}(\theta)$, ist im einfachsten Fall die Phasenfunktion des Mediums $p(\theta)$. Das Licht besitzt jedoch z.T. sehr lange

3 Messaufbauten

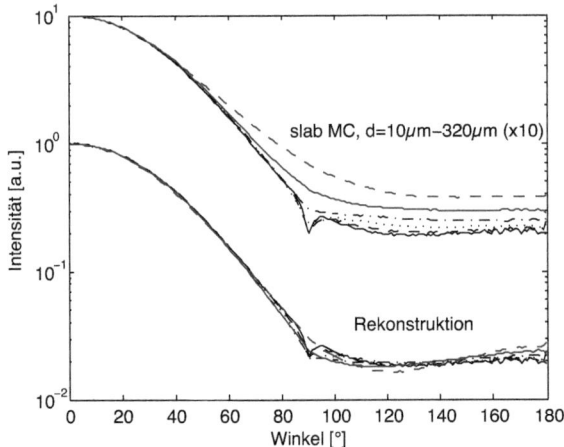

Abb. 3.17: Rekonstruktion der Monte-Carlo-Simulation einer Suspension von Lipovenös 10 % mit 0,78 Vol.-% Fettkonzentration in einer 500 µm breiten Schichtgeometrie mit unterschiedlicher Dicke. Mit $\lambda = 650$ nm für unpolarisiertes Licht.

Wege durch den Streukörper und wird auf dem Weg evtl. mehrmals gestreut. Dies resultiert in einer verringerten Anisotropie der mehrfach gestreuten Photonen. Aus diesem Grund wird zur Faltung eine Henyey-Greenstein Phasenfunktion mit halben Anisotropie-Koeffizienten des Ausgangsmediums verwendet. Dies hat zur Folge, das effektiv auch der Streukoeffizient um etwa Faktor drei kleiner angenommen werden muss, um eine adäquate Näherung an die Simulationen zu erhalten.

Bei dieser Berechnung handelt es sich demzufolge nur um eine Näherung, welche bei moderaten Küvettengrößen und Streukoeffizienten gut funktioniert. Die genaue Lösung des Einflusses der Mehrfachstreuung liefert nur eine Monte-Carlo-Simulation. Im Gegensatz zu der Monte-Carlo-Simulation kann die obige Näherung jedoch problemlos invertiert werden. So kann die Verzerrung einer Messung in einer planparallelen Küvette durch die Mehrfachstreuung zu weiten Teilen wieder entfaltet werden.

In Abbildung 3.17 ist die Rekonstruktion der Monte-Carlo-Simulation einer Schichtgeometrie verschiedener Dicke gezeigt. Es wurden Dicken von 10 µm bis 320 µm berechnet. Die Verzerrungen durch die Mehrfachstreuung sind deutlich sichtbar. Der reduzierte Streukoeffizient des Mediums von $\mu'_s = 0,98$ mm^{-1} entsprach einem typischen Wert für biologisches Gewebe. Mit der obigen Näherung konnte die ursprüngliche Phasenfunktion gut rekonstruiert werden.

Die Güte der Rekonstruktion hängt, neben der Phasenfunktion selbst, stark vom Streukoeffizienten und der Küvettengeometrie ab. Bei zu großen oder zu stark streuenden Proben werden die Effekte der Mehrfachstreuung dominant und können mit der einfachen Näherung nicht mehr korrigiert werden. Um die Rekonstruktion in einem weiten Bereich von Küvettengrößen und Streukoeffizienten zu testen, wurden 56 Monte-Carlo-Simulationen mit Küvettendicken von 10 µm - 320 µm und

3.2 Goniometer

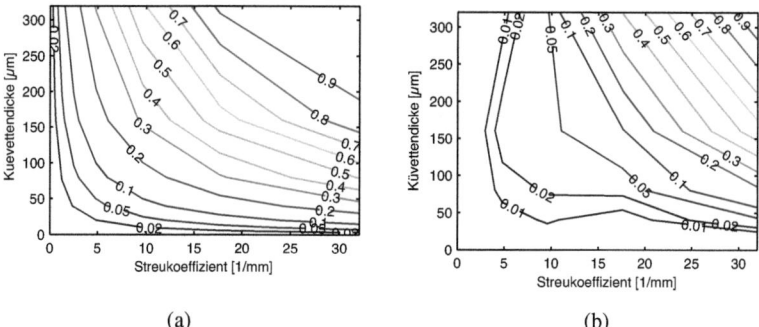

Abb. 3.18: Relativer Fehler bei der Berechnung des g-Faktors aus der Phasenfunktion von Monte-Carlo-Simulationen verschieden dicker Küvetten. a) Berechnung ohne Näherung; b) Berechnung mit der Streunäherung. Dabei war $b = 500\,\mu$m, PP Lipovenös 10 %, $\lambda = 650$ nm, unpolarisiertes Licht.

Streukoeffizienten von 0,1 mm^{-1} bis 32 mm^{-1} durchgeführt. Für jede Simulation wurde der relative Fehler bei der Bestimmung des g-Faktors aus der berechneten Phasenfunktion $p_{ms}(\theta)$ zum g-Faktor der ursprünglichen Phasenfunktion $p(\theta)$ berechnet. In Abbildung 3.18 (a) ist der relative Fehler der Monte-Carlo-Simulation aufgetragen. In Abbildung 3.18 (b) konnte mithilfe der Näherung der Fehler bei der Berechnung des g-Faktors deutlich minimiert werden. Für hohe Streukoeffizienten ist die einfache Näherung nicht mehr ausreichend. Bis zu einem Streukoeffizienten von 5 mm^{-1} ergeben sich durch die Näherung für alle betrachteten Küvettendicken jedoch relative Fehler unterhalb von 1 %, wohingegen die unkorrigierte Berechnung des g-Faktors schnell Fehler von über 20 % aufweist.

3.3 Ortsaufgelöste Reflektanz

Abb. 3.19: Labormuster der ortsaufgelöste Reflektanz.

Zur gleichzeitigen Bestimmung des reduzierten Streukoeffizienten und des Absorptionskoeffizienten in einem streuenden Medium wird sehr häufig die ortsaufgelöste Reflektanz verwendet (siehe Abbildung 3.19). Dabei wird Licht punktförmig in ein Medium eingebracht und die Intensität der Remission dieses Lichts in Abhängigkeit des Abstands zum Einstrahlort vermessen. Ist das streuende Medium optisch dünn genug, kann auch die ortsaufgelöste Transmittanz gemessen werden, bei der die Einstrahlung auf der einen und die Messung auf der anderen Seite der Probe erfolgt. Für kurzegepulste Lichtquellen kann als zusätzliche Informationsquelle der zeitliche Verlauf der Pulsantwort herangezogen werden [74, 72]. Für modulierte Lichtquellen kann zusätzlich zur Amplitude, die Phasenschiebung in Abhängigkeit des Abstands vermessen werden [49].

Der hier beschriebene Aufbau ist rein statisch und gewinnt die optischen Parameter nur aus der ortsabhängigen Intensität des Messsignals. Der Messaufbau wurde für semiinfinite Proben konzipiert und funktioniert kontaktlos. Semiinfinit sind Proben im Sinne des Messaufbaus, bei üblichen optischen Eigenschaften von biologischem Gewebe, für Kantenlängen von 10 cm - 20 cm bei mittiger Einstrahlung. Zur Detektion des remittierten Lichts wird eine gekühlte, hochempfindliche Kamera verwendet. Im Vergleich zu der Messung mit Lichtleitfasern ist der Aufbau unabhängig vom Anpressdruck oder der Eintauchtiefe der Messfaser. Diese nicht invasive Methode kann somit nicht nur in vitro, sondern ohne weiteres in vivo verwendet werden.

Abbildung 3.20 skizziert den grundlegenden Messaufbau. Neben einem Kamerasystem, welches eine möglichst hohe Dynamik und Linearität aufweisen sollte, wird lediglich eine kollimierte Lichtquelle zur Beleuchtung benötigt. Als Lichtquelle wurden wahlweise eine fasergekoppelte durchstimmbare Weißlichtquelle, LED-Quellen oder diverse Laserquellen benutzt. Der grundlegende Vorteil von Laserquellen ist ihre hohe Intensität und geringe Divergenz. Unvorteilhaft sind jedoch ihr erhöhtes

3.3 Ortsaufgelöste Reflektanz

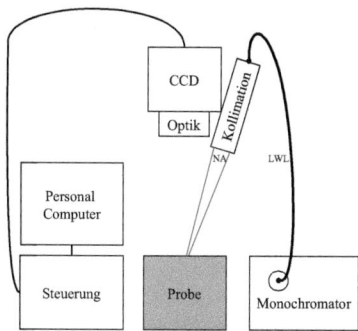

Abb. 3.20: Schematischer Aufbau zur Messung der ortsaufgelösten Reflektanz.

Rauschen sowie die lange Kohärenzlänge, welche Specklebildung hervorrufen kann. Weißlichtquellen und LED-Quellen besitzen diese Nachteile nicht, und die Weißlichtquellen sind zudem über einen größeren Wellenlängenbereich durchstimmbar und nicht polarisiert. Der Abstand zwischen Optik und Probe betrug etwa 22 cm. Die Lichtquellen wurden so nah wie möglich an der Probe positioniert. Es wurde auf die Umlenkung der Einstrahlung mit einem Spiegel verzichtet und mit dem kleinsten möglichen Winkel zur Senkrechten eingestrahlt. Die Laserquellen wurden mit einer Linse ($f = 200$ mm) auf die Probe fokussiert.

Die durchstimmbare Weißlichtquelle besitzt eine hohe Divergenz, welche der numerischen Apertur des Lichtwellenleiters der Weißlichtquelle entspricht. Das aus dem Lichtwellenleiter tretende Licht wird mit einer Optik kollimiert. Der Kollimator bewirkte eine 1:1-Abbildung des Faserendes ($\varnothing = 1$ mm) auf die Probenoberfläche. Er ist aufgebaut aus einem Achromaten ($f = 100$ mm, $\varnothing = 16$ mm) und beinhaltet weiterhin nur einige Blenden. Für die Berechnung der Kollimation gelten wieder alle Überlegungen aus Kapitel 3.1.1. Die Kollimation stellte einen Kompromiss zwischen der verfügbaren Intensität, der numerischen Apertur und dem Fleckdurchmesser auf der Probe dar. Die Fehler, verursacht durch die numerische Apertur der Einstrahlung, sind bei der ortsaufgelösten Reflektanz, aufgrund des diffusen Streuprozesses in der Probe, von untergeordneter Bedeutung. Viel entscheidender ist die Vermeidung jeglichen ungewollten Streulichts. Da die aus der Probe tretende Intensität in einem Abstand von einem Zentimeter vom Einstrahlort schon um mehrere Größenordnungen abgefallen ist, bewirken selbst kleinste am Messaufbau gestreute Intensitäten große Messabweichungen. Die Sauberkeit der Kollimationsoptik ist demzufolge von äußerster Wichtigkeit.

Die ortsaufgelöste Reflektanz ist stark abhängig von der Polarisation des eingestrahlten Lichts. Wie in Abbildung 3.21 zu sehen ist, bewirkt unpolarisiert eingestrahltes Licht eine absolut radialsymmetrische Aufstreuung. Für linear polarisiertes Licht ist die Intensitätsverteilung nicht mehr radialsymmetrisch. Aus den Messdaten werden, wie in Kapitel 2.7 erklärt, mithilfe der Diffusionstheorie die optischen Eigenschaften berechnet. Die Diffusionstheorie berechnet die Reflektanz in Abhängigkeit

3 Messaufbauten

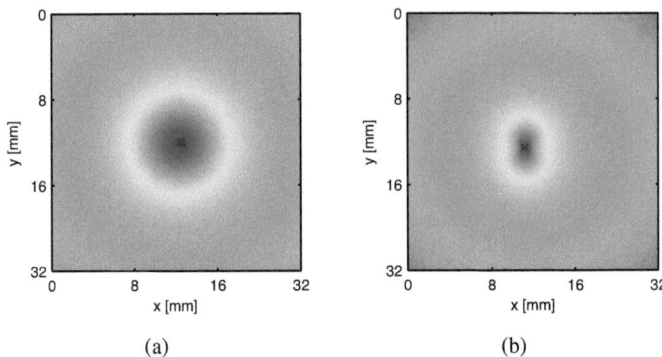

(a)   (b)

Abb. 3.21: Messung der ortsaufgelösten Reflektanz an einer Lipovenös 20 % Suspension, logarithmische Auftragung. a) unpolarisierte Einstrahlung mit einem Monochromator, $\lambda = 600$ nm; b) senkrecht polarisierte Einstrahlung mit einem He-Ne-Laser, $\lambda = 594$ nm. Die Intensitäten der beiden Lichtquellen sind nicht identisch.

vom Ort $R_f(\rho)$. Sie ist somit radialsymmetrisch und gilt für ein isotropes Strahlungsfeld. Durch polarisiert eingestrahltes Licht ergibt sich in Abhängigkeit zur Richtung relativ zur Polarisationsrichtung ein Fehler bei der Berechnung der optischen Eigenschaften.

Die Messdaten werden unter Ausnutzung der Rotationssymmetrie der Theorie aus dem kartesischen Koordinatensystem $I(x,y)$ in Polarkoordinaten überführt $I(\rho,\varphi)$. Die Abstände ρ bestimmen sich zu $\rho^2 = (x - x_m)^2 + (y - y_m)^2$, wobei der Ursprung des Koordinatensystems x_m und y_m in den Einstrahlpunkt auf der Probe gelegt wird. Durch Ausnutzung der Rotationssymmetrie kann der Datensatz mit einer eindimensionalen Funktion beschrieben werden. Die Mittelung über alle Winkel ergibt

$$I(\rho) = \int_0^{2\pi} I(\vec{\rho})/2\pi \, d\varphi. \tag{3.29}$$

Die Transformation, die für große Abstände einer Mittelung über hunderte Werte entspricht, verringert das Rauschen der Messung um über eine Größenordnung bei großen Abständen. Durch die Mittelung über alle Winkel wird die Messung einer polarisierten Lichtquelle weitgehend in den unpolarisierten Fall überführt. In Abbildung 3.22 wurde die Messung eines Gewebephantoms mit einer polarisierten Lichtquelle einer unpolarisierten Lichtquelle gegenübergestellt (da die Halbwertsbreite des Monochromators größer als 15 nm ist, ist für diesen Vergleich der Unterschied von 6 nm vernachlässigbar). Für sehr kleine Bereiche ergeben sich Abweichungen, die hauptsächlich auf die unterschiedlichen Strahlparameter (NA, Fleckdurchmesser) zurückzuführen sind. Ab 5 mm Abstand ergeben sich keine größeren Unterschiede mehr. Der Fit über vier Parameter (μ_a, μ_s', fm und fa) rekonstruiert für beide Messungen ähnliche optische Eigenschaften (siehe Abbildung 3.22). Der rekonstruierte Absorptionskoeffizient der unpolarisierten Quelle, $\mu_a(600\text{nm}) = 2{,}22\text{e-}4\,\text{mm}^{-1}$, entspricht exakt der von

3.3 Ortsaufgelöste Reflektanz

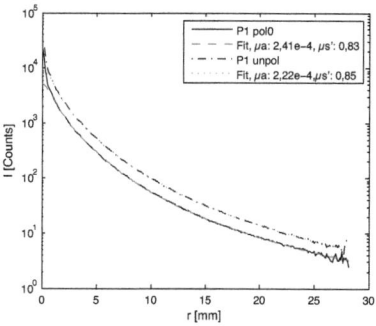

Abb. 3.22: Ortsaufgelöste Reflektanz von Lipovenös 20 % (15 g in 500 g Wasser), gemessen mit einer polarisierten Lichtquelle (He-Ne $\lambda = 594$ nm) und einer unpolarisierten (Monochromator $\lambda = 600$ nm). Beide Messungen zeigen ab 2 mm Abstand einen fast identischen Abfall. Die Rekonstruktion der optischen Eigenschaften mit einem Fit über vier Parameter ergibt gute Übereinstimmungen (Ziel: $\mu_a(600\text{nm}) = 2{,}22\text{e-}4\,\text{mm}^{-1}$, $\mu'_s = 0{,}81\,\text{mm}^{-1}$)

Pope und Fry gemessenen Wasserabsorption [77].

3.3.1 Die Punktantwortfunktion

Bei vielen Messgeräten kann die Umwandlung eines Eingangsignals I in das Messsignal M mit einer Transferfunktion T beschrieben werden. Bei einem Verstärker bestimmt die maximale Bandbreite die zeitliche Auflösung des Gerätes. Ein eintretender Diracpuls wird dabei durch die Transferfunktion verbreitert. Das Messsignal ergibt sich nun aus der Faltung der Transferfunktion mit dem Eingangssignal

$$M = (I * T) = \int_{-\infty}^{\infty} I(t')T(t-t')\mathrm{d}t'. \qquad (3.30)$$

Die Transferfunktion lässt sich dabei häufig durch die Messung der Antwort des Messgerätes auf einen unendlich kurzen Dirac-Eingangspuls bestimmen.

Bei dem vorliegenden statischen, kameragestützten Messsystem wird hingegen die räumliche Information des Bildes durch eine Transferfunktion übertragen. Die Abbildungsleistung einer Optik wird häufig mit der Optik-Transferfunktion beschrieben. Durch Faltung der komplexen Optik-Transferfunktion mit dem Bild kann die Abbildung eines Kamerasystems vollständig berechnet werden. Sie beschreibt sowohl die Auflösung des Objektivs (mit der Modulations-Transferfunktion) wie auch Verzerrungen des Bildes (mit der Punkt-Transferfunktion). Aufgrund der geringen Ortsfrequenzen der aufgenommenen Bilder kann die Abbildungsleistung des Objektives für unsere Zwecke als optimal betrachtet werden. Als Transferfunktion wird im weiteren nur die Punktantwortfunktion berücksichtigt.

Die Punktantwortfunktion beschreibt die Verbreiterung eines räumlich unendlich kleinen Diracpulses auf dem Chip. Diese Verbreiterung geschieht durch Abbildungsfehler der Linse und in unserem Fall vor allem durch Streuung und Reflexionen am Objektiv und dem CCD-Chip der Kamera. Sie lässt sich demzufolge nicht mit optischen Simulationsprogrammen wie ZEMAX berechnen, sondern kann

3 Messaufbauten

nur gemessen werden. Dabei ergeben sich für jede Kamera, jedes Objektiv (selbst gleichen Typs), jeden Vergrößerungsmaßstab und jede Wellenlänge ganz individuelle Punktantwortfunktionen. Zur Messung der Punktantwortfunktion des Kamerasystems wurde das Ende einer Monomode-Glasfaser auf den Chip der Kamera abgebildet. Die Glasfaser wurde mit einem Laser beleuchtet und ihre Abbildung war kleiner als ein Pixel des CCD-Chips. Der Lichtfleck auf dem CCD-Chip fällt bereits in sehr geringen Abstand zum Beleuchtungspunkt auf unter einen einzelnen Count Intensität ab. Um sowohl das Maximum der Punktantwortfunktion, als auch die Außenbereiche genau vermessen zu können, wurden ähnlich wie bei der High-Dynamic-Range-Fotografie zwei Aufnahmen der Faser mit unterschiedlicher Integrationszeit angefertigt. Dabei ist die Intensität im Einstrahlort bei langer Integrationszeit bereits übersteuert. Durch die Kombination beider Bilder lässt sich der dynamische Bereich der Kamera weiter erhöhen. Die für 633 nm vermessene Punktantwortfunktion überspannt mehr als 6 Größenordnungen (siehe Abbildung 3.23).

Idealerweise sollte die Punktantwortfunktion aus der Messung entfaltet werden. Die Entfaltung zweier diskreter Datensätze gestaltet sich jedoch recht schwierig und ist instabil. Da das Vorwärtsproblem viel einfacher zu lösen ist, wurde aus diesem Grund nicht die Punktantwortfunktion aus den Messdaten entfaltet, sondern die Theorie wurde mit der Punktantwortfunktion gefaltet, bevor sie mit den Messdaten verglichen wurde.

Da der CCD-Chip der Kamera zwei Dimensionen besitzt, ist auch die Punktantwortfunktion zweidimensional. Die zweidimensionale Faltung ist für übliche Bildgrößen jedoch relativ rechenaufwendig. Da die Punktantwortfunktion weitestgehend rotationssymmetrisch ist, lässt sich für die ebenfalls rotationssymmetrischen Messungen die Faltung unter Ausnutzung der Symmetrie wesentlich effizienter in Zylinderkoordinaten ausführen

$$(f(r) * g(r)) = \int_0^\infty f(r') \left[\int_0^{2\pi} g\left(\sqrt{r'^2 + r^2 - 2rr' \cos \phi'} \right) d\phi' \right] r' dr'. \tag{3.31}$$

Für einen diskreten Datensatz lässt sich folgende Form ableiten

$$(f(r) * g(r)) = \Delta r \Delta \phi \sum_{r'=0}^{\infty} f(r') r' \sum_{\phi=0}^{2\pi} g\left(\sqrt{r'^2 + r^2 - 2rr' \cos(\phi)} \right). \tag{3.32}$$

Die Faltung lässt sich in Zylinderkoordinaten für die verwendete Chipgröße um den Faktor 1000 schneller ausführen als in kartesischen Koordinaten.

Der Einfluss der Punktantwortfunktion soll anhand von einigen Beispielrechnungen verdeutlicht werden (Abbildung 3.23). Mit der Diffusionstheorie wurde die ortsaufgelöste Reflektanz für verschiedene Absorptionen berechnet. Diese wurden daraufhin mit der Punktantwortfunktion gefaltet. Die Berechnungen entsprechen den Beobachtungen bei der Messung von Phantomgeweben mit ähnlichen optischen Eigenschaften. Zwischen der theoretischen und der mit der Punktantwortfunktion gefalteten Kurve ergeben sich besonders für größere Abstände deutliche Abweichungen. Dabei fällt auf, dass aufgrund der höheren Dynamik der hochabsorbierenden Proben die Abweichungen größer

3.3 Ortsaufgelöste Reflektanz

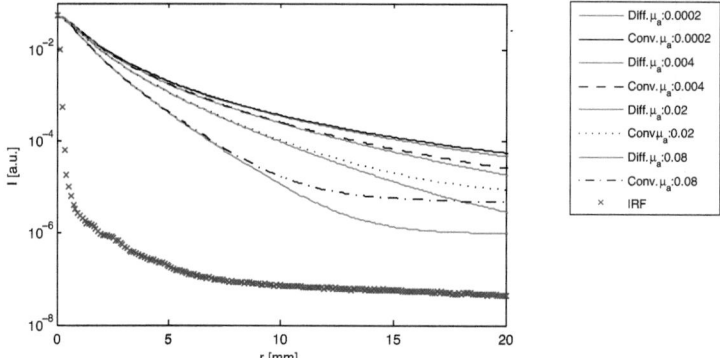

Abb. 3.23: Aufgetragen ist die Transferfunktion, gemessen mit $\lambda = 633$ nm. Die ortsaufgelöste Reflektanz für verschiedene Absorptionen (berechnet mit der Diffusionstheorie für $\mu_s' = 1$ mm^{-1}) wurde jeweils mit der gemessenen Punktantwortfunktion gefaltet (Conv.).

sind als bei wenig absorbierenden Proben.

Um den Einfluss der Punktantwortfunktion auf die Kameramessung zu quantifizieren, wurden aus den gefalteten Berechnungen aus Abbildung 3.23 nun mit der Diffusionstheorie die optischen Eigenschaften rekonstruiert. Durch die Verwendung der Diffusionstheorie für die Hin- und Rückrechnung werden alle anderen Einflüsse ausgeschlossen. Für die ungefaltete Vorwärtsrechnung ergibt sich eine nahezu perfekte Übereinstimmung der Rekonstruktion. Das inverse Problem wurde, wie in Kapitel 2.7 besprochen, für den Fit von drei und vier Parametern gelöst. Die Tabelle 3.1 gibt Aufschluss über den absoluten Fehler der Rekonstruktion der gefalteten Rechnungen.

Die Rekonstruktion des Streukoeffizienten mit dem Fit von vier Parametern zeigt einen mit der Ab-

Tab. 3.1: Auswertung des Einflusses der Punktantwortfunktion auf die Rekonstruktion. Die optischen Eigenschaften der gefalteten Rechnungen aus Abbildung 3.23 wurden mit einem Standard-Fit-Algorithmus rekonstruiert.

Vorgabe		Fit von μ_a, μ_s', fm und fa		Fit von μ_s', fm und fa	
μ_a [mm^{-1}]	μ_s' [mm^{-1}]	μ_a [mm^{-1}]	μ_s' [mm^{-1}]	μ_a [mm^{-1}]	μ_s' [mm^{-1}]
0,1000	1	0,079	1,148	0,1000	0,983
0,0500	1	0,038	1,129	0,0500	0,987
0,0100	1	0,0073	1,060	0,0100	0,989
0,0050	1	0,0044	1,009	0,0050	0,989
0,0010	1	4,5e-6	1,064	0,0010	0,987
0,0005	1	2,0e-4	1,006	0,0005	0,986
0,0001	1	6,2e-12	0,992	0,0001	0,986

sorption steigenden Fehler, der im Maximum einen relativen Fehler von 15% erreicht. Die Absorption hingegen wird deutlich schlechter rekonstruiert und liefert für Absorptionskoeffizienten kleiner als 0,005 mm^{-1} keine relevanten Ergebnisse mehr. Ist jedoch die Absorption bekannt, so kann der Streukoeffizient mit dem Fit der restlichen drei Parameter gut rekonstruiert werden. Hier zeigt die Rekonstruktion des Streukoeffizienten unabhängig von der Absorption relative Fehler kleiner als 2 %.

Bei der Betrachtung der Graphen zeigt sich, dass der Fit-Algorithmus den freien Parameter der additiven Komponente f_a dazu verwendet, einen Teil des Fehlers, der durch die Punktantwortfunktion verursacht wird, zu kompensieren. Die Addition eines kleinen Teils der eingestrahlten Intensität über alle Abstände ist auch eine der einfachsten denkbaren Punktantwortfunktionen einer Kamera. Ohne die additive Komponente liefert der Fit deutlich schlechtere Werte. Die Trennung der additiven Komponente von kleinen Absorptionskoeffizienten ist jedoch kaum möglich, da sie das Messsignal ähnlich verändern. Um kleine Absorptionskoeffizienten zuverlässig mit der kameragestützten ortsaufgelösten Reflektanz berechnen zu können, muss auf die additive Komponente verzichtet werden. Dies setzt jedoch die Berücksichtigung der Punktantwortfunktion voraus.

Es bleibt anzumerken, dass sich die Abweichungen, welche exemplarisch anhand der Ergebnisse aus Tabelle 3.23 diskutiert wurden, auch für andere Streukoeffizienten und optischen Eigenschaften ähnlich verhalten. Bei der Rekonstruktion von Messergebnissen kommen jedoch zusätzlich zu den Fehlern durch die Punktantwortfunktion noch die Messfehler, welche bereits in Kapitel 2.7 diskutiert wurden, hinzu.

3.3.2 Verifikation

Die Verifikation der ortsaufgelösten Reflektanz ist eine komplexe Aufgabe. Die Messung erfordert äußerste Sorgfalt. Aufgrund der hohen Dynamik der Reflektanzkurven führen kleinste Mengen ungewollt gestreuten Lichts (an Optiken oder sonstigen Aufbauten) zu großen Fehlern. Die Kamera muss absolut linear und die Optik verzerrungsfrei funktionieren. Selbst wenn alle obigen Punkte einwandfrei gelöst wurden, stellt die Rekonstruktion der optischen Parameter aus den Messdaten eine große Herausforderung dar. Es gibt eine große Anzahl von Parametern, die die Güte der Rekonstruktion aus den Messergebnissen beeinflussen und eine allgemeingültige Verifikation der Methode verhindern. Abbildung 3.24 gibt einen Überblick über die wichtigsten Faktoren.

Die Genauigkeit der Rekonstruktion der ortsaufgelösten Reflektanz mit der Diffusionstheorie wird durch jeden der aufgetragenen Faktoren beeinflusst. Neben dem Absorptions- und dem Streukoeffizienten selbst beeinflusst die Phasenfunktion (z.B. durch gerichtete Streuung) die ortsaufgelöste Reflektanz maßgeblich. Aber auch Kamerafehler und die Polarisation der Lichtquelle haben Einfluss auf die Messung. Der Fit-Algorithmus wird wiederum durch die Startparameter, die Anzahl der Fitparameter (μ_a, μ_s', fm und fa), die Gewichtung des Datensatzes und die Berücksichtigung der Transferfunktion beeinflusst.

Alle diese Einflüsse gegeneinander zu vergleichen, ist im Rahmen dieser Arbeit nicht realisierbar.

3.3 Ortsaufgelöste Reflektanz

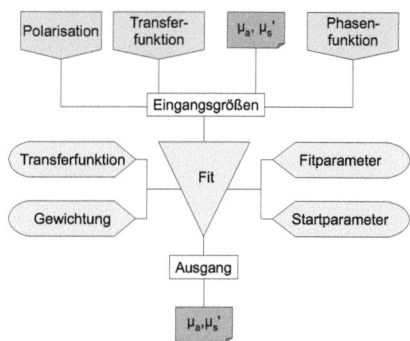

Abb. 3.24: Die Güte der Rekonstruktion der optischen Eigenschaften aus den Messdaten (oder Simulationsergebnissen) hängt im wesentlichen von den hier aufgetragenen Parametern ab. Eine generelle Beurteilung der Qualität der Ergebnisse ist aufgrund der Vielzahl von Parametern nicht möglich.

Es ist nur möglich, den Einfluss der einzelnen Fehlerquellen isoliert zu betrachten, was im vorangegangenen Kapitel und in Kapitel 2.7 bereits geschehen ist. Für kugelsymmetrische Gewebephantome wurde die Methode in dieser Arbeit genauer untersucht. In Kapitel 4.4 werden die Ergebnisse einer großen Anzahl von Messungen mit theoretischen Berechnungen verglichen.

Kapitel 4
4 Ergebnisse

Aufgrund der großen Anzahl von Studien an unterschiedlichsten streuenden Medien, die in dieser Arbeit durchgeführt wurden, wird zur Präsentation der Ergebnisse eine alternative Struktur verwendet. Anstelle der klassischen strikten Trennung zwischen Material und Methoden sowie der Messung und der Diskussion erschien es sinnvoller, die Messungen und Ergebnisse jedes Mediums einzeln, in einem eigenen Abschnitt, zu erläutern.

Jeder der folgenden Abschnitte enthält, neben einer kurzen Einleitung, die Herleitung eines physikalischen Modells des untersuchten Mediums, die Erklärung zu weitergehenden experimentellen Methoden, die Präsentation der Messergebnisse sowie jeweils abschließend eine Fehleranalyse und Diskussion der Ergebnisse. Die einzelnen Abschnitte ähneln somit in ihrem Aufbau stark der Struktur einer eigenständigen Veröffentlichung. Eine Ausnahme ist Kapitel 4.1.1, welches nur Messergebnisse zu den Materialeigenschaften verschiedener häufig verwendeter Materialien liefert.

4.1 Materialeigenschaften

4.1.1 Brechungsindizes

Der Brechungsindex eines Körpers hängt neben der Wellenlänge stark von der Temperatur und dem Umgebungsdruck ab. Wenn nicht anders vermerkt, verstehen sich die Angaben in diesem Kapitel für Raumtemperatur (20°C) bei einem Umgebungsdruck von einem Bar. In Bereichen normaler Dispersion lässt sich die Wellenlängenabhängigkeit der meisten Dielektrika mit einfachen Formeln annähern. Für unsere Experimente bietet bereits die dreiparametrische Conrady-Gleichung eine gute Näherung

$$n(\lambda) = n_0 + \frac{A}{\lambda} + \frac{B}{\lambda^{3,5}}. \tag{4.1}$$

Bei Werten aus der Literatur ist häufig auch die Cauchy-Formel [56] anzutreffen

$$n(\lambda) = I + \frac{J}{\lambda^2} + \frac{K}{\lambda^4}. \tag{4.2}$$

4 Ergebnisse

Tab. 4.1: Koeffizienten zur Berechnung des Brechungsindex mit der Conrady-Formel. Gültig für Wellenlängen von 450 nm-800 nm bei Raumtemperatur (20° C) und einem Druck von 1 Bar, λ in µm.

	n_0	A	B
Luft	1	0	0
Wasser [92]	1,31748780	0,00841729696	0,000187593068
Silikonöl	1,40546769	-0,00142716125	0,0000611859763
Glycerol	1,452624659	0,01063717031	0,0002408497194
Glas-Suprasil (Hellma QS)	1,44156732	0,00900723501	0,000243344857
Glas-K5 (Hellma OS)	1,50202835	0,0105569936	0,000386863154

Tab. 4.2: Koeffizienten zur Berechnung des Brechungsindex mit der Cauchy-Formel. Gültig für Wellenlängen von 450 nm-800 nm bei Raumtemperatur (20° C) und einem Druck von 1 Bar, λ in nm.

	I	J	K
Luft	1	0	0
Wasser [94]*	1,311	1,154e4	-1,132e9
Sojaöl [94]*	1,451	1,154e4	-1,132e9
Polystyrene [57]	1,5725	3,108e3	3,4779e8
EC 12 60tex **	1,537	3,108e3	3,4779e8

* Nach van Staveren hat Wasser und Sojaöl identische J- und K-Koeffizienten. Die Werte für Wasser sind ungenau, siehe Kapitel 4.1.1.
** Näherung der Dispersion der untersuchten Glasfasern.

Die Brechungsindizes von flüssigen Proben konnten in unserem Labor mit einem Abbe-Refraktometer vermessen werden. Es erlaubt die Bestimmung der Brechzahl von Flüssigkeiten und Feststoffen für verschiedene Temperaturen bei 589 nm (Natrium-D-Linie). Zur Berechnung der Conrady-Parameter von Feststoffen wie Glas wurden Angaben des Brechungsindizes der Hersteller für verschiedene Wellenlängen herangezogen. Die Conrady-Gleichung wurde nun mit einem Fit-Algorithmus an die Datensätze angefittet. In Tabelle 4.1 sind die Parameter der verschiedenen Stoffe aufgetragen. Zusätzlich wurden in Tabelle 4.2 eine Reihe von Literaturergebnissen zusammengetragen.

Fettemulsionen

Zur Berechnung des Streukoeffizienten von Fettemulsionen mit der Mie-Theorie wurden die Brechungsindizes für Sojaöl und Wasser von van Staveren [94] angenommen. Beim Vergleich der Daten von van Staveren mit gesicherten Literaturdaten [65, 6, 92] (siehe Abbildung 4.1) fällt auf, dass es gewisse Abweichungen von van Staverens Werten zur Literatur gibt .

4.1 Materialeigenschaften

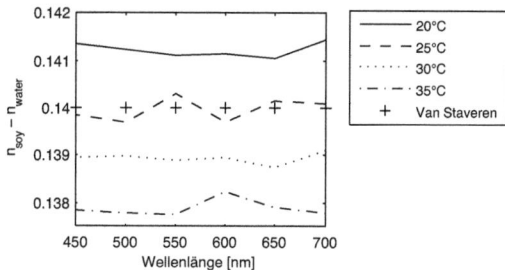

Abb. 4.2: Der Brechungsindexunterschied von Wasser zu Sojaöl ist laut van Staveren konstant über die Wellenlänge. Messungen in unserem Labor bestätigen dies. Die Differenz wird mit steigender Temperatur geringer.

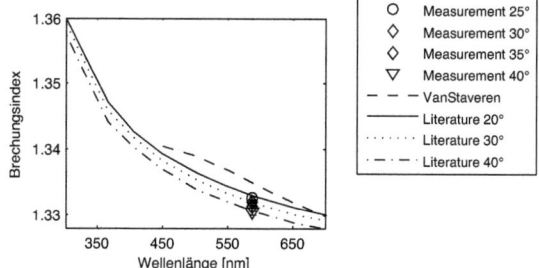

Abb. 4.1: Der Brechungsindex von Wasser wurde in einer Vielzahl von Studien untersucht [6]. Dabei wurde der Einfluss der wichtigsten Parameter wie Temperatur, Druck, Wellenlänge und Salzgehalt berücksichtigt. Millard et al. haben eine 27-parametrische Formel entwickelt, um den Brechungsindex mit einer Abweichung im tausendstel Promille Bereich genau zu bestimmen [65]. Neben den IAPWS-Daten [92] ist der Brechungsindex aus van Staverens Publikation und die Messung mit einem Refraktometer in unserem Labor aufgetragen [9].

Für die Mie-Theorie ist jedoch nur der Brechungsindexunterschied von Streuern und Umgebung relevant (also $n_{soy} - n_{water}$). Da für den Brechungsindex von Sojaöl keine bessere Quelle gefunden werden konnte, gehen wir davon aus, dass die Messung von van Staveren sowohl für Wasser als auch für Öl mit demselben Fehler behaftet ist. Einen anderen Literaturwert für Wasser zu nehmen, würde die Berechnung demzufolge verfälschen.

Wie in Abbildung 4.2 zu sehen ist, ist der Brechungsindexunterschied $n_{soy} - n_{water}$ mit van Staverens Werten konstant über die Wellenlänge. Eine Messung des Brechungsindexunterschiedes im Labor hat dieses Ergebnis bestätigt.

4 Ergebnisse

4.1.2 Absorptionskoeffizient

Die Absorption von nicht streuenden Medien kann mit dem Aufbau der kollimierten Transmission bestimmt werden, solange $\mu_s \ll \mu_a$. Der absolute Messfehler des Aufbaus liegt mit der 100 mm langen Küvette bei 0,0001 mm^{-1}, was näherungsweise dem Absorptionskoeffizienten von destilliertem Wasser bei 583 nm entspricht. Es können dementsprechend nur stärker absorbierende Medien vermessen werden. Mit der Verlängerung des optischen Wegs durch die Probe könnte theoretisch, ohne größere Probleme, eine höhere Genauigkeit erzielt werden. In der Praxis liegt selbst bei augenscheinlich nicht streuenden Medien mit solch geringer Absorption der Streukoeffizient in der Größenordnung der Absorption. Für solche Medien müssen andere Messaufbauten, wie die photothermische Messung [79] gewählt werden, um die Absorption exakt zu bestimmen [77, 87].

Auch die Messung von stärker absorbierenden Medien ist nicht trivial. Es treten im wesentlichen zwei Komplikationen auf. Bei vielen Absorbern verhindert wiederum ein nicht vernachlässigbarer Streukoeffizient die direkte Messung der Absorption. Weiterhin verändern viele Farbstoffe ihre Absorption in Abhängigkeit des pH-Wertes des Mediums. Gerade in destilliertem Wasser kann sich der pH-Wert sehr schnell verändern.

Wasser

Bei der Bestimmung der Wasserabsorption im Sichtbaren muss beachtet werden, dass die Streuung nicht mehr zu vernachlässigen ist. Die kollimierte Transmission kann hier keine zuverlässigen Ergebnisse liefern. Die Messung des Absorptionskoeffizienten von destilliertem Wasser war bereits Schwerpunkt einer großen Anzahl von Arbeiten. In dieser Arbeit verwenden wir die Werte aus einer Studie von Pope and Fry und Kou et al. [77, 55]. In Abbildung 4.3 sind die Ergebnisse der drei Studien gegeneinander aufgetragen.

Soja- Fettemulsionen

Sojaöl ist die streuende Komponente in den allermeisten Fettemulsionen. Diese Fettemulsionen werden sehr häufig als Gewebeersatzmodell verwendet und wurden in dieser Doktorarbeit intensiv untersucht. Anhand einer Sojaprobe aus der Produktion von Fresenius Kabi, welche in Deutschland Intralipid herstellen, konnten wir die Absorption des verwendeten Sojaöls messen. Das Öl wurde in einer 100 mm-Küvette vermessen. Als Referenz wurde eine luftgefüllte Küvette genommen. Mit den Brechungsindizes der Küvette und des Öls aus Kapitel 4.1.1 konnte anschließend die Absorption berechnet werden (siehe Abbildung 4.4).

Die Absorption von Sojaöl ist im Sichtbaren höher als die von Wasser. Der Absorptionsbeitrag des Sojaöls ist in Fettemulsionen mit üblichen Konzentrationen bis 600 nm signifikant. In Abbildung 4.5 ist der Absorptionskoeffizient für Fettemulsionen mit verschieden Sojaöl-Konzentrationen aufgetragen. Die Gesamtabsorption $\mu_{a(ges)}$ ergibt sich dabei aus der Summe der Einzelabsorptionen,

4.1 Materialeigenschaften

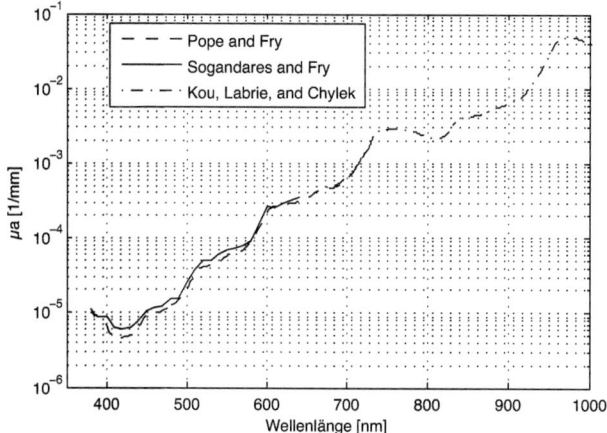

Abb. 4.3: Dargestellt ist der Absorptionskoeffizient von destilliertem Wasser aus verschiedenen Studien [55, 77, 87].

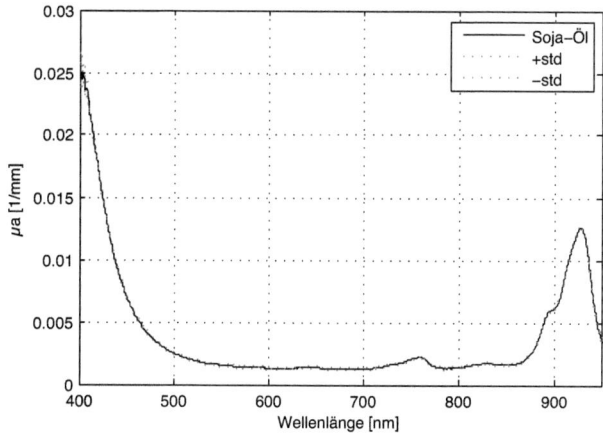

Abb. 4.4: Absorptionskoeffizient von Sojaöl aus der Produktion von Fresenius Kabi mit der Standardabweichung aus sechs Messungen.

4 Ergebnisse

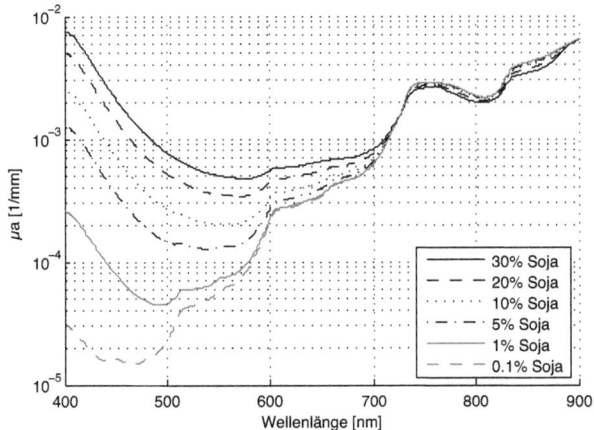

Abb. 4.5: Für verschiedene Konzentrationen von Soja-Wasser Suspensionen wurde die Gesamtabsorption der Lösungen aufgetragen.

multipliziert mir der Volumenkonzentration σ:

$$\mu_{a(ges)} = \sum_{i=1}^{n} \mu_{a(i)} \cdot \sigma_{(i)}. \tag{4.3}$$

Je nach Wellenlänge und Konzentration kann der Beitrag des Öls zur Absorption der Suspension zwei Größenordnungen über dem Beitrag von Wasser liegen.

Tinte/Tusche

Tinte (Pelikan 4001 black) sowie Tusche (Pelikan Scribtol black) wurden in dieser Arbeit verwendet, um den Absorptionsanteil in flüssigen Gewebeersatzmodellen zu stellen [58]. Andere häufig verwendeten Farbstoffe, wie Methylen blau, wurden nicht verwendet, da sie zum Teil giftig sind und häufig nicht stabil genug in ihren optischen Eigenschaften. Die Tinte sowie die Tusche sind äußerst lichtecht und halten selbst der hochenergetischen Bestrahlung mit kurzgepulsten Lasern, wie sie bei der photothermischen Messung verwendet werden [79], sehr lange stand.

Der Absorptionskoeffizient der Tinte zeigt in wässrigen Lösungen eine geringe Abhängigkeit vom pH-Wert der Lösung. Die Tusche zeigt keine derartige Abhängigkeit. In Abbildung 4.6 ist der Absorptionskoeffizient der Tinte bei einem pH-Wert von 5 und 8 aufgetragen. Dies entspricht etwa der Variation in den Fettemulsionen, deren pH-Wert produktionsbedingt von 6 bis 8,7 schwanken kann.

4.1 Materialeigenschaften

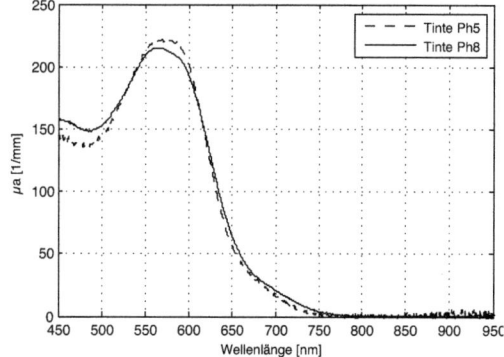

Abb. 4.6: Die Absorption von Tinte (Pelikan 4001 black) schwankt in Abhängigkeit des pH-Werts der Lösung. Der Absorptionskoeffizient ist für unverdünnte Tinte aufgetragen. Der pH-Wert wurde mit CentriPUR pH8 stabilisiert. Im Nahinfraroten besitzt die Tinte keine nennenswerte Absorption mehr und es muss Tusche verwendet werden.

Der Absorptionskoeffizient der Tinte schwankt dabei um ca. 10 %. Bei Tinten von anderen Herstellern konnten auch wesentlich größere pH-Abhängigkeiten beobachtet werden. Zur Stabilisierung des pH-Wertes wurde bei den Messungen mit Tinte eine Pufferlösung verwendet (CentriPUR pH8). Diese ist vollkommen farblos und beeinflusste die Messungen auch sonst nicht. Wie in Abbildung 4.6 zu sehen ist, besitzt die schwarze Tinte im Nahinfraroten keine nennenswerte Absorption mehr. Hier empfiehlt sich der Einsatz von Tusche als Absorber.

Tusche ist eine Lösung von mikroskopischen Ruß-Partikeln. Demzufolge besitzt sie eine nicht zu vernachlässigende Streuung. Fabrizio Martelli und Giovanni Zaccanti ermittelten den Anteil der Streuung am Extinktionskoeffizienten der Tusche im zweistelligen Prozentbereich [62]. Zur Bestimmung des Absorptionskoeffizienten benötigt man neben der kollimierten Transmission noch eine weitere Messmethode wie die photothermische Messung. In Abbildung 4.7 ist mit der kollimierten Transmission ermittelte Extinktionskoeffizient für zwei verschiedene Tuschen aufgetragen. Die in dieser Arbeit verwendete Pelikan Tusche ist einer aus einem Kollaborationsprojekt erhaltenen Probe von Fabrizio Martelli gegenübergestellt. Die Werte von Fabrizio Martelli sind systematisch um 3 % niedriger als unsere Messwerte. Eine Abweichung in dieser Größenordnung ist nicht ungewöhnlich für Messungen dieser Art und liegt innerhalb der erwarteten Messgenauigkeit unseres Systems.

Beim Umgang mit Tusche muss dringend beachtet werden, dass die Rußpartikel in der Tusche nach einer gewissen Zeit anfangen zu klumpen. Demzufolge finden sich größere Partikel in der Tusche und die Absorption sinkt. Um dem entgegenzuwirken, empfiehlt es sich, die Proben vor der Messung 10 Minuten lang in ein Ultraschallbad zu geben.

4 Ergebnisse

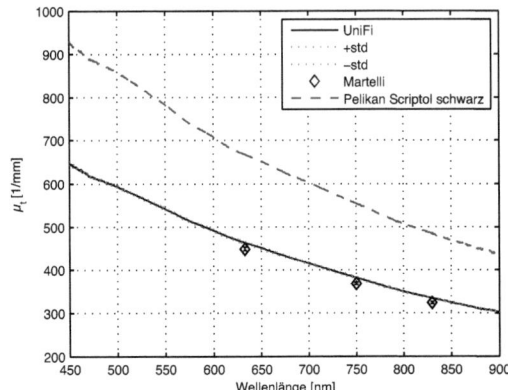

Abb. 4.7: Aufgetragen ist der Extinktionskoeffizient der Pelikan Tusche und einer Tuscheprobe aus dem Kollaborationsprojekt (für unverdünnte Proben). Vergleichsweise sind die Messwerte von Fabrizio Martelli aufgetragen.

4.2 Zylinderstreuer

Die experimentelle Überprüfung von einfachen Lösungen der Maxwell-Gleichungen erfolgt zumeist mit Messungen an Polystyrensuspensionen (siehe Kapitel 4.3). Da in dieser Arbeit jedoch auch die Lichtausbreitung an gerichteten Strukturen verstanden werden soll, wurde auch die Streuung an einzelnen Zylindern untersucht. Dazu wurden verschiedene Zylinder mit einem Goniometer, wie es in Kapitel 3.2 beschrieben wurde, vermessen.

4.2.1 Physikalisches Modell

Zylinder verursachen eine stark anisotrope Lichtstreuung (siehe Kapitel 2.3.3). Die Streuung an einem Zylinder erfolgt bei nicht senkrechter Einstrahlung in Kegelschnitten um die Zylinderachse mit dem Öffnungswinkel des Einfallsvektors zur Zylinderachse. Bei senkrechter Einstrahlung streut der Zylinder somit nur senkrecht zur Zylinderachse (siehe Abbildung 4.8). Für Zylinderdurchmesser von wenigen µm können mit dem verwendeten Goniometer, ähnlich wie bei Polystyrenen, charakteristische Oszillationen der Phasenfunktion beobachtet werden. Bei größeren Zylindern nimmt die Anzahl der Oszillationen stark zu und das verwen-

Abb. 4.8: Kegelschnitte zwischen Einfallsvektor und Zylinder.

dete System kann die einzelnen Oszillationen nicht mehr auflösen.

Als Probe kamen dünne Glasfäden (EC 12 60tex), welche uns vom Polymerforschungsinstitut Dresden (IPF) freundlicherweise zur Verfügung gestellt wurden, zum Einsatz. Diese Glasfäden wurden an einer Spinnanlage durch das Pressen von flüssigem Glas durch dünne Düsen hergestellt. Die so entstandenen Fäden sind glatt, die Durchmesser liegen unter 10 µm und sind relativ konstant über die Länge einer einzelnen Faser. Laut Hersteller liegt der Brechungsindex der Glasfäden bei $n = 1,547$.

Da keine genauen Angaben zur Dispersion bekannt waren, wurde die Dispersion ähnlich groß wie die der Polystyrene angenommen (für die genauen Werte siehe Kapitel 4.1.1). Diese Annahme erbrachte gute Übereinstimmungen mit dem Experiment.

Zur Berechnung der Streuung wurde eine Lösung der Maxwell-Gleichungen für einen einfachen Zylinder, wie sie in Kapitel 2.5.3 vorgestellt wurde, verwendet. Die Einstrahlung der ebenen Welle erfolgt senkrecht zur Zylinderachse. Die genaue Größe der Glasfasern ist im Vorhinein nicht bekannt. Es konnte mit einem Korrelationsverfahren (siehe Kapitel 2.7.3) die Größe des Zylinders automatisch aus den Messdaten bestimmt werden.

4.2.2 Messungen

Mit einem geeigneten Halter wurde eine einzelne Glasfaser im Goniometer positioniert und unter verschiedenen Winkeln zwischen Einfallsvektor und Zylinderachse wurde die Phasenfunktion für den gesamten Raumwinkel vermessen. Als Lichtquelle wurde ein durchstimmbarer He-Ne Laser verwendet. Die Polarisationsebene der Einstrahlung konnte mit einem polarisationsdrehenden Prisma frei gewählt werden. In Abbildung 4.9 sind die Messergebnisse der vorderen Hemisphäre als Polarplot aufgetragen.

Der Laserstrahl trifft senkrecht durch den Pol bei $\phi = 0°$, $\theta = 0°$ (siehe auch Kapitel 3.2). Der Winkel zwischen Einstrahlung und Zylinder wurde schrittweise erhöht. Aufgetragen sind die Messungen für 90°, 65°, 50° und 35° zwischen dem Einfallsvektor und der Zylinderachse.

Verschiedene Zylinder mit unterschiedlichen Durchmessern wurden bei senkrechtem Einfall vermessen. Die Streuung senkrecht zum Zylinder wurde für die vier sichtbaren Wellenlängen eines 5 Farben He-Ne-Lasers sowie für senkrechte und parallele Polarisation gemessen. In Abbildung 4.10 sind die Phasenfunktionen eines Zylinders für alle vier Wellenlängen bei senkrechter Polarisation aufgetragen. Die Abbildung ist logarithmisch und deckt fünf Größenordnungen ab. Mit dem Korrelationsverfahren wurde für jede einzelne Messung automatisch der Durchmesser des Zylinders berechnet. Die Zylindertheorie wurde mit den jeweils ermittelten Durchmessern zum Vergleich aufgetragen.

4.2.3 Diskussion

Es wurden verschiedene Glasfasern mit unterschiedlichen Durchmessern vermessen. Die Polarplots in Abbildung 4.9 zeigen sehr anschaulich die Streucharakteristik eines gekippten Zylinders. Bei den

4 Ergebnisse

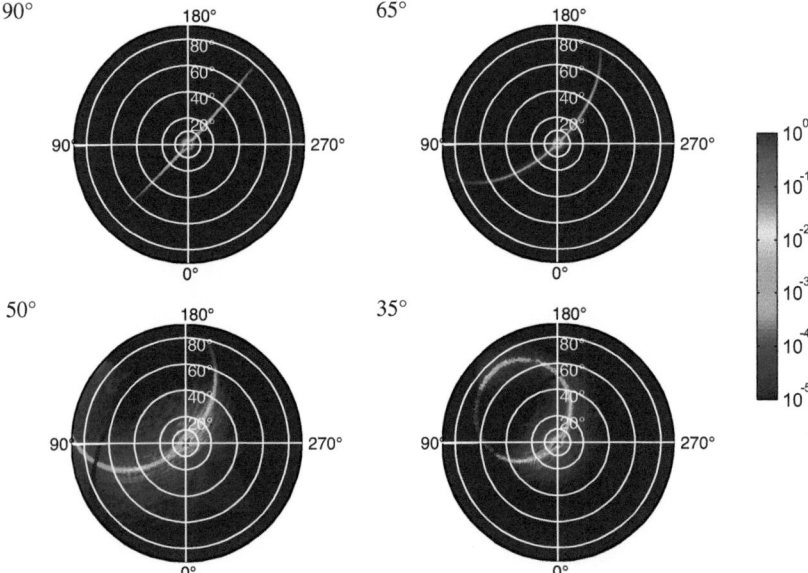

Abb. 4.9: Aufgetragen ist die Streuung an einem gekippten Zylinder. Die Intensität ist logarithmisch skaliert.

4.2 Zylinderstreuer

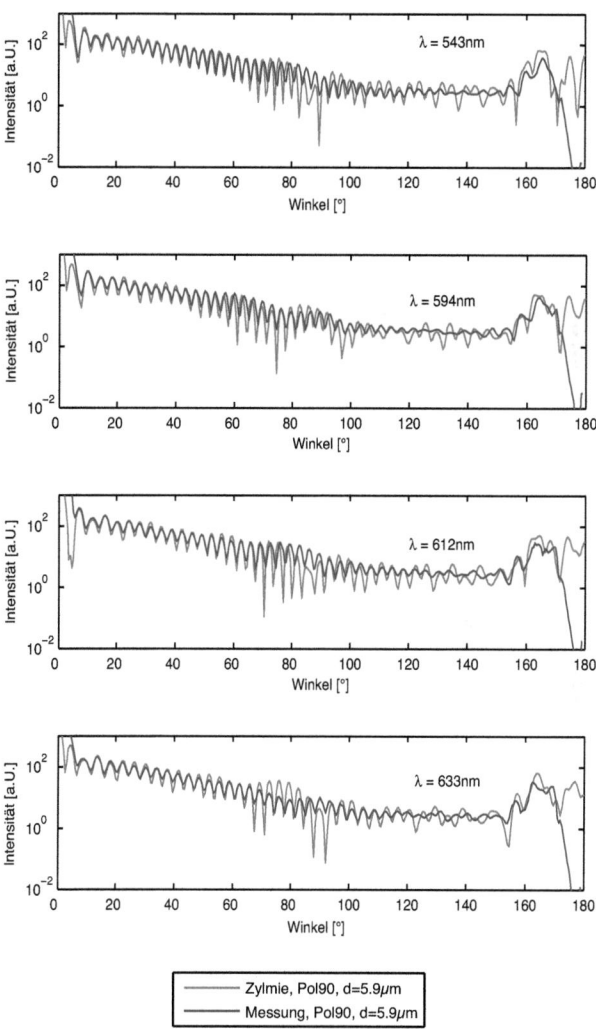

Abb. 4.10: Vergleich zwischen Messung und Theorie für verschiedene Wellenlängen.

4 Ergebnisse

Tab. 4.3: Mit der Korrelationsmethode ermittelte Durchmesser für zwei verschieden Zylinder.

Faser	Wellenlänge	Polarisation	d [µm]	Faser	d [µm]
1	543	0	7,864	2	5,928
1	543	90	7,884	2	5,952
1	594	0	7,880	2	5,934
1	594	90	7,903	2	5,908
1	612	0	7,851	2	5,926
1	612	90	7,858	2	5,918
1	633	0	7,838	2	5,906
1	633	90	7,866	2	5,895
Mittel			7,868±0,0205		5,9209±0,0181

sehr glatten Glasfasern, welche hier verwendet wurden, beschränkt sich die Streuung nur auf den Kegelschnitt. Bereits knapp neben dem Streukegel fällt die Intensität des gestreuten Lichts um fast fünf Größenordnungen ab.

Bei senkrechtem Einfall konnten mit einem Korrelationsverfahren die Durchmesser verschiedener Glasfasern bestimmt werden. Die Korrelationsmethode findet dabei die größte Übereinstimmung zwischen Theorie und Messung. Die theoretischen Phasenfunktionen stimmen für die ermittelten Durchmesser gut mit den Messungen überein. Die Ergebnisse weisen für die verschiedenen Wellenlängen und Polarisationsrichtungen nur geringe Abweichungen auf. Der relative Fehler der Größenbestimmung liegt bei etwa 0,3 % was einem absoluten Fehler von etwa 20nm entspricht. Dies ist insofern bemerkenswert, da mit dieser recht einfachen Methode Größen mit Genauigkeiten weit unterhalb der Auflösungsgrenze eines normalen Licht-Mikroskops bestimmt werden können. In Tabelle 4.3 sind die Messergebnisse für zwei verschiedene Fasern exemplarisch aufgetragen.

4.3 Kugelstreuer

Die Lösung der Maxwell-Gleichungen für die Kugel ist bereits seit 1908 bekannt [64]. Dementsprechend häufig werden Mikro- und Nanokugeln zur Validierung von Messaufbauten und Methoden bei der Untersuchung der Lichtausbreitung in trüben Medien verwendet. Es gibt heute eine große Bandbreite an Materialien, Beschichtungen, Teilchengrößen und weiteren Eigenschaften, mit denen solche Kugelsuspensionen hergestellt werden können.

4.3.1 Physikalisches Modell

Wir beschränken uns auf die Arbeit mit Mikro- und Nanokugeln aus Polystyrol. Diese Teilchen besitzen eine glatte Oberfläche sind nahezu perfekt kugelförmig, farblos im Sichtbaren und sie sind mit verschiedenen Größen und Größenverteilungen erhältlich. Wir verwenden Partikel der Firmen Duke Scientific, micro Particles GmbH und der Markus Klotz GmbH. Der Brechungsindex von Polystyrenen wurde bereits in mehreren Arbeiten untersucht [57, 21]. Wir verwenden die Ergebnisse von Xiaoyan [57] (siehe auch Kapitel 4.1.1).

Die Polystyrene wurden unter anderem mit einem Goniometer vermessen. Wie bei den Zylindern können für monodispersive Teilchen mit Größen zwischen 1 µm und 10 µm besonders ausgeprägte Oszillationen der Intensität über den Winkel beobachtet werden. Aus diesen charakteristischen Oszillationen kann wieder die Größe der Teilchen bestimmt werden. Im Unterschied zu den Zylindern kann bei der Messung einer Polystyrensuspension mit dem Goniometer jedoch nicht ein einzelnes Teilchen vermessen werden. Je nach Größe der Polystyrene befinden sich bei einer goniometrischen Messung unterschiedlich viele Teilchen im Strahlengang. Polysterensuspensionen sind nicht exakt monodispersiv.

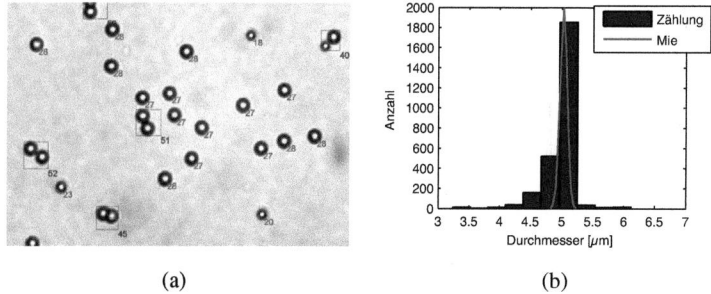

(a) (b)

Abb. 4.11: Polystyrene besitzen eine gewisse Größendispersion. a) In der Mikroskopaufnahme einer Polystyrensuspension sind unterschiedlich große Polystyrene zu erkennen; b) Nach dem Auszählen von 2647 Polystyrenen kann die Größenverteilung errechnet werden. Der Durchmesser betrug 5,007±0,25 µm. Aus den Messungen ergibt sich eine schmalere Verteilung.

4 Ergebnisse

Wie die Mikroskopaufnahme in Abbildung 4.11 (a) zeigt, befinden sich unterschiedlich große Teilchen in der Lösung. Es wurde ein Algorithmus entwickelt, mit dem es möglich ist, aus Mikroskopaufnahmen den Durchmesser von einzelnen Teilchen zu bestimmen (rote Kreise, d in Pixeln). Agglomerate von Polystyrenen wurden erkannt (blaue Quadrate), aber nicht berücksichtigt. Für die später mit dem Goniometer vermessene Lösung wurde, in 20 Mikroskopaufnahmen, der Durchmesser von 2647 einzelnen Polystyrenen vermessen. Über den Maßstab (Pixel/mm) kann somit die Größenverteilung der Suspension bestimmt werden. In Abbildung 4.11 (b) ist das Histogramm der Suspension aufgetragen.

Das Histogramm zeigt eine recht breite Verteilung an Teilchengrößen, die nicht exakt gaußförmig ist. Für die Rekonstruktion der goniometrischen Messung wurde der Einfachheit halber jedoch eine gaußförmige Größenverteilung der Polystyrensuspensionen angenommen. Die Mie-Theorie wurde in Kapitel 2.5.1 erläutert und erweitert, um eine Teilchenverteilung berechnen zu können. Die Teilchenverteilung, welche sich aus der Korrelation der Mie-Theorie mit der späteren Messung ergibt, ist zum Vergleich in das Histogramm eingezeichnet (normiert auf ein Maximum von 2000).

Neben der goniometrischen Messung kann auch mit der kollimierten Transmission zuverlässig die Größe und Größenverteilung von Teilchensuspensionen ermittelt werden. Entsprechende Experimente finden sich in Kapitel 5.1.1.

4.3.2 Messungen

Die Teilchensuspensionen wurden in flüssiger Lösung mit einem Goniometer vermessen. Die Suspensionen wurden in einer planparallelen Küvette gehalten (siehe Kapitel 3.2.1) und in einem brechungsindexanpassenden Tank platziert. Als Lichtquelle diente ein durchstimmbarer He-Ne Laser und ein 680 nm Diodenlaser. Die Polarisationsebene der Einstrahlung konnte mit einem Prisma frei rotiert werden. Die Phasenfunktion der Suspension wird durch die Küvette verzerrt. In Abbildung 4.12 (a) wurde die Phasenfunktion der Polystyrene mit verschiedenen Kippwinkeln der Küvette zum Einfallsvektor vermessen.

Mit dem in Kapitel 3.2.2 entwickelten Algorithmus kann die ursprüngliche Phasenfunktion der Suspension rekonstruiert werden (siehe Abbildung 4.12 (b)). Durch die verschiedenen Kippwinkel ist es möglich, die Phasenfunktion bis auf einen kleinen Bereich in Vorwärts- und Rückwärtsrichtung nahtlos zu rekonstruieren.

Zur Messung der Phasenfunktion sollte i.d.R. eine kurzkohärente Quelle verwendet werden (wie bei der Messung in Abbildung 4.12). Die Rekonstruktion der Phasenfunktion bei der Verwendung einer langkohärenten Quelle ist nur in bestimmten Fällen möglich. Häufig verhindern Interferenzeffekte eine gute Rekonstruktion. Je nach Dicke der Küvettengläser kann sich z.b. der Reflex des Laserstrahls an der hinteren Küvettenwand vollständig auslöschen. Die Phasenfunktion von Polystyrenen mit ca. 5 µm Durchmesser wird durch diesen Reflex in Rückwärtsrichtung um maximal ca. 20 % verzerrt. Zum Vergleich wird die Phasenfunktion von 800 nm großen Polystyrenen in Rückwärtsrichtung um

4.3 Kugelstreuer

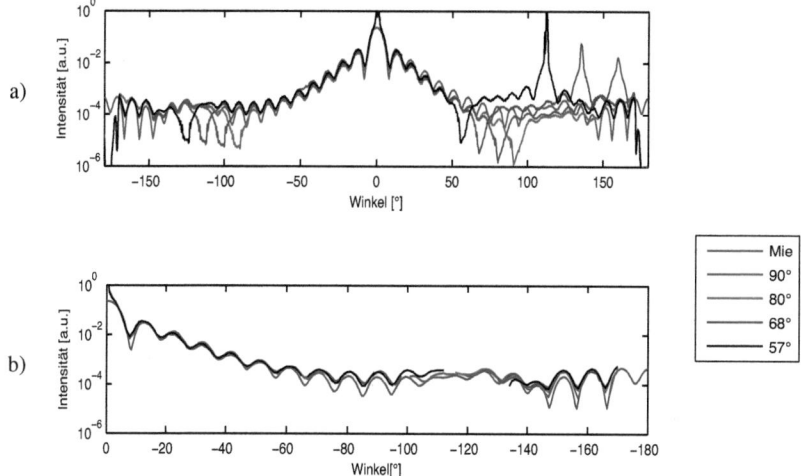

Abb. 4.12: Vergleich zwischen Messung und Theorie für verschiedene Kippwinkel der Küvette. Der verwendete Halbleiterlaser ist kurzkohärent, um Interferenzeffekte zu vermeiden. a) unkorrigierte Messung; b) Ergebnisse nach der Korrektur. Die Parameter sind $d = 3{,}2\,\mu m$, $\lambda = 680\,nm$, senkrecht polarisiert.

über 700 % verzerrt (siehe Abbildung 4.13). Bei der Messung von ca. 5 μm dicken Polystyrenen kann man sich also die gute Kollimation und hohe Intensität des He-Ne-Lasers zunutze machen, ohne einen zu großen Fehler zu verursachen.

Für die Größenbestimmung einer Polystyrensuspension reicht eine Messung für den senkrechten Einfall relativ zur Küvette aus. Es ergibt sich zwischen 80° und 100° ein Bereich, der nicht exakt rekonstruiert werden kann. Dieser wird bei der Berechnung vernachlässigt. Weiterhin wurde anstelle der Rückwärtsrekonstruktion, wie sie in Abbildung 4.12(b) zu sehen ist, im Folgenden die Vorwärtstransformation auf die Mie-Theorie angewandt. In Abbildung 4.14 ist die Messung einer Polystyrensuspension für vier verschieden Wellenlängen gegen die Mie-Theorie aufgetragen. Die Durchmesser und Gaußverteilung der Teilchen wurden wieder mit dem Korrelationsverfahren aus Kapitel 2.7.3 automatisch rekonstruiert. Die Gaußverteilung der Teilchensuspension beeinflusst dabei hauptsächlich die Höhe der Mie-Oszillationen. Es wurde eine Gaußverteilung bestimmt, welche für alle Messungen angenommen wurde. Diese ist in Abbildung 4.11(b) aufgetragen. Der Küvettenfehler wurde bei der Berechnung der Mie-Theorie berücksichtigt.

4 Ergebnisse

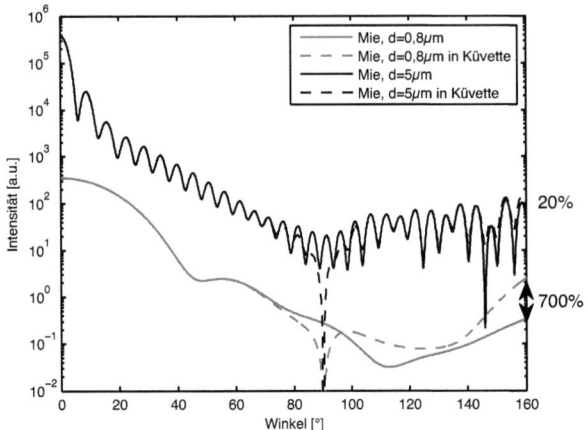

Abb. 4.13: Aufgetragen ist die Phasenfunktion, berechnet mit der Mie-Theorie, für unterschiedlich große Polystyrene. Je nach Größe der Teilchen unterscheidet sich der Einfluss der Glasküvette auf die Messung stark.

4.3.3 Diskussion

Die aus den Mikroskopbildern rekonstruierte Größenverteilung der Teilchensuspension stimmt nicht vollständig mit den Ergebnissen aus der goniometrischen Messung überein. Obwohl der mittlere Durchmesser relativ gut übereinstimmt, zeigen die Mikroskopaufnahmen eine breitere, nicht gaußförmige Verteilung der Teilchen. Die Verbreiterung der Größenverteilung mit der Zählmethode lässt sich plausibel durch eine nicht optimal eingestellte Fokuslage erklären. Ist der Fokus nicht optimal eingestellt, oder befinden sich die Teilchen nicht alle in einer Ebene, so wird die Bildverarbeitung einen etwas größeren Teilchendurchmesser bestimmen. Da sich der Durchmesser von über 90 % der Teilchen um maximal einen Pixel unterscheidet, stoßen wir bei dieser Messung an die Auflösungsgrenze der Methode. Die Mikroskopmethode lässt sich für größere Teilchen oder breitere Teilchenverteilungen besser verwenden.

Es konnte, wie bereits bei den Zylindern, mit dem Goniometer der Durchmesser der Teilchen gut rekonstruiert werden. In Tabelle 4.4 sind die vom Korrelationsalgorithmus rekonstruierten Mittendurchmesser der Polystyrensuspension für verschiedene Wellenlängen und Polarisationen aufgetragen. Der mittlere Durchmesser der Teilchen kann wieder mit einem Fehler von weniger als 0,3 % bestimmt werden.

Die Messung der Polystyrene ist ein guter Test, um die ordnungsgemäße Funktion des Goniometers zu überprüfen. Es konnte auch die Rekonstruktion der Phasenfunktion bei der Messung in einer planparallelen Küvette mit verschiedenen Kippwinkeln überprüft werden. Weiterhin erstreckt sich die

4.3 Kugelstreuer

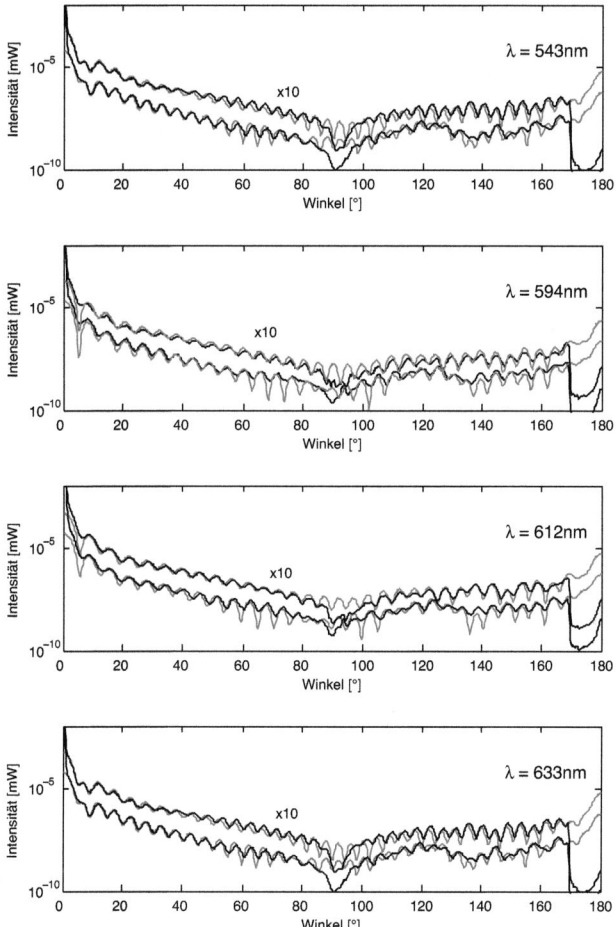

Abb. 4.14: Vergleich zwischen Messung und Theorie für verschiedene Wellenlängen und Polarisationen. (Messung von 5µm Polystyrenen jeweils in schwarz, Pol0 oben, Pol90 unten, dazugehörige Mie Theorie in gray)

4 Ergebnisse

Tab. 4.4: Mit der Korrelationsmethode ermittelte Durchmesser für eine Polystyrenesuspension.

Faser	Wellenlänge	Polarisation	d [µm]
1	543	0	5,061
1	543	90	5,049
1	594	0	5,065
1	594	90	5,041
1	612	0	5,029
1	612	90	5,035
1	633	0	5,025
1	633	90	5,035
Mittel			5,0425±0,0146

Dynamik der Phasenfunktion der Polystyrene im Gegensatz zu den Zylindern über fast 5 Größenordnungen. Der Vergleich der Messdaten mit der Theorie zeigt eine insgesamt gute Übereinstimmung. Bis auf kleine Bereiche in Vorwärts- und Rückwärtsrichtung kann eine vollständige Phasenfunktion rekonstruiert werden.

4.4 Fettemulsionen

Fettemulsionen wie Intralipid sind ein häufig verwendetes Gewebeersatzmodell [76]. In der Medizin werden sie zur intravenösen Ernährung verwendet. Bei der Untersuchung der Lichtausbreitung in streuenden Medien werden sie häufig als Kalibrationsstandards [62] oder als Gewebeersatzmodelle [1] verwendet. Im Vergleich zu anderen Kalibrationsstandards wie Polystyrenen bieten sie einige Vorteile. Sie besitzen eine geringe Absorption, der Streukoeffizient der Suspension kann einfach eingestellt werden, sie sind billig, steril, homogen, nicht giftig und in großen Mengen verfügbar. Aufgrund ihrer Relevanz waren sie bereits Thema einiger Studien [27, 94, 19, 22, 24, 28, 32, 73, 108].

Neben den optischen Eigenschaften, wie der Streuung μ_s, μ_s', der Absorption μ_a und dem Anisotropie-Koeffizienten g, wurde auch die Größenverteilung von Intralipid untersucht [94, 19]. Die Messung der Phasenfunktion hingegen war nur Thema einiger weniger Studien [19, 28]. Der g-Faktor wurde hauptsächlich indirekt aus der Messung von μ_s und μ_s' gewonnen. Zusätzlich hat sich in den vergangenen Jahren die Rezeptur des Herstellers von Intralipid 10 %, der am häufigsten untersuchten Fettemulsion, verändert. Deshalb ist anzunehmen, dass sich auch die optischen Eigenschaften geändert haben. Die optischen Eigenschaften von Fettemulsionen mit höheren Fettkonzentrationen sind aufgrund ihrer Rezeptur nicht linear interpolierbar. Es kann also nicht von Intralipid 10 % auf Intralipid 20 % oder gar Intralipid 30 % geschlossen werden.

Aus den oben angeführten Gründen erschließt sich die Notwendigkeit einer eingehenden Studie zu den optischen Eigenschaften von Intralipid und anderen Fettemulsionen. Die wichtigsten Ergebnisse dieser Studie finden sich in diesem Kapitel in einer gekürzten Form. Weitergehende Informationen gibt die Veröffentlichung der Ergebnisse in Optics Express [63]. Anhand der Fettemulsionen konnte neben der eingehenden Prüfung aller Laboraufbauten auch die in Kapitel 2.1.2 postulierte Methodik erstmals vollständig angewandt werden.

Es wurden die am häufigsten erhältlichen Fettemulsionen untersucht. Neben der Bestimmung sämtlicher optischer Eigenschaften (μ_a, μ_s, μ_s' und g) für Wellenlängen von 400 nm - 1000 nm wurde besonderer Wert auf eine genaue Bestimmung der wellenlängenabhängigen Phasenfunktion $p(\theta, \lambda)$ der Fettemulsionen gelegt. Mit einem Fit-Algorithmus konnte auf Grundlage einiger Annahmen aus der Phasenfunktion die Größenverteilung für alle untersuchten Fettemulsionen berechnet werden.

4.4.1 Physikalisches Modell

Fettemulsionen bestehen hauptsächlich aus Sojaöl, Wasser, Glycerin und Eilipid. Ähnlich wie bei der Milch bilden sich in der Suspension mikroskopisch kleiner Fetttröpfchen, die mit dem Emulgator in Wasser gelöst sind. Die Hersteller fügen noch einige Additive in unbekannter Menge für die Stabilisierung und pH-Wert Einstellung hinzu. Die Inhaltsstoffe der untersuchten Proben finden sich in Tabelle 4.5.

Glycerin löst sich in Wasser und erhöht den Brechungsindex nicht signifikant um 0,17 %. Bei

4 Ergebnisse

Tab. 4.5: Inhaltsstoffe verschiedener Fettemulsionen

g / Liter	Lipovenös 10%	Lipovenös 20%	ClinOleic 20%	Intralipid 10%	Intralipid 20%	Intralipid 30%
Sojaöl	100	200	160	100	200	300
Olivenöl	0	0	40	0	0	0
Glycerol	25	25	22,5	22	22	16,7
Eiphosphat	6	12	0	12	12	12
Elicitin	0	0	12	0	0	0
Sodium oleat	enthalten	enthalten	0.3	0	0	0
Sodium hyd.	enthalten	enthalten	enthalten	enthalten	enthalten	enthalten
pH-Wert	6,5-8,7	6,5-8,7	6-8	8	8	8

der Herstellung wird das Sojaöl mit dem Emulgator gemischt und durch eine Düse in das Wasser-Glycerin-Gemisch gespritzt. Es bilden sich mikroskopische kleine Öltröpfchen, welche mit einer einschichtigen Lipid-Membran vom Wasser getrennt sind. Das überschüssige Lipid bildet nanoskopisch kleine Mizellen.

Es wird angenommen, dass sich der streuende Anteil der Suspension rein aus dem Öl- und Eilipidanteil ergibt. Mit einer Zentrifuge konnte dies überprüft werden. Nach der Zentrifugation befindet sich über der wässrigen, nicht streuenden Lösung eine Fettschicht. Nach der Trennung vom Wasser wurde die Volumen-Konzentration des streuenden Rests vermessen [63]. Übereinstimmend mit der ursprünglichen Annahme lässt sich feststellen, dass die streuenden Partikel nur aus Eilipid und Öl bestehen müssen. Zur Berechnung der Volumen-Konzentration muss zusätzlich noch die Dichte berücksichtigt werden. Die Dichte des Sojaöls wurde zu 0,927 g/ml bei 20° C angenommen [56]. Die Dichte von Eilipid konnte nicht zuverlässig gemessen werden, aber sie liegt knapp bei 1g/ml bei 20° C (Unsicherheit ist aufgrund der geringen Menge vernachlässigbar). Die Volumenkonzentration des streuenden Anteils unterscheidet sich damit signifikant von der Gewichtskonzentration, mit der die Fettemulsionen verkauft werden.

Zur Simulation der Streueigenschaften der Fettemulsionen wurde die aus Kapitel 4.3 bekannte erweiterte Mie-Theorie verwendet. Der wellenlängenabhängige Brechungsindex von Fett und Wasser findet sich in Kapitel 4.1.1. Ebenso wurde die Absorption in Fettemulsionen in Kapitel 4.1.2 bereits besprochen. Im Gegensatz zu den Polystyrenen kann die Größenverteilung der Fettemulsionen nicht mit einer gaußförmigen Größenverteilung beschrieben werden.

Die Hersteller kontrollieren die maximale Größe der Fetttropfen, da zu große Teilchendurchmesser bei der intravenösen Ernährung Thrombosen auslösen können [98]. Aus früheren Studien ist die Größenverteilung von Intralipid 10% durch elektronenmikroskopische Untersuchungen bekannt [94]. Intralipid 10% besitzt eine sehr breite Größenverteilung. Die kleinsten Partikel sind die Mizellen mit nur einigen Nanometern Durchmesser. Die größten Partikel besitzen fast 1 µm im Durchmesser. Selbst über lange Zeiten sind die Partikel in der Fettemulsion sehr stabil und verändern ihre Größe nicht.

Wie in Abbildung 4.15 ersichtlich ist, zeigt die Größenverteilung, die von van Staveren gemessen wurde, einen linearen Abfall κ in logarithmischer Auftragung. Die kleinste gemessene Größe d_{min} entspricht dem Durchmesser der Mizellen. Die größten Partikel d_{max} waren kleiner als 1 μm. Diese Größenverteilung lässt sich mit folgender Funktion beschreiben

$$N(d) = 10^{\kappa \cdot d}, d \in [d_{min}, d_{max}]. \quad (4.4)$$

Die direkte Messung der Größenverteilung der Fettemulsionen mit einem Elektronenmikroskop ist kompliziert und war in dieser Studie nicht zu bewerkstelligen. Stattdessen wurde die Größenverteilung der einzelnen Fettemulsionen aus den Messungen der Phasenfunktion errechnet.

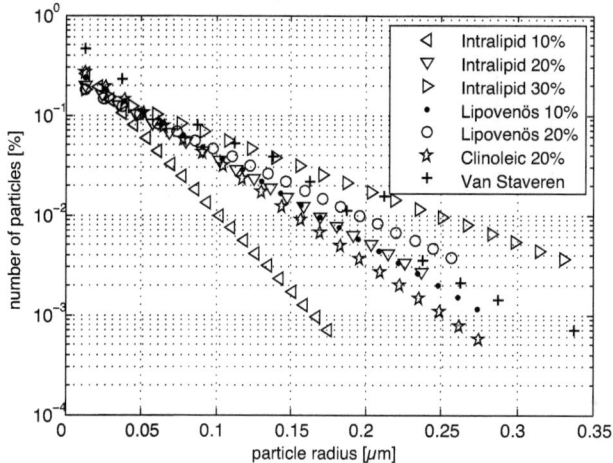

Abb. 4.15: Darstellung der ermittelten Partikelverteilung in den verschiedenen Fettkonzentrationen, wie sie für die Mie-Theorie Berechnungen verwendet wurden.

4.4.2 Messungen

Aufgrund der Vielzahl von Experimenten und Messergebnissen werden hier nur die Ergebnisse der Messungen von unpolarisiertem Licht präsentiert.

Phasenfunktion

Die Phasenfunktion der Fettemulsionen wurde mit dem in Kapitel 3.2 beschriebenen Goniometer vermessen. Die Suspensionen wurden entsprechend den Vorüberlegungen aus Kapitel 3.2.4 verdünnt und in der dort beschriebenen planparallelen Küvette vermessen. Als Lichtquelle diente eine mit einem Monochromator durchstimmbare Weißlichquelle. In Abbildung 4.16 sind exemplarisch die Phasen-

4 Ergebnisse

funktionen von Lipovenös 10 % und Intralipid 20 % für Wellenlängen von 350 nm - 650 nm aufgetragen. Es wurde im Folgenden die Größenverteilung aus den Phasenfunktionen bestimmt. Dazu wurde eine Partikelsuspension mit einer Größenverteilung nach Gleichung 4.4 mit den zwei Unbekannten d_{max} und der Steigung κ unter Verwendung der Mie-Theorie an die Phasenfunktionen für 650 nm und den Streukoeffizienten für 650 nm angefittet. Der Durchmesser der Mizellen wurde fix zu d_{min} = 25 nm angenommen. Die erhaltenen Größenverteilungen für die verschiedenen Fettemulsionen sind in Abbildung 4.15 aufgetragen, die jeweiligen Parameter für κ und d_{max} gibt Tabelle 4.6.

Tab. 4.6: Parameter für die Berechnung der Größenverteilung der verschiedenen Fettemulsionen mit Gleichung 4.4.

	Lipovenös 10%	Lipovenös 20%	ClinOleic 20%	Intralipid 10%	Intralipid 20%	Intralipid 30%
$\kappa[m^{-1}]$	-4,4086e6	-3,429e6	-5,074e6	-7,884e6	-4,151e6	-2,679e6
$d_{max}[m]$	0,5477e-6	0,5133e-6	0,5494e-6	0,3497e-6	0,4739e-6	0,6607e-6

Wie in Abbildung 4.16 kann mit den erhaltenen Größenparametern auch die Phasenfunktion der anderen vermessenen Wellenlängen berechnet werden. Bei den kleinen Wellenlängen zeigt sich im Rückwärtsstreubereich eine Abweichung zur Theorie. Diese wird durch die Mehrfachstreuung in der Küvette verursacht und wurde bereits in Kapitel 3.2.5 beschrieben und quantifiziert.

Anisotropie-Koeffizient

Nachdem nun die nicht messbaren Bereiche der Phasenfunktionen rekonstruiert wurden (siehe Kapitel 3.2.2), kann aus den Ergebnissen der Anisotropie-Koeffizient (g-Faktor) berechnet werden. In Abbildung 4.17 sind die Ergebnisse für alle vermessenen Fettemulsionen gegen die mit der Mie-Theorie berechneten Anisotropie-Koeffizienten für Wellenlängen von 350 nm bis 900 nm aufgetragen.

Die gemessenen Anisotropie-Koeffizienten wurden für den durch die Mehrfachstreuung verursachten Fehler korrigiert (siehe Kapitel 3.2.4). Für jede Fettemulsion wurden mehrere Flaschen der Ausgangslösung vermessen. Der relative Messfehler liegt bei unter 1 % und befindet sich innerhalb der Symbolgröße. Somit konnte er nicht aufgetragen werden. Die Messungen zeigen eine gute Übereinstimmung mit der Mie-Theorie. Die Unterschiede zwischen den verschiedenen Fettemulsionen sind groß. Es zeigt sich auch ein großer Unterschied zwischen unseren Messungen und den Ergebnissen von van Staveren [94] für Intralipid 10 %.

Streukoeffizient

Der Streukoeffizient der verschiedenen Fettemulsionen wurde mit der kollimierten Transmission an verdünnten Proben vermessen. In Abbildung 4.18 sind die Messungen gegen die Berechnungen mit der Mie-Theorie für Wellenlängen von 400 nm - 950 nm aufgetragen. Die Ergebnisse beziehen sich

4.4 Fettemulsionen

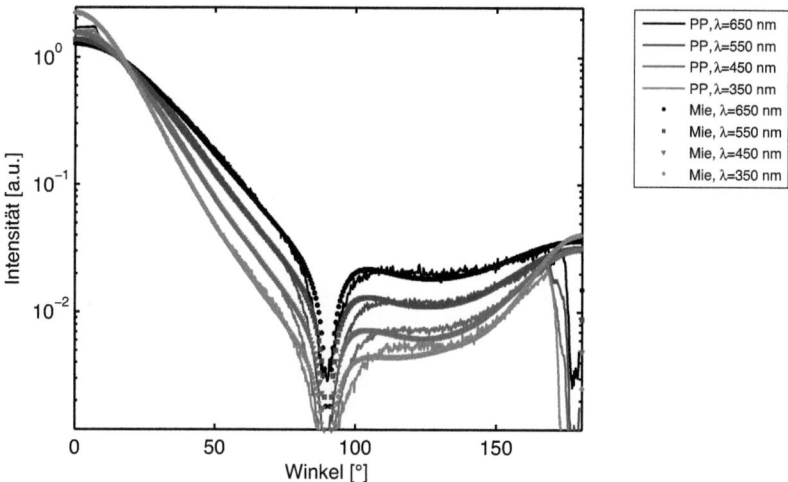

Abb. 4.16: Vergleich der gemessenen Phasenfunktion von Intralipid 20 % für vier verschiedene Wellenlängen mit den Mie-Theorie-Berechnungen. Bei der Berechnung der Mie-Theorie wurde die Küvettengeometrie berücksichtigt.

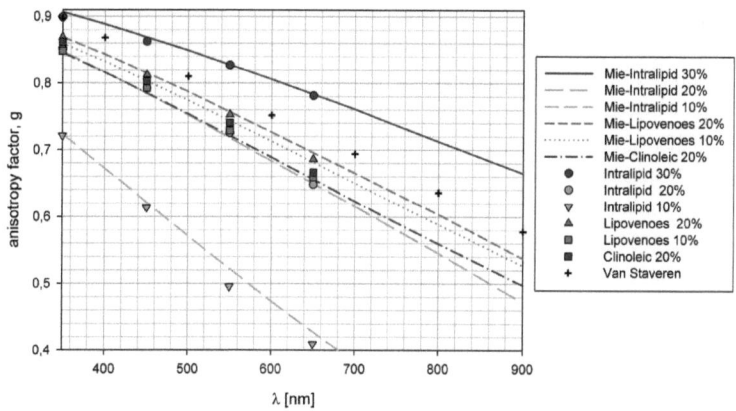

Abb. 4.17: Der g-Faktor ist für alle untersuchten Fettemulsionen für Wellenlängen von 350 nm - 650 nm (für unpolarisiertes Licht) aufgetragen. Zusätzlich zu den goniometrischen Messungen sind die Berechnungen der Mie-Theorie eingezeichnet.

4 Ergebnisse

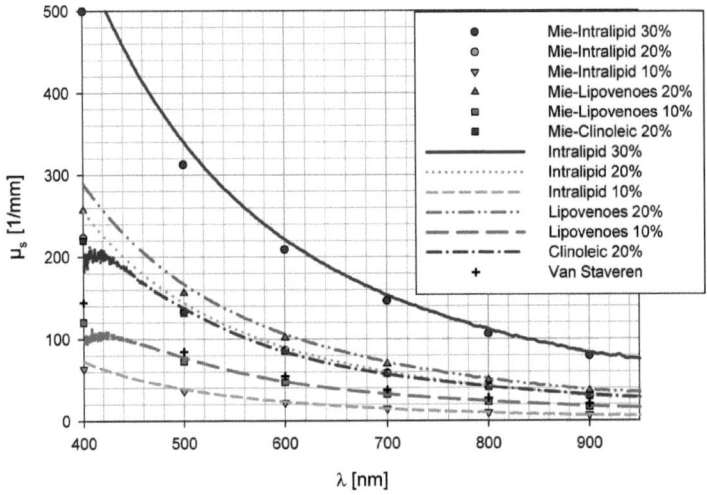

Abb. 4.18: Die Messungen des Streukoeffizienten mit der kollimierten Transmission sind für alle untersuchten Fettemulsionen (skaliert für unverdünnte Lösungen) aufgetragen. Zum Vergleich sind die mit der Mie-Theorie berechneten Streukoeffizienten eingetragen.

jeweils auf die unverdünnten Proben. Es wurden wiederum verschiedene Messungen aus unterschiedlichen Flaschen jeder Fettemulsion durchgeführt. Der relative Fehler des Streukoeffizienten entspricht ungefähr 3 % für alle Wellenlängen.

Die Berechnungen der Mie-Theorie passen in weiten Teilen gut zu den Messergebnissen. Der größte Fehler von etwa 10 % ergibt sich für Intralipid 30 % für kurze Wellenlängen. Für diese relativ hochstreuende Probe ist für kurze Wellenlängen auch der größte Fehler durch Mehrfachstreuung zu erwarten.

Reduzierter Streukoeffizient

Der reduzierte Streukoeffizient wurde mit dem Aufbau der ortsaufgelösten Reflektanz vermessen. Jede Probe, außer ClinOleic 20 %, wurde mit einem Mehrfarben-He-Ne-Laser sowie einer durchstimmbaren Weißlichtquelle für Wellenlängen von 400 nm bis 650 nm vermessen. Die Ergebnisse sind in Abbildung 4.19 dargestellt. Zum Vergleich wurde der reduzierte Streukoeffizient aus der Mie-Theorie-Berechnung von μ_s und g über $\mu_s' = (1-g)\mu_s$ aufgetragen. Die Fehler der Messung erklären sich aus der Fehleranalyse aus Kapitel 3.3. Im Unterschied zu den Messungen von μ_s und g entsprechen die Messungen des reduzierten Streukoeffizient gut den Ergebnissen von van Staveren [94].

4.4 Fettemulsionen

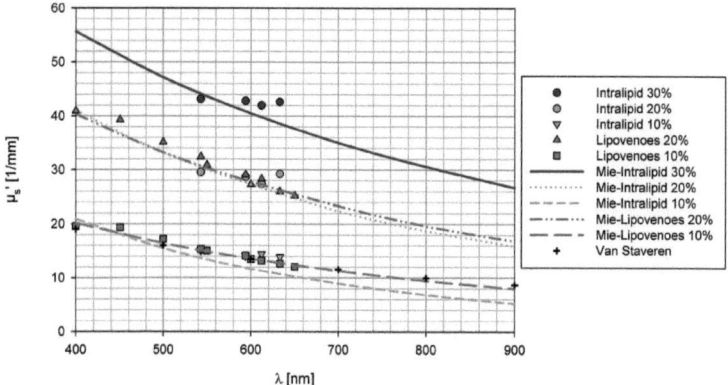

Abb. 4.19: Der reduzierte Streukoeffizient, wie er mit der ortsaufgelösten Reflektanz gemessen wurde, ist gegen die Mie-Theorie Berechnungen aufgetragen. Die Daten wurden jeweils für eine unverdünnte Lösung skaliert.

Formeln

Eine Implementierung der Mie-Theorie für eine Partikelsuspension, wie es hier gezeigt wurde, ist nicht trivial. Die Phasenfunktion der Fettemulsionen und alle anderen hier präsentierten Messergebnisse dürften allerdings für viele Projekte von Interesse sein. Um den Zugang zu den Messergebnissen zu erleichtern, wurden einfache Formeln für die Beschreibung der wellenlängenabhängigen optischen Eigenschaften gesucht.

Als Beispiel ist in Abbildung 4.20 die wellenlängenabhängige Phasenfunktion von Clinoleic 20 % aufgetragen. Die Intensität ist dabei logarithmisch gegen den Kosinus des Winkels aufgetragen. So lässt sich die Oberfläche mit einer sieben-parametrischen-Formel beschreiben

$$\log(p(x,\lambda)) = \frac{a+b\cdot x+c\cdot x^2+d\cdot \lambda}{1+e\cdot x+f\cdot \lambda+g\cdot \lambda^2}, \quad \text{mit} \quad x=-\cos(\theta). \tag{4.5}$$

Die mit der Mie-Theorie berechneten Phasenfunktionen der verschiedenen Fettemulsionen wurden nun mit der Formel 4.5 angefittet. Der mittlere Fehler des Oberflächenfits beträgt für Clinoleic 20 % nicht mehr als 3,7 %. Die Koeffizienten zur Berechnung der Phasenfunktionen mit Formel 4.5 und die berechneten mittleren Fehler Std_{err} finden sich in Tabelle 4.7.

Genau wie für die Phasenfunktion konnten auch für die anderen optischen Eigenschaften (g, μ_s, μ_s') der Fettemulsionen Formeln gefunden werden. Die Formeln zur Berechnung der Anisotropie, des Streukoeffizienten und reduzierten Streukoeffizienten befinden sich zusammen mit den Koeffizienten zur Berechnung aller hier untersuchten Fettemulsionen in Tabelle 4.8, 4.9 und 4.10.

4 Ergebnisse

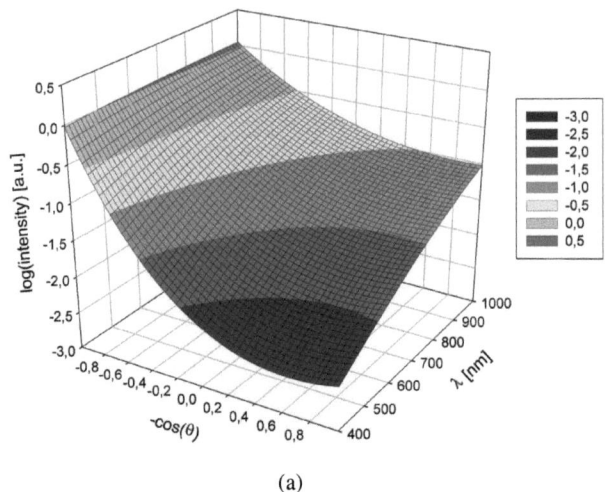

(a)

Abb. 4.20: Exemplarisch aufgetragen ist die Phasenfunktion von Clinoleic 20 % für Wellenlängen von 400 nm bis 1000 nm. Dabei wurde der Logarithmus der Intensität gegen den negativen Kosinus des Winkels mit einer Oberfläche angefittet.

4.4.3 Diskussion

Zwischen den unterschiedlichen Marken konnten große Abweichungen der optischen Eigenschaften beobachtet werden. Interessanterweise zeigen auch die Messungen derselben Marke mit unterschiedlichen Fettkonzentrationen große Unterschiede der optischen Eigenschaften. Unsere Messungen zeigen darüber hinaus für μ_s, g und die Phasenfunktion $p(\theta)$ von Intralipid 10 % eine große Abweichung zu der am häufigsten zitierten Untersuchung von van Staveren [94]. Dies lässt sich am ehesten durch eine Rezepturänderung des Herstellers erklären. Bei der Messung des reduzierten Streukoeffizienten zeigte sich, dass sich die Unterschiede von μ_s und g gegenseitig kompensieren. Mit einfach handhabbaren Formeln wurde versucht, die Zugänglichkeit zu den Messergebnissen zu erhöhen. Mit ihnen ist die Berechnung von $\mu_s(\lambda)$, $\mu_s'(\lambda)$, $g(\lambda)$ und $p(\theta, \lambda)$ für alle hier untersuchten Fettemulsionen ohne größeren Aufwand möglich.

Die genaue Kenntnis der optischen Eigenschaften der untersuchten Fettemulsionen ist ein wichtiger Schritt zum besseren Verständnis der Lichtausbreitung in streuenden Medien. Es konnte gezeigt werden, dass aus der Phasenfunktion, auch in diesem Fall, direkt Strukturinformationen der untersuchten Medien berechnet werden können. Die aus der Phasenfunktion berechnete Größenverteilung der Fettemulsionen erklärt auch sämtliche anderen Messergebnisse hinreichend genau. An der Untersuchung der Fettemulsionen konnte die im Kapitel 2 postulierte Methodik das erste Mal erfolgreich

4.4 Fettemulsionen

angewandt werden. Die Ergebnisse dieser Studie konnten im Umkehrschluss direkt dazu verwendet werden, die vorgestellten Methoden und Experimente zu verifizieren.

Tab. 4.7: Parameter zur Berechnung der Phasenfunktion $p(\lambda, \theta)$ mit Gleichung 4.5 mit λ[nm], θ[°], p[a.u.]. Der Standardfehler des Fits ist gegeben Std_{err}.

Param.	Lipovenoes 10%	Lipovenoes 20%	ClinOleic 20%	Intralipid 10%	Intralipid 20%	Intralipid 30%
a	-2,741e+0	-2,109e+0	-2,898e+0	-6,395e-1	-1,913e+0	-3,098e+0
b	-1,765e+0	-1,433e+0	-1,809e+0	-2,807e-1	-1,292e+0	-1,898e+0
c	8,409e-1	5,837e-1	9,594e-1	3,940e-1	6,000e-1	8,463e-1
d	2,757e-4	2,175e-4	2,584e-4	-4,518e-5	1,079e-4	5,581e-4
e	2,632e-1	2,409e-1	2,338e-1	-1,574e-1	1,854e-1	3,049e-1
f	-5,570e-4	-1,268e-3	-2,899e-4	-2,369e-3	-1,423e-3	-5,019e-4
g	2,377e-6	2,458e-6	2,477e-6	2,927e-6	2,857e-6	1,540e-6
Std_{err}	4,465e-2	6,586e-2	3,694e-2	9,161e-2	5,503e-2	7,430e-2

Tab. 4.8: Parameter zur Berechnung des g-Faktors mit $g(\lambda) = y_0 + a\lambda$, λ[nm].

	Lipovenoes 10%	Lipovenoes 20%	ClinOleic 20%	Intralipid 10%	Intralipid 20%	Intralipid 30%
y_0	1,075e+0	1,085e+0	1,070e+0	1,018e+0	1,090e+0	1,066e+0
a	-6,079e-4	-6,029e-4	-6,369e-4	-8,820e-4	-6,812e-4	-4,408e-4

Tab. 4.9: Parameter zur Berechnung des Streukoeffizienten mit $\mu_s(\lambda) = a\lambda^b$, λ[nm], μ_s[mm^{-1}].

	Lipovenoes 10%	Lipovenoes 20%	ClinOleic 20%	Intralipid 10%	Intralipid 20%	Intralipid 30%
a	1,576e+8	3,116e+8	3,468e+8	4,857e+8	3,873e+8	2,645e+8
b	-2,350e+0	-2,337e+0	-2,381e+0	-2,644e+0	-2,397e+0	-2,199e+0

Tab. 4.10: Parameter zur Berechnung des reduzierten Streukoeffizienten mit $\mu_s'(\lambda) = y_0 + a\lambda + b\lambda^2$, λ[nm], μ_s'[mm^{-1}].

	Lipovenoes 10%	Lipovenoes 20%	Intralipid 10%	Intralipid 20%	Intralipid 30%
y_0	3,957e+1	7,723e+1	4,957e+1	8,261e+1	9,888e+1
a	-5,973e-2	-1,131e-1	-9,063e-2	-1,288e-1	-1,313e-1
b	2,743e-5	5,122e-5	4,616e-5	6,093e-5	5,702e-5

4 Ergebnisse

4.5 Hochstreuende Medien

Eine der größten Hürden bei der Messung der Phasenfunktion in biologischem Gewebe ist die hohe Konzentration an Streuern und die hohe Streuung im Gewebe. Selbst bei mikrometerdünnen Gefrierschnitten wird die Phasenfunktion des Gewebes durch Mehrfachstreuung und abhängige Streuung in der dünnen Schicht beeinflusst (siehe Kapitel 2.4.4).

Zum genauen Verständnis der Lichtausbreitung in einem Medium wird normalerweise nach der Phasenfunktion der Einzelstreuer gesucht. Wie in Kapitel 4.4 gezeigt, bestimmt sich diese aus der Summe der Einzelstreubeiträge der verschiedenen Strukturen, wenn die Konzentration hinreichend klein ist. Mit der Phasenfunktion des Einzelstreuers kann, mit einer Lösung der Transportgleichung die Lichtausbreitung in einem makroskopischen Volumen berechnet werden. Wenn sich jedoch in einem hochkonzentrierten Medium die einzelnen Streuer im gegenseitigen Nahfeld befinden und abhängige Streuung auftritt, ist es nicht mehr möglich die Phasenfunktion der Einzelstreuer zu bestimmen. Die Summe der Streuung aller Einzelstreuer übersteigt in einem solchen Fall das Ausmaß der Streuung und die Anisotropie der Streuung nimmt in der Regel ab.

Es ist eine offene Fragestellung, wie in einem solchen Fall mit der abhängigen Streuung umgegangen werden muss, wenn eine Phasenfunktion gefunden werden soll, mit der die Transportgleichung gelöst werden kann. Bei dem hier vorgestellten Ansatz wird versucht die Phasenfunktion eines endlichen Ensembles von Streuern, die sich im gegenseitig Nahfeld befinden, zu bestimmen. Diese Ensemble-Phasenfunktion sollte in der idealisierten Vorstellung nur die Effekte der abhängigen Streuung, also keine Mehrfachstreueffekte, enthalten. Die Weglänge durch das betrachtete Medium sollte also sehr viel kleiner als die streufreie Weglänge sein. Wenn es gelingt, die Ensemble-Phasenfunktion eines Mediums zu bestimmen, sollte eine Berechnung der Lichtausbreitung in einem beliebigen makroskopischen Volumen des Mediums mithilfe einer Lösung der Transporttheorie möglich sein.

Als Annäherung an dieses Problem wurde die Streuung an hochkonzentrierten Fettsuspensionen mit goniometrischen Messungen mit einer möglichst kleinen Weglänge durch das Medium untersucht. Dazu wurde die dünnste verfügbare Küvette (d = 10 μm) verwendet. Als Modellmedium wurden erneut die Fettemulsionen aus Kapitel 4.4 verwendet. Es wird versucht, die Ensemble-Phasenfunktion aus den goniometrischen Messungen zu extrahieren. Wie in Kapitel 3.2.6 beschrieben wird diese bei der Messung in einer planparallelen Küvette durch die Mehrfachstreuung in der Küvette überlagert. Im Gegensatz zum biologischen Gewebe steht zur Berechnung der Effekte in den hochkonzentrierten Fettsuspensionen eine Lösung der Maxwell-Gleichungen zur Verfügung, mit der wir die Messergebnisse validieren können.

Mit der Mehrkugellösung aus Kapitel 2.5.2 wurde die Lichtstreuung in einer hochkonzentrierten Fettsuspension für eine identische Weglänge von 10 μm durch das Medium analytisch gelöst. Ziel ist es, die Konzentration der Streukörper in einem Medium soweit zu erhöhen, dass sich die Streukörper im gegenseitigen Nahfeld befinden und abhängige Streuung entsteht. Mit Monte-Carlo-Simulationen des gleichen Volumens kann der Zusammenhang zwischen abhängiger Streuung und Mehrfachstreu-

4.5 Hochstreuende Medien

ung genauer untersucht werden. Die Monte-Carlo-Simulationen zeigen rein die Effekte der Mehrfachstreuung, wohingegen die Multi-Mie-Simulation abhängige Streuung und Mehrfachstreuung enthält. Andere Gruppen haben bei Fettemulsionen eine signifikante abhängige Streuung bereits bei Volumenkonzentrationen von knapp 4% beobachtet [32, 91, 108].

Abschließend soll anhand der Messung der ortsaufgelösten Reflektanz in den hochstreuenden Medien untersucht werden, ob sich die optischen Eigenschaften der Ensemble-Phasenfunktion dazu eignen, die Lichtausbreitung im makroskopischen Volumen zu verstehen.

4.5.1 Physikalisches Modell

Die Struktur von Fettemulsionen wurde bereits in Kapitel 4.3 beschrieben. Es wird davon ausgegangen, dass die Struktur in den Fettemulsionen nicht von ihrer Konzentration abhängig ist. Deshalb sind alle Vorüberlegungen auch für hochkonzentrierte Fettemulsionen gültig.

Die Streuung von hochkonzentrierten Fettemulsionen kann jedoch nicht mit der bereits präsentierten einfachen Mie-Theorie berechnet werden. Da sich die Partikel im gegenseitigen Nahfeld befinden, musste auf eine Simulation von abhängigen Kugelstreuern zurückgegriffen werden, die in Kapitel 2.5.2 vorgestellt wurde. Mit Gleichung 4.4 und den Ergebnissen der Messungen, welche in Tabelle 4.6 präsentiert wurden, kann die Größenverteilung der Fetttröpfchen von allen untersuchten Fettemulsionen berechnet werden. Die Brechungsindizes wurden, wie bereits in Kapitel 4.1.1 erläutert, berechnet.

Es wurden Berechnungen mit der Multi-Mie-Methode für die Größenverteilung von Lipovenös 10 % für verschiedene Volumenkonzentrationen vorgenommen. Ein Ausschnitt aus dem Simulationsvolumen ist in Abbildung 4.21 zu sehen. Die Positionen der Kugelstreuer wurden dabei rein zufällig im Raum verteilt.

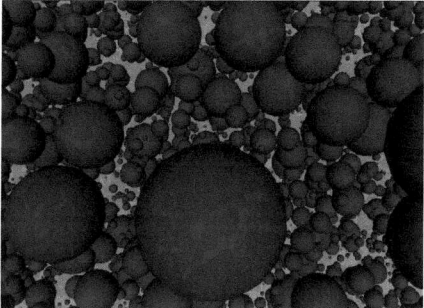

Abb. 4.21: Simulationsvolumen der Multi-Mie-Methode für Lipovenös 10 %.

Es wurde mit der Multi-Mie-Methode ein Volumen mit der Dicke der im Goniometer verwendeten Küvette berechnet. Da der Rechenaufwand der Multi-Mie-Methode für eine steigende Anzahl

4 Ergebnisse

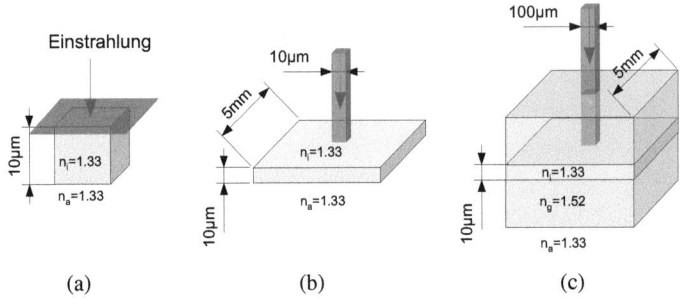

Abb. 4.22: Die Geometrie der Multi-Mie-Methode (a) unterscheidet sich stark von der Geometrie der Messung (c). Es wurden Monte-Carlo-Simulationen mit der Geometrie (b) erstellt, um den Einfluss der Schichtgeometrie auf die Messung genauer zu verstehen.

von Streupartikeln stark ansteigt, konnte nur ein Quader mit 10 µm Kantenlänge simuliert werden. In diesem Volumen befinden sich bei der Berechnung einer Fettemulsion mit 10% Fettkonzentration bereits 31 000 einzelne Kugelstreuer. Dies entspricht bei dieser Größenverteilung auch etwa der maximal modellierbaren Konzentration an Streuern. Die Rechenzeit für ein solches Ensemble liegt bei etwa 14 Tagen (auf einem Prozessorkern). Da ein einzelnes Ensemble aufgrund der festen Abstände zwischen den Kugelstreuern zu einer starken Specklebildung führt, wurden für jede Konzentration zehn verschiedene Ensembles berechnet und gemittelt. Insgesamt wurde mit der Multi-Mie-Methode die Streuung für sechs verschiedene Fettkonzentrationen von 0,4% bis 10% jeweils für eine Wellenlänge von 650 nm berechnet.

Das Simulationsvolumen gestaltet sich wie in Abbildung 4.22 (a) gezeigt. Der Brechungsindex außerhalb und innerhalb des Simulationsvolumens entspricht Wasser. Die Einstrahlung erfolgt unendlich ausgedehnt.

Aus der Multi-Mie-Simulation ergibt sich die Ensemble-Phasenfunktion, welche abhängig von der Volumenkonzentration durch Mehrfach- und abhängige Streuung beeinflusst wird. Durch die Anordnung der Streuer in dem mikroskopisch kleinen Würfel entsteht zusätzlich zu der Streuung an den Kugelstreuern ein Beugungsmuster aufgrund des begrenzten Volumens. Dieses Beugungsmuster dominiert die Simulation bei kleinen Winkeln. In Abbildung 4.23 ist eine Multi-Mie-Simulation einer 10%igen Lipovenösemulsion gezeigt. Das Beugungsmuster ist bis zu einem Winkel von etwa 15° dominant. Dieses Beugungsmuster würde in einem makroskopischen Volumen nicht entstehen. Deshalb wird zur Rekonstruktion der kleinen Winkel, wie bereits in Kapitel 3.2.5 gezeigt, eine Reynolds-McCormick Phasenfunktion angefittet. Bei allen weiteren Auswertungen werden nur noch die rekonstruierten Ensemble-Phasenfunktionen verwendet.

4.5 Hochstreuende Medien

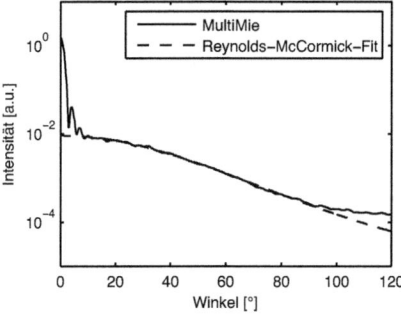

Abb. 4.23: Die Ensemble-Phasenfunktion, welche mit der Multi-Mie-Methode berechnet wurde, besitzt im vorderen Bereich ein Beugungsmuster des Quaders. Zur Rekonstruktion wird eine Reynolds-McCormick-Phasenfunktion angelegt und die vorderen Winkel werden ersetzt.

4.5.2 Ergebnisse

Monte-Carlo

Die Multi-Mie-Simulationen sollten alle physikalischen Effekte umfassen, welche in dicht gepackten Streuern auftreten. Dazu zählt neben der abhängigen Streuung auch die Mehrfachstreuung. Diese beiden Effekte lassen sich nicht trennen. Um die Mehrfachstreuung von der abhängigen Streuung unterscheiden zu können, wurde zu jeder Multi-Mie-Simulation jeweils eine Monte-Carlo-Simulation mit gleicher Volumenkonzentration und Probengeometrie durchgeführt (siehe Abbildung 4.22 (a) Cube-MC). Bei diesen Monte-Carlo-Simulationen wurde die Phasenfunktion von Lipovenös 10 % verwendet. Die Monte-Carlo-Simulation berücksichtigt die abhängige Streuung nicht und zeigt somit nur die Effekte, die durch Mehrfachstreuung entstehen.

Die Messung der Phasenfunktion der hochkonzentrierten Fettemulsionen erfolgt in einer Mikroküvette von Hellma. Die Küvettengeometrie ist in Abbildung 4.22 (c) dargestellt. Die mit der Multi-Mie-Simulation in einem Würfel berechnete Ensemble-Phasenfunktion ist nicht direkt mit der Messung in der Küvette vergleichbar. Ein Ansatz ist es, die Mehrfachstreuung, welche in der Küvettengeometrie auftritt, zu entfalten, um die Ensemble-Phasenfunktion zu erhalten (siehe Kapitel 3.2.6). Exakt lässt sich jedoch nur das Vorwärtsproblem mit Monte-Carlo-Simulationen lösen. Unter der Annahme, dass die Ensemble-Phasenfunktion der Multi-Mie-Simulation hauptsächlich die Effekte der abhängigen Streuung enthält (die mittlere freie Weglänge war bei der höchsten Fettkonzentration noch 26 µm), wurde eine Monte-Carlo-Simulation der Küvettengeometrie mit der Ensemble-Phasenfunktion durchgeführt (MultiMie-MC). Die genaue Geometrie dieser Simulation zeigt Abbildung 4.22 (b). Die Gläser der Küvette sind in der Simulation nicht enthalten und wurden mit der bekannten analytischen Lösung (siehe Kapitel 3.2.2) nachträglich eingerechnet.

4 Ergebnisse

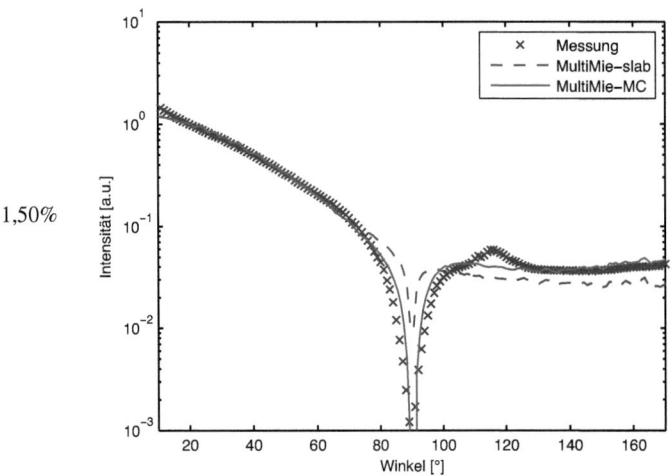

Abb. 4.24: Rekonstruktion der Messung einer Suspension von Lipovenös 10 % mit 1,5 Vol.-% Fettkonzentration. Die beste Rekonstruktion zeigt die MultiMie-MC. Eingestrahlt mit $\lambda = 650$ nm, unpolarisiertes Licht.

Phasenfunktion

Die Messungen der Phasenfunktion von hochkonzentrierten Fettemulsionen erfolgten in einer planparallelen Küvette mit 10 µm Durchmesser (siehe Abbildung 4.22 (c)). Als Lichtquelle diente ein Diodenlaser mit $\lambda = 650$ nm mit einer sehr kurzen Kohärenzlänge. Aufgrund des sehr kleinen Küvettendurchmessers waren dennoch z.t. Interferenzeffekte, vor allem in der leeren Küvette, zu beobachten. Durch die hohe Konzentration in den untersuchten Suspensionen und die brownsche Bewegung der Teilchen mittelten sich diese Effekte bei der eigentlichen Messung aus. Der Laser wurde auf die Probe fokussiert und besaß einen Spotdurchmesser von ungefähr 100 µm (der Spotdurchmesser ist unter Wasser nicht messbar). Die hohe Dynamik des Goniometers erlaubte es, die Phasenfunktion von Fettemulsionen von 0,4 Vol.-% bis 10 Vol.-% Fettkonzentration in derselben Küvette zu messen.

Durch die hohe Konzentration in den Suspensionen ist die Ensemble-Phasenfunktion des Mediums $p(\theta)$ nicht direkt zugänglich. Die gemessene Phasenfunktion enthält, wie in den vorherigen Kapiteln und in Kapitel 3.2.6 diskutiert, Verzerrungen durch Mehrfachstreuung im Medium und die Reflexe an den Küvettenwänden.

In Abbildung 4.24 wird die gemessenen Phasenfunktionen den Berechnungen gegenübergestellt. Die Berechnung mit der Multi-Mie-Methode wurde mit der analytischen Lösung für die Küvettengeometrie angepasst (MultiMie-slab) und zeigt deutliche Abweichungen zur Messung. Die Monte-

4.5 Hochstreuende Medien

Carlo-Simulation, welche die Ensemble-Phasenfunktion der Multi-Mie-Methode in Schichtgeometrie simuliert, liefert gute Übereinstimmungen, wenn die Küvette noch mit der analytischen Formel berücksichtigt wird (MultiMie-MC). In Abbildung 4.25 sind Messungen von fünf weiteren Konzentrationen aufgetragen.

An die Messung wurde mit der Methode, welche in Kapitel 4.4 präsentiert wurde, eine Mie-Theorie für unabhängige Kugelstreuer angefittet. Als Größenverteilung wurde wieder Formel 4.4 angenommen. Die Größenverteilung in den Fettemulsionen ändert sich in der Realität nicht mit der Konzentration. Die Änderung ist ein Artefakt, welches durch die Verzerrungen durch die abhängige und Mehrfachstreuung hervorgerufen wird. Für die vorliegenden Messungen ergibt sich ein linearer Zusammenhang der Steigung der Größenverteilung κ und der Konzentration der Lösung

$$\kappa = -37,06 \cdot 10^6 \cdot c - 4,824e6 \cdot 10^6. \qquad (4.6)$$

In Abbildung 4.26 ist die Steigung von κ gegen die Fettkonzentration der Lösung aufgetragen. Als Referenz wurde das κ aus der Messung in Kapitel 4.4 aufgetragen. Die maximale Teilchengröße d_{max} von Lipovenös 10 % ändert sich bei der Rekonstruktion nicht. Dies ermöglicht es, mit der bekannten Lösung aus Kapitel 4.4 auch die Phasenfunktion von hochkonzentrierter Fettsuspensionen analytisch zu berechnen.

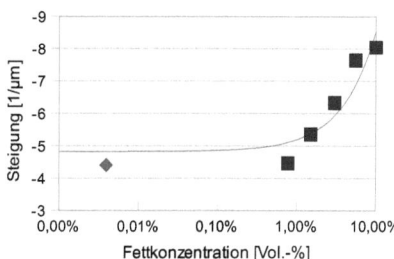

Abb. 4.26: Steigung der Teilchenverteilung κ in Abhängigkeit von der Fettkonzentration. In der Realität ändert sich die Größenverteilung der hochkonzentrierten Fettsuspensionen nicht (siehe Text).

Anisotropie-Koeffizient

Aus den gemessenen Phasenfunktionen konnte nun der Anisotropie-Koeffizient berechnet werden. Es wurde die bereits in Kapitel 4.4 bewährte Methode zur Rekonstruktion der unzugänglichen Teile der Phasenfunktion angewandt. In Abbildung 4.27 ist der gemessene Anisotropie-Koeffizient den Rechnungen mit der Multi-Mie-Methode und den verschiedenen Monte-Carlo-Simulationen gegenübergestellt.

Es ergibt sich ein linearer Abfall des g-Faktors in Abhängigkeit der Konzentration. Die Multi-Mie-Berechnungen zeigen einen deutlich höheren Abfall der Anisotropie (g_{MM}) als die Monte-Carlo-Simulation des Würfels (g_{MC}):

4 Ergebnisse

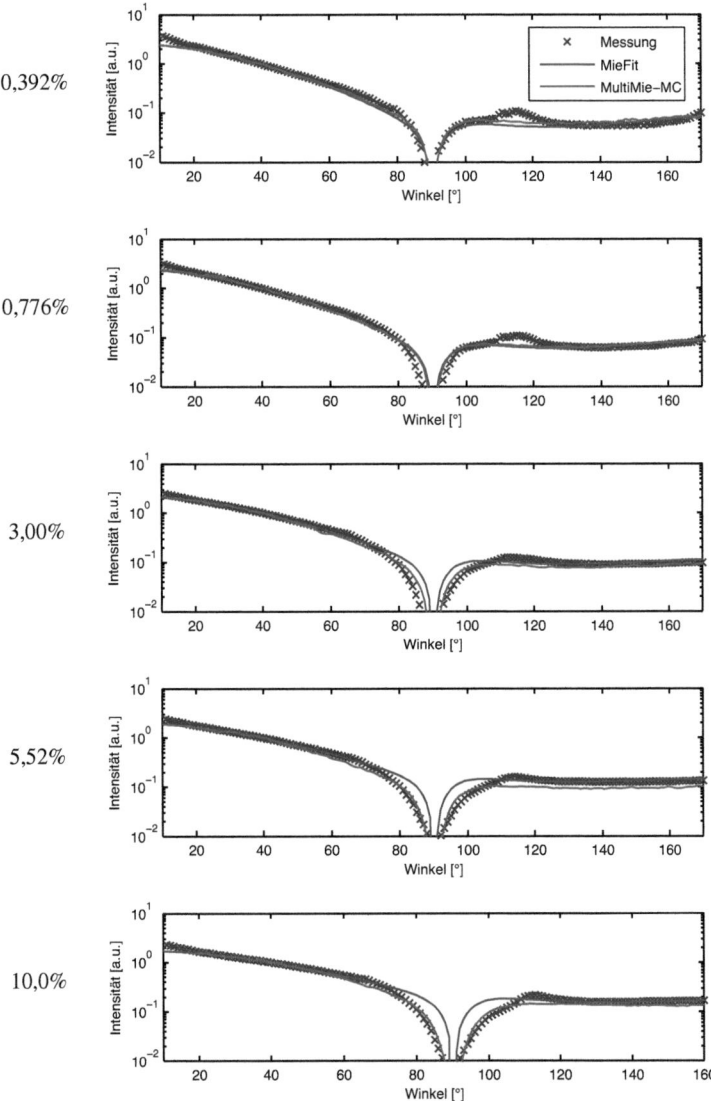

Abb. 4.25: Vergleich der Messung zur Multi-Mie-Monte-Carlo-Methode und zum Mie-Theorie-Fit für verschiedene Fettkonzentrationen in Lipovenös 10 % Suspensionen. Die Reflexionen an den Küvettenwänden wurden mit der analytischen Lösung berücksichtigt.

4.5 Hochstreuende Medien

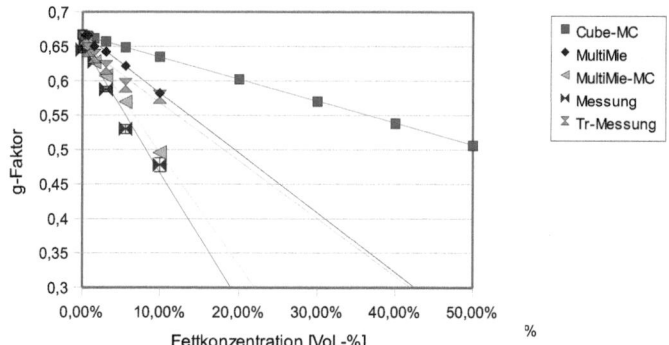

Abb. 4.27: Vergleich des Anisotropie-Koeffizienten der Multi-Mie-Simulation (MultiMie) für verschiedene Fettkonzentrationen mit Monte-Carlo-Simulationen gleicher Geometrie (Cube-MC) und Messungen der gleichen Fettkonzentrationen. Mit Monte-Carlo-Simulationen der Ensemble-Phasenfunktion (MultiMie-MC) konnte die Messung in Schichtgeometrie angenähert werden. Der Korrektur-Algorithmus, der die Mehrfachstreuung der Messung in der Küvette entfaltet, zeigt tendenziell gute Übereinstimmung mit der berechneten Ensemble-Phasenfunktion (Tr-Messung). Die Reflexionen der Küvettenwände wurden aus den Messungen herausgerechnet. Die Wellenlänge war $\lambda = 650\,\text{nm}$.

$$g_{MM} = -0,8667 \cdot c + 0,6684, \qquad (4.7) \qquad g_{MC} = -0,3186 \cdot c + 0,6662. \qquad (4.8)$$

Die Differenz der beiden Rechnungen wird durch die abhängige Streuung verursacht. Aufgrund des linearen Abfalls der beiden Rechnungen ergibt sich unabhängig von der Konzentration des Mediums jedoch immer das gleiche Verhältnis des Einflusses der abhängigen Streuung und der Mehrfachstreuung auf die Anisotropie des Mediums.

Die Messung der hochstreuenden Medien in einer planparallelen Küvette zeigt einen nochmals größeren Abfall der Anisotropie mit der Konzentration. Die Monte-Carlo-Simulation der Ensemble-Phasenfunktion der Multi-Mie-Methode rekonstruiert den Verlauf des Anisotropie-Koeffizienten der Messung. Dies lässt vermuten, dass der erhöhte Abfall der Anisotropie der Messung rein auf Mehrfachstreuung in der Küvette zurückzuführen ist.

Der in Kapitel 3.2.6 vorgestellte Algorithmus zur Rekonstruktion der Mehrfachstreuung in einer Schichtgeometrie von hochstreuenden Medien wurde auf die Messung angewandt (Tr-Messung). Der Abfall der Anisotropie der rekonstruierten Messung entspricht nahezu den Berechnungen mit der Multi-Mie-Methode.

4 Ergebnisse

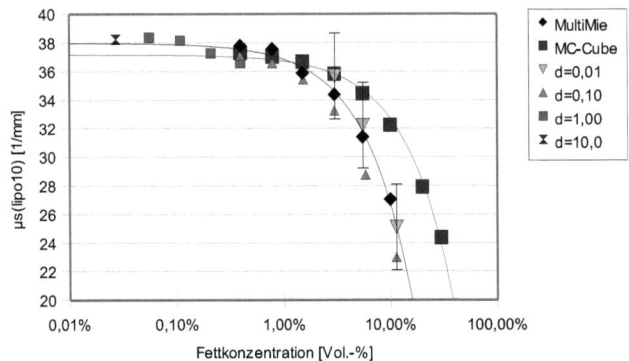

Abb. 4.28: Aufgetragen ist der Streukoeffizient der Ausgangslösung, also Lipovenös 10 %, für verschiedene Fettkonzentrationen. So sind die Ergebnisse direkt mit Kapitel 4.4 vergleichbar. Die Messung erfolgte mit verschiedenen Küvettendicken d in mm bei 650 nm.

Streukoeffizient

Für die Multi-Mie-Methode und die Monte-Carlo-Simulation konnte aus dem Integral des differenziellen Streuquerschnitts über den Raumwinkel direkt der Streukoeffizient in Abhängigkeit der Fettkonzentration der Lösung berechnet werden. Die Cube-Monte-Carlo-Simulation enthält erneut nur die Effekte durch Mehrfachstreuung. Mit dem Aufbau der kollimierten Transmission konnte der Streukoeffizient für einen großen Wellenlängenbereich direkt gemessen werden. Der Streukoeffizient wurde mit verschiedenen Küvettendicken gemessen. In Abbildung 4.28 sind die Ergebnisse der Messung für $\lambda = 650$ nm den Berechnungen mit der Multi-Mie-Methode gegenübergestellt. Aus den Messungen und Berechnungen wurde jeweils der Streukoeffizient

$$\mu_s = -\frac{1}{d \cdot c_l} ln\left(\frac{I}{I_0}\right),$$

von Lipovenös 10 %, bestimmt. Die Konzentration c_l ist dabei die Volumenkonzentration von Lipovenös 10 % in der Suspension. Nach dem Lambert-Beer-Gesetz sollte μ_s unabhängig von der Dicke d oder Konzentration c_l sein.

Die Messungen und Berechnungen ergeben, dass der Streukoeffizient der Ausgangslösung $\mu_{s(lip10)}$ linear mit der Konzentration abnimmt. Für Lipovenös 10 % ergibt sich bei einer Wellenlänge von $\lambda = 650$ nm der "scheinbare" Streukoeffizient der Multi-Mie-Berechnung zu $\mu_{s(lip10)MM}$, wohingegen der Abfall des Streukoeffizienten der Cube-Monte-Carlo-Simulation $\mu_{s(lip10)MC}$ flacher verläuft:

$$\mu_{s(lip10)MM} = -112,2 \cdot c + 37,96, \quad (4.9) \quad \mu_{s(lip10)MC} = -44,18 \cdot c + 37,15. \quad (4.10)$$

4.5 Hochstreuende Medien

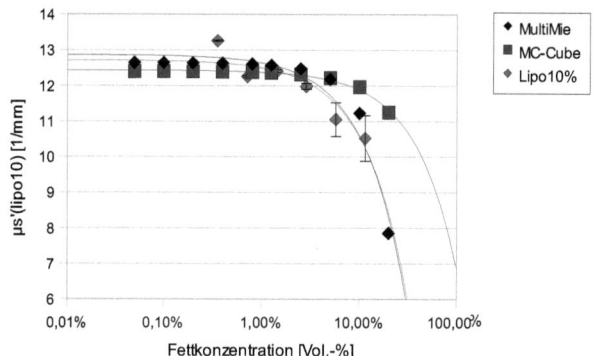

Abb. 4.29: Messung des reduzierten Streukoeffizienten in Abhängigkeit der Fettkonzentration. Es ist jeweils der Streukoeffizient der Ausgangslösung berechnet worden.

mit c der Fettkonzentration in Vol.-% der Suspension. Die Differenz zwischen den beiden Simulationen wird allein durch die abhängige Streuung verursacht.

Reduzierter Streukoeffizient

Mit dem Aufbau der ortsaufgelösten Reflektanz wurde der reduzierte Streukoeffizient von hochkonzentrierten Fettemulsionen gemessen. In Abbildung 4.29 wurden die Messungen den berechneten Werten der Multi-Mie-Methode gegenübergestellt. Aus den Messungen und Berechnungen wurde, ähnlich wie zuvor, der reduzierte Streukoeffizient der Ausgangslösung $\mu'_{s(lipo10)} = \mu'_s/c_l$, also von Lipovenös 10%, bestimmt.

Zu den Messergebnissen wurde der reduzierte Streukoeffizient der Monte-Carlo-Simulation und der Multi-Mie-Simulation nach $\mu'_s = (1-g) \cdot \mu_s$ berechnet und eingetragen. Auch der reduzierte Streukoeffizient sinkt scheinbar linear mit der Fettkonzentration in der Suspension. Für Lipovenös 10% ergibt sich der reduzierte Streukoeffizient bei $\lambda = 650$ nm in Abhängigkeit der Fettkonzentration c zu der Multi-Mie-Berechnung zu $\mu'_{s(lip10)MM}$, wohingegen der Abfall des Streukoeffizienten der Cube-Monte-Carlo-Simulation $\mu'_{s(lip10)MC}$ erneut flacher verläuft:

$$\mu'_{s(lip10)MM} = -22{,}80 \cdot c + 12{,}87, \quad (4.11) \quad \mu'_{s(lip10)MC} = -5{,}562 \cdot c + 12{,}43. \quad (4.12)$$

Läuft die Konzentration gegen null, ergibt sich zwischen $\mu'_{s(lip10)MM}$ und $\mu'_{s(lip10)MC}$ eine Abweichung von etwa 3,5%. Die Messung liegt bei kleinen Konzentrationen im Mittel genau zwischen den beiden Berechnungen. Diese Abweichungen sind im Bereich des Erwartbaren. Da die Messung

4 Ergebnisse

und Multi-Mie-Simulation für hohe Konzentrationen in Anbetracht der Messunsicherheiten gut korrelieren, scheint es wahrscheinlich, dass die Ergebnisse der Multi-Mie-Methode für die hochkonzentrierten Fettsuspensionen direkt die richtige Ensemble-Phasenfunktion ergeben, mit der auch die Transporttheorie gelöst werden kann.

4.5.3 Diskussion

Es wurde untersucht, wie sich die abhängige Streuung und die Mehrfachstreuung auf die Phasenfunktion und optischen Eigenschaften in hochkonzentrierten Fettsuspensionen auswirken. Mit Multi-Mie-Simulationen konnte das Problem für einen Quader mit 10 µm Kantenlänge analytisch gelöst werden. Die Ergebnisse der Multi-Mie-Simulation und der zugehörigen Monte-Carlo-Simulation zeigen, dass in dem untersuchten Volumen immer gleichzeitig abhängige Streuung wie auch Mehrfachstreuung auftreten. Sowohl bei der Anisotropie der Ensemble-Phasenfunktion wie auch beim Streukoeffizienten zeigen beide Rechnungen einen linearen Zusammenhang zur Konzentration. Die Mehrfachstreuung der Monte-Carlo-Simulationen zeigt jeweils einen deutlich geringeren Einfluss auf die Ergebnisse. Der Quotient des Einflusses der abhängigen Streuung wie der Mehrfachstreuung ist dabei unabhängig von der Konzentration der Suspension, da beide linear verlaufen. Sowohl für den Anisotropie-Koeffizienten wie auch für den Streukoeffizienten ergibt sich der Anteil der abhängigen Streuung am Einfluss der Konzentration auf die optischen Eigenschaften zu etwa 60%. Die Ensemble-Phasenfunktion enthält in dem betrachteten Volumen, selbst für kleine Fettkonzentrationen mit streufreien Weglängen $1/\mu_s$ sehr viel größer als die Kantenlänge des Quaders, immer auch Mehrfachstreuung. Ob in noch kleineren Volumen die abhängige Streuung unabhängig von der Mehrfachstreuung auftritt, muss noch untersucht werden.

Da die eigentliche Aufgabe darin besteht, die Ensemble-Phasenfunktion aus goniometrischen Messungen zu bestimmen, wurden korrespondierend zu den Simulationen hochkonzentrierte Fettsuspensionen in einer 10 µm dicken Küvette vermessen. In der Schichtgeometrie der Küvette wird zusätzlich Mehrfachstreuung erzeugt, die die Messung signifikant verändert und die direkte Messung der Ensemble-Phasenfunktion verhindert. Wie in Kapitel 3.2.6 diskutiert wurde, wurde mit Monte-Carlo-Simulationen die Mehrfachstreuung in Schichtgeometrien von streuenden Medien untersucht. Es konnte ein Korrektur-Algorithmus entwickelt werden, der hier angewandt wurde, um die Mehrfachstreuung in der Küvette zu kompensieren. Das Vorwärtsproblem wurde gelöst, indem die Ensemble-Phasenfunktion der Multi-Mie-Berechnung verwendet wurde, um sie in einer Monte-Carlo-Simulation mit Schichtgeometrie zu verwenden, um den Einfluss der Küvette zu berücksichtigen. Beide Methoden zeigten eine gute Übereinstimmung der goniometrischen Messung mit der Ensemble-Phasenfunktion aus der Multi-Mie-Simulation.

Da sich Mehrfachstreuung und abhängige Streuung anscheinend nicht voneinander trennen lassen und bei der Multi-Mie-Simulation bereits ein signifikanter Anteil von Mehrfachstreuung auftritt ist es diskussionswürdig, ob man die Ergebnisse der Multi-Mie-Theorie tatsächlich als Ensemble-

4.5 Hochstreuende Medien

Phasenfunktion betrachten kann und mit diesen die Berechnung der Lichtausbreitung in einem makroskopischen Volumen möglich ist. Die Messung der ortsaufgelösten Reflektanz für hochkonzentrierte Fettsuspensionen zeigt jedoch auch eine gute Übereinstimmung der Ergebnisse der Multi-Mie-Simulation mit der makroskopischen Lichtausbreitung. Dies ist ein Indikator dafür, dass es möglich ist, die Ensemble-Phasenfunktion mit einer Lösung der Maxwell-Gleichungen in einem endlichen Volumen zu berechnen und in einer Lösung der Transporttheorie zu verwenden. Selbst wenn die Lösung der Maxwell-Gleichungen neben der abhängigen Streuung auch Mehrfachstreuung enthält.

Es soll im Folgenden an biologischem Gewebe untersucht werden, ob es möglich ist, die Ensemble-Phasenfunktion aus goniometrischen Messungen an Gefrierschnitten von biologischem Gewebe zu bestimmen und mit dieser die Lichtausbreitung in einem makroskopischen Volumen zu berechnen.

4 Ergebnisse

4.6 Terminalhaar

Um die Lichtstreuung auf Grundlage der Mikrostruktur von biologischem Gewebe zu untersuchen, bieten sich Haare aus mehreren Gründen als Modellgewebe an. Besonders im Vergleich zu Weichgeweben sind Haare sehr stabil und verändern ihre optischen Eigenschaften erst nach langer Zeit. Aufgrund der Zylindersymmetrie können einfachere, zweidimensionale Lösungen zur Berechnung der Maxwell-Gleichungen herangezogen werden. Vor der Messung der Haare ist keine aufwendige Präparation nötig.

Die Lichtstreuung an Haaren ist in den letzten Jahren aufgrund der Fortschritte in der Computergrafik immer stärker ins wissenschaftliche Interesse gerückt. Es gab eine Reihe von Studien die darauf abzielen, die Streuung der Haare besser zu verstehen, um eine realistischere Darstellung von Haaren in der Computergrafik zu ermöglichen [11, 61]. Sehr häufig werden dabei die experimentellen Ergebnisse mit geometrisch optischen Überlegungen erklärt. Durch die Größe des Haars mit einem Durchmesser, der viel größer als die Wellenlänge ist, führt dies zu hinreichend guten Ergebnissen [17, 88, 89].

In dieser Studie soll, im Gegensatz zu den meisten anderen Studien auf diesem Gebiet, die Streuung des Haares mithilfe einer Lösung der Maxwell-Gleichungen erklärt werden. Durch den großen Durchmessers der Haare ist jedoch eine dreidimensionale Lösung der Maxwell-Gleichungen nicht anwendbar. Wie bei der Untersuchung der Zylinder werden wieder zweidimensionale Lösungen verwendet.

4.6.1 Physikalisches Modell

Haare lassen sich der Länge nach grob in drei Abschnitte untergliedern. Die Wurzel, aus der das Haar entspringt, der Schaft und die Spitze. In dieser Studie haben wir ausschließlich den Schaft des menschlichen Haupthaars untersucht. Dieser ist wiederum grob in drei Schichten gegliedert.

Die Medulla, welche sich im Zentrum des Haares befindet, ist nicht bei jedem Haar vorhanden. Sie besteht im Wesentlichen aus lose verbundenen kreatinisierten Zellen, Abbauprodukten der Cortexzellen und Fetten. Durch die Streuung an Lufteinschlüssen in der Medulla ensteht bei vielen Menschen die charakteristische Strukturierung und der Farbton des Haars. Der Durchmesser der Medulla entspricht etwa 20% des Gesamtdurchmessers des Haars [68].

Das größte Volumen des Haars wird von der Cortex eingenommen. Die Cortex besteht aus einer großen Anzahl Kreatinfasern. Diese Fibrillen sind über den Zellmembrankomplex aneinander gebunden. Neben der Medulla befinden sich vor allem in der Cortex die für die Haarfarbe verantwortlichen Chromophore [43, 93]. Dies sind beim Haar im wesentlichen Eumelanin und Pheomelanin. Durch Eumelanin färben sich Haare von Braun bis Schwarz, wohingegen Pheomelanin gelblich blonde bis rote Haarfarben verursacht. Diese Chromphore befinden sich in Form von sphärischen Partikeln zwischen den Fibrillen. Der Durchmesser der Melaninpartikel wurde in manchen Studien zu etwa 40 nm -

200 nm gemessen [20, 69, 36], in anderen wurden auch Durchmesser im Mikrometerbereich beobachtet [93, 4]. Die Konzentration von Melanin reicht dabei von 2 % bei japanischem Haar über ca. 1 % bei braunem Haar bis unter 0,1 % bei blondem Haar [4]. Der Absorptionskoeffizient in der Cortex des Haares variiert dabei von $\mu_{a633} = 0,7\,\mathrm{mm}^{-1}$ bei blondem Haar über $\mu_{a633} = 3,7\,\mathrm{mm}^{-1}$ bei braunem Haar bis zu $\mu_{a633} = 25\,\mathrm{mm}^{-1}$ bei schwarzem Haar [43].

Die äußerste Schicht des Haares, die Cuticula, besteht aus 6-10 Lagen übereinandergelegter, abgestorbener Zellen. Diese Schuppenschicht dient hauptsächlich dem Schutz der inneren Struktur des Haares. In ihr befinden sich, im Gegensatz zu den anderen Schichten, keine Chromophore. Für die Lichtstreuung am Haar ist sie insofern von besonderer Bedeutung, da sie durch den Winkel zwischen Schuppen und Haar für auffällige Glanzeffekte am Haar verantwortlich ist [61, 88].

Für das Haar gelten alle bereits für den Zylinder getroffenen Überlegungen (siehe Kapitel 2.3.3 und

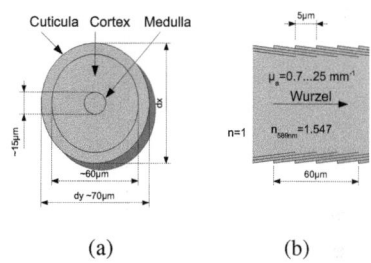

Abb. 4.30: Physikalisches Modell der Struktur des menschlichen Terminalhaares.

4.2). Die Streuung erfolgt hauptsächlich auf dem Kegelschnitt zwischen Einfallsvektor und Zylinderachse, wobei aufgrund der mikroskopischen Strukturen im Haar nun vermehrt Licht außerhalb dieses Kegelschnittes gestreut wird. Wie bei den Fasern kann die Größe des Haares sehr gut über das Interferenzmuster bestimmt werden. Da die Oszillationen jedoch kleiner als die Auflösung des verwendeten Goniometers sind, wäre dazu ein anderer Aufbau vonnöten.

Zur Lösung der Maxwell-Gleichungen wurde neben einer analytischen Lösung für einen geschichteten Zylinder (Kapitel 2.5.3) auch eine zweidimensionale FDTD-Simulation verwendet (Kapitel 2.5.4).

4.6.2 Messungen

Es wurden mit einem Goniometer die Haare von sechs Probanden vermessen. Nach der goniometrischen Messung wurde mit einem Laser-Scanning-Mikroskop die Oberflächenrauigkeit der Haare an der Stelle der goniometrischen Messung bestimmt (siehe Abbildung 4.31). Dazu wurde an drei Stellen des Haares ein z-Stapel (d_z entsprach der Auflösungsgrenze des Objektivs) aus jeweils ca. 50 Bildern aufgenommen (20x Zeiss Axioplan). Die Auswertesoftware des LSM-510 Meta erlaubt im Anschluss die Entfaltung der Objektivübertragungsfunktion aus dem Bilderstapel. In dem Bilderstapel wurde nun die maximale Streuintensität gesucht und als Oberfläche rekonstruiert (es wird davon ausgegangen, dass der spekulare Reflex des Haares die maximale Rückstreuung verursacht). Nach einer Tiefpassfilterung, welche die Krümmung der Haaroberfläche entfernt, kann die Rauigkeit der Oberfläche mittels des RSA-Wertes ermittelt werden. Zuletzt wurde mit einer Mikrometerschraube

4 Ergebnisse

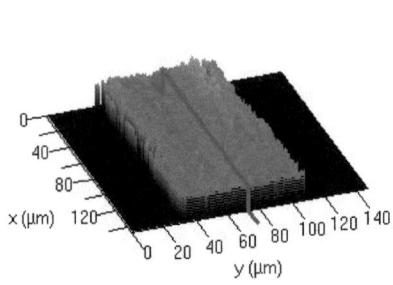

```
RSc    31.327 µm
RSa     1.073 µm
RSq     1.451 µm
RSsk   -1.132
RSku    6.631

RSp    11.445 µm
RSv     5.245 µm
RSt    16.691 µm

RSz     8.407 µm
RSmax  13.720 µm
```

Abb. 4.31: Aufgetragen ist die Oberflächenstruktur eines Haares, gemessen mit dem LSM-510 Meta. Die Rundung der Haaroberfläche wurde mit einem Tiefpassfilter entfernt.

Tab. 4.11: Eigenschaften und Messwerte der untersuchten Haarproben.

	Farbe	Geschlecht	d [µ]	RSA[µ]
Proband 1	blond	m	40	2,9033
Proband 2	braun	m	64	2,8217
Proband 3	blond	m	39	3,1793
Proband 4	braun	w	61	3,1337
Proband 5	blond	w	54	2,4057
Proband 6	braun	w	59	2,0677

noch die Dicke der Haare vermessen. In Tabelle 4.11 sind die Messergebnisse der einzelnen Proben aufgetragen. Aus den Daten der goniometrischen Messung sollte nun die Oberflächenrauigkeit der Haare rekonstruiert werden.

In Abbildung 4.32 sind exemplarisch die Messwerte von drei Probanden für die Vorwärts- und Rückwärtshemisphäre aufgetragen (für senkrecht polarisiertes Licht bei 650 nm). Bei dieser goniometrischen Messung wurde nach Schema 3.9 (b) gemessen. Das Haar dreht sich bei der Messung relativ zur Polarisationsebene. Bei waagerechter Position des Haares ist die Polarisation parallel zur Haarachse, bei horizontaler Position des Haares ist die Polarisation senkrecht zur Haarachse. Die Auftragung der Messung erfolgt in logarithmischem Maßstab. Die Darstellung deckt fünf Größenordnungen ab und ist somit mit der Abbildung der Zylinderstreuung aus Kapitel 4.2 direkt vergleichbar.

Es wurden viele Methoden zur Bestimmung der Oberflächenrauigkeit aus den goniometrischen Messungen getestet. Als beste Methode erwies es sich, den direkten spekularen Reflex (bei 20°) der goniometrischen Messung mit der Intensität, welche nicht auf dem Kegelschnitt der direkten Haar-

4.6 Terminalhaar

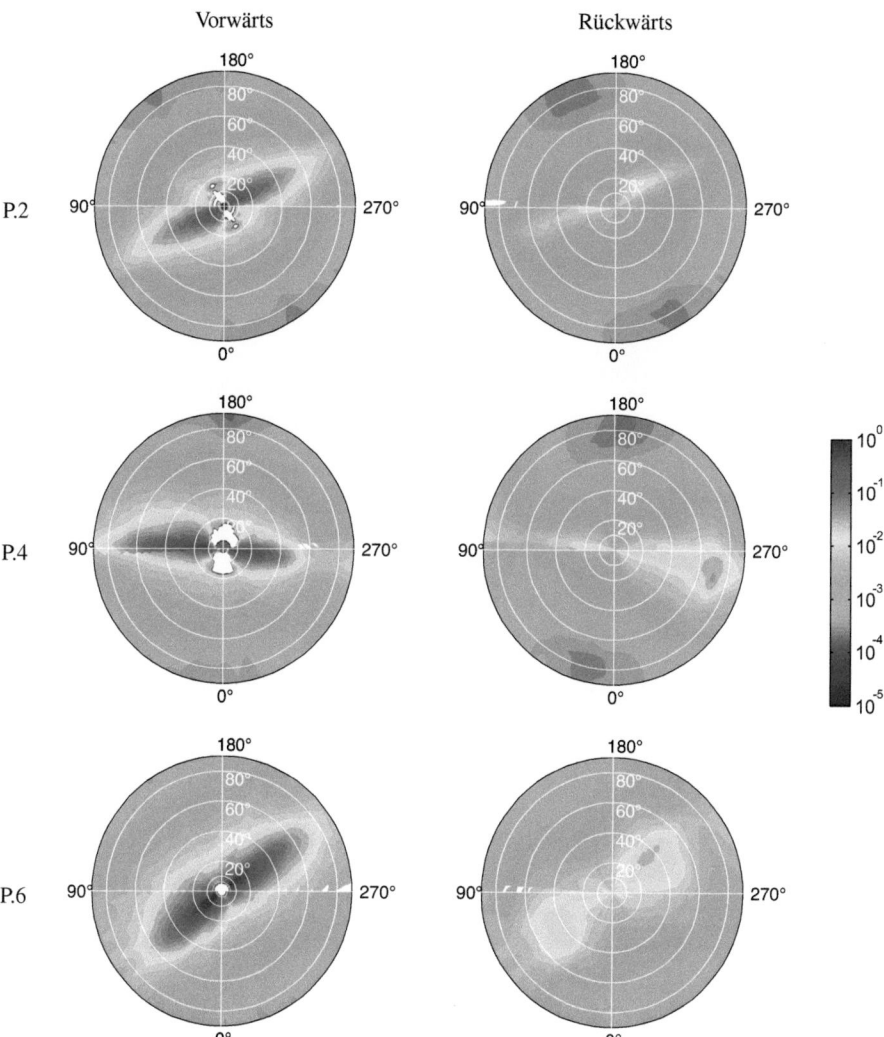

Abb. 4.32: Messung der winkelabhängigen Streuung an menschlichem Kopfhaar von drei verschiedenen Probanden (650 nm für senkrechten Einfall). Die Polarplots sind logarithmisch skaliert. Die Auftragung umfasst fünf Größenordnungen.

4 Ergebnisse

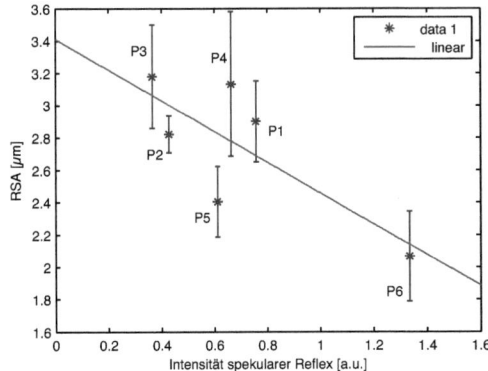

Abb. 4.33: Aufgetragen ist die Rauigkeit der Haare, gemessen mit dem LSM-510 Meta gegen den Quotienten des spekularen Reflexes und der Intensität außerhalb.

streuung liegt, zu normieren. In Abbildung 4.33 sind die Berechnungen aus der goniometrischen Messung gegen die Rauigkeitsmessung mit dem LSM-510 Meta aufgetragen. Die Fehlerbalken geben den Fehler der Rauigkeitsmessung mit dem LSM an.

Beim Vergleich der gemessenen Phasenfunktionen mit der Theorie für einen Zylinderstreuer wird ein signifikanter Unterschied sofort ersichtlich. Wie bei einem Regentropfen verursacht auch ein großer Zylinder einen prominenten Streupeak in rückwärtiger Richtung. Bei geometrisch optischer Beobachtung entspricht dies dem ersten rückwärtigen Reflex. Liegt dieser bei einem Wassertropfen für rotes Licht ungefähr bei 138°, so wird er im Haar durch den größeren Brechungsindex auf etwa 166° verschoben ($d = 60\,\mu m$, $\lambda = 650\,nm$).

In den Polarplots in Abbildung 4.32 ist ersichtlich, dass die Winkel des prominenten Rückwärtsstreupeaks zwischen den einzelnen Probanden variieren. Proband sechs liegt mit einem Peakwinkel von ca. 150° am nächsten zum theoretischen Wert. Zur Erklärung dieses Verhaltens wurde eine Elliptizität des Haares angenommen und entsprechende FDTD-Simulationen durchgeführt. Dazu wurde ein Zylinder mit unterschiedlich langen Radien in x- und y-Richtungen simuliert. In Abbildung 4.34 sind die berechneten Phasenfunktionen für verschieden Quotienten r_x/r_y für einen Zylinder mit 60 µm Durchmesser der langen Seite r_y aufgetragen. Mit zunehmender Elliptizität wandert der prominente Winkel der Rückwärtsstreuung Richtung 90°. Die Berechnungen wurden nach den Überlegungen aus Kapitel 2.3.2 für die Strahl- und Detektorgeometrie der Messung angepasst. Dies entfernt die großen, hochfrequenten Oszillationen, welche ansonsten die Darstellung dominieren würden.

Werden die prominenten Rückstreupeaks der Simulationen gegen die Elliptizität aufgetragen, so ergibt sich ein lineares Verhalten. In Abbildung 4.35 sind die Berechnungen für Ellipsen mit drei verschiedenen Durchmessern aufgetragen. Die Rückstreupeaks liegen unabhängig vom Durchmesser

4.6 Terminalhaar

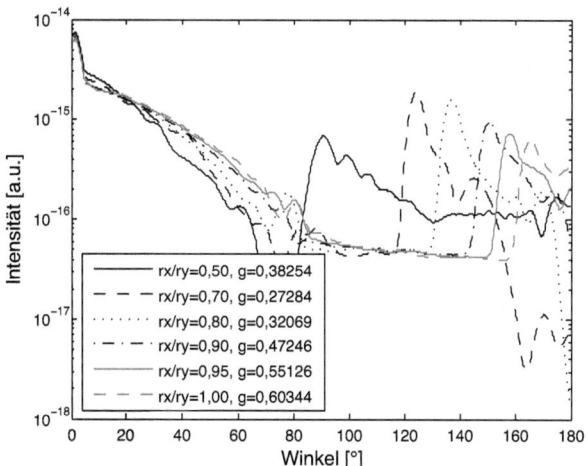

Abb. 4.34: Berechnung der Phasenfunktion von Ellipsen mit der FDTD-Simulation. Die elliptischen Zylinder besitzen entlang r_y einen Durchmesser von 60 µm. Einstrahlung mit $\lambda = 650$ nm, senkrechte Polarisation (relativ z. Beobachtungsebene), $n_{zyl} = 1{,}55$, $n_{med} = 1$.

der Ellipse an derselben Stelle. Mit der linearen Regressionsgeraden kann aus dem Winkel des Peaks die Elliptizität berechnet werden

$$\theta_{rp} = 145{,}2° \cdot \frac{r_x}{r_y} + 20{,}89°. \tag{4.13}$$

Für Ellipsen mit den Radiusquotienten r_x/r_y kleiner 0,5 verschwindet der Peak. Für Elliptizitäten in anderer Richtung erreicht der Peak relativ schnell 180°.

Anhand von Gleichung 4.13 kann die Elliptizität der vermessenen Haare aus Abbildung 4.32 berechnet werden. Die Berechnung der Phasenfunktion für monolithische, elliptische Zylinder mit $n_{zyl} = 1{,}55$ zeigt im Vergleich zur Messung gute Übereinstimmungen. In Abbildung 4.36 ist der Vergleich der FDTD-Simulationen mit den Messungen von Probanden 4 und 6 gezeigt.

Mit der zweidimensionalen FDTD-Simulation ist eine mikroskopische Modellierung der Haarstruktur möglich. Auf Basis der Literaturrecherche wurden vier verschiedene Modelle für die mikroskopische Struktur der Haare untersucht. Der Brechungsindex in der Cortex und der Curticula wurde gleichfalls zu $n = 1{,}55$ angenommen. Aus verschiedenen Studien ist bekannt, dass sehr dunkle Haare einen höheren Brechungsindex besitzen. Es wurde demzufolge darauf geschlossen, dass der Brechungsindex von Melanin leicht höher ist. Bei der Medulla wurde angenommen, dass sie einen leicht niedrigeren Brechungsindex als die Cortex aufweist. Es wurden auch verschiedene Konzentrationen von Streukörpern in der Medulla simuliert. Die Parameter der verschieden Modelle finden sich

4 Ergebnisse

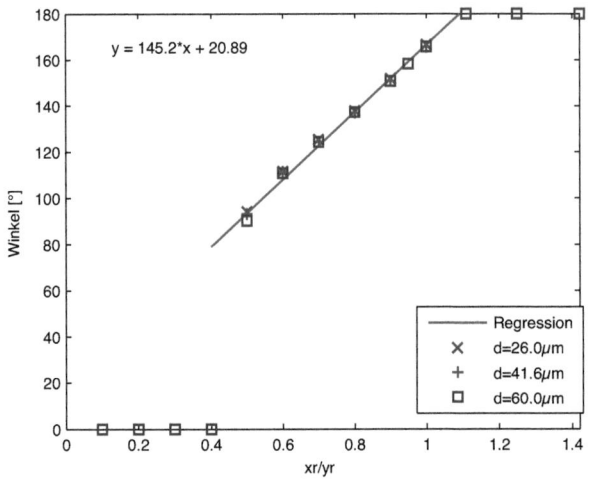

Abb. 4.35: Rückstreupeak der FDTD-Simulationen für Ellipsen, $\lambda = 650$ nm, senkrechte Polarisation, $n_{zyl} = 1,55$, $n_{med} = 1$.

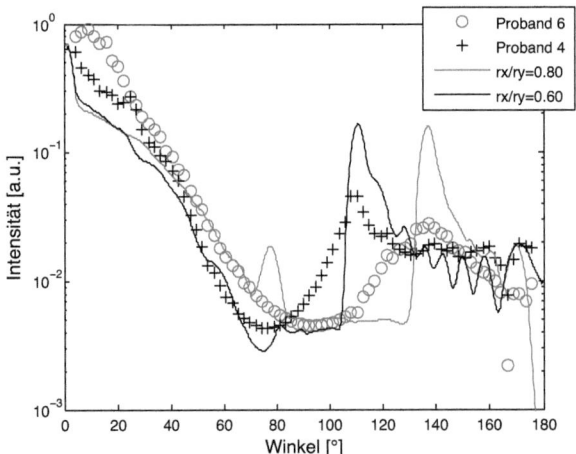

Abb. 4.36: Die Phasenfunktionen (Streuung senkrecht zur Zylinderachse) der Messungen von Probanden 4 und 6 sind im Vergleich zu den FDTD-Simulationen für Haare mit entsprechender Elliptizität aufgetragen. Simulation mit $\lambda = 650$ nm, $d = 60$ µm, senkrechte Polarisation, $n_{zyl} = 1,55$, $n_{med} = 1$.

Tab. 4.12: Parameter der verschiedenen Modelle der FDTD-Simulationen.

Modell	d_{ges}	$d_{medulla}$	$n_{medulla}$	$d_{melanin}$	$n_{melanin}$	sonstiges
1	60	15µm	1,45	0,3-0,8µm	1,59	3% Luft in Medulla n=1
2	60	15µm	1,50	0,3-0,8µm	1,59	Fett in Medulla n=1,50
3	60	15µm	1,55	0,3-0,8µm	1,59	Fett in Medulla n=1,50
4	60	15µm	1,55	0	1,59	Fett in Medulla n=1,50

in Tabelle 4.12. Die Realteile des Brechungsindex der Simulationsfelder der verschiedenen Modelle sind in Abbildung 4.37 aufgetragen.

Die Phasenfunktionen der vier FDTD-Simulationen sind in in Abbildung 4.38 aufgetragen. Durch die mikroskopisch großen Streukörper ergeben sich starke Oszillationen in der Phasenfunktionen. Durch die Zweidimensionalität der Simulation können keine kugelsymmetrischen Strukturen simuliert werden, was den direkten Vergleich mit den Messungen verhindert.

4.6.3 Diskussion

Es wurden goniometrische Messungen der Streuung des Terminalhaars von verschiedenen Probanden präsentiert. Im Vergleich zu glatten Glasfasern konnte eine viel stärkere Streuung abseits der Kegelschnitts aus Einfallsvektor und Haarachse beobachtet werden. Diese wird durch die Oberflächenrauigkeit und die innere Struktur der Haare verursacht.

Mit einem Laser Scanning Mikroskop konnte die Oberflächenrauigkeit der verschiedenen Proben bestimmt werden. Der bei der goniometrischen Messung ermittelte Quotient aus spekularem Reflex und isotroper Streuung korreliert schwach mit der Oberflächenrauigkeit des Haares. Die Unsicherheit der Methode ist im Wesentlichen auf die innere Struktur der Haare zurückzuführen, die ähnlich wie die Oberfläche Licht streut. Diese innere Streuung kann mit der hier präsentierten Methode nicht von der Oberflächenstreuung unterschieden werden.

Beim Vergleich der Phasenfunktion mit einer Lösung der Maxwell-Gleichungen für den Zylinder fiel bei den meisten Probanden eine starke Verschiebung des rückwärtigen Intensitätsmaximums zur Theorie auf. FDTD-Simulationen von elliptisch geformten Zylindern legen nahe, dass sich diese Verschiebung durch die Elliptizität der Haare erklären lässt. Es zeigte sich, dass sich die Elliptizität eines Zylinders ($d \gg \lambda$) direkt aus dem Winkel des prominenten Rückstreupeaks berechnen lässt. Der Vergleich der Simulationen mit entsprechender Elliptizität und Durchmesser zeigte gute Übereinstimmung mit der gemessenen Phasenfunktion der Proben.

4 Ergebnisse

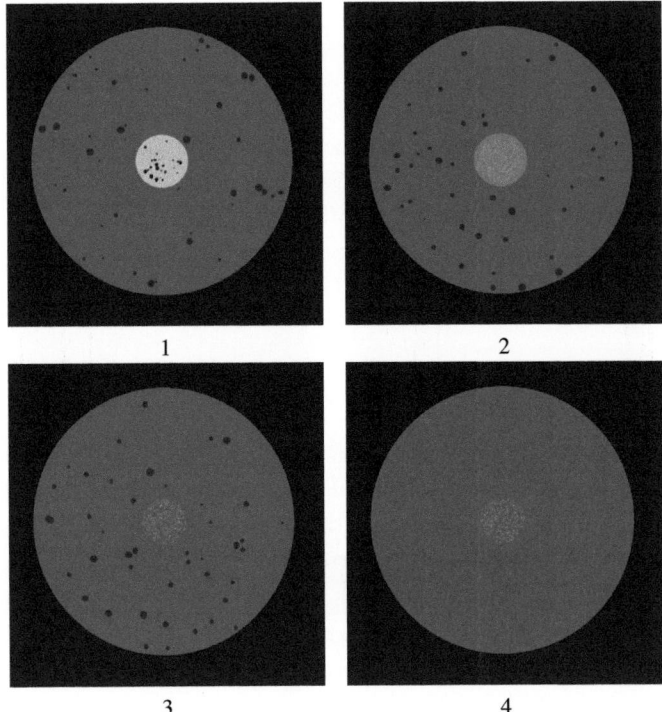

Abb. 4.37: Darstellung des Realteils des Brechungsindex des Simulationsfeldes der verschiedenen Modelle für die FDTD-Simulation des Haars.

4.6 Terminalhaar

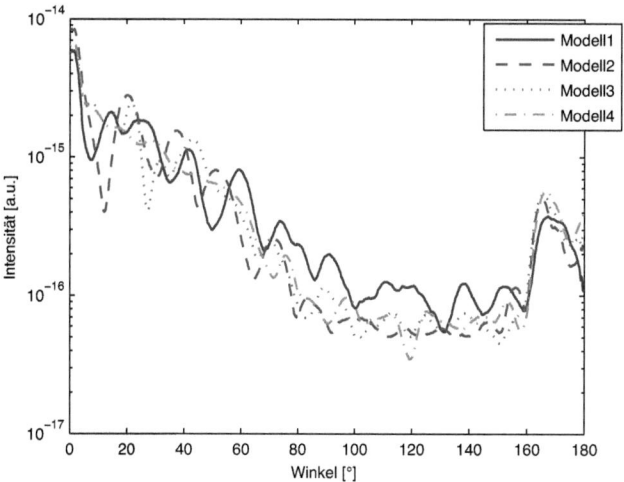

Abb. 4.38: Phasenfunktion der verschiedenen Haarmodelle für $\lambda = 650$ nm, senkrechte Polarisation (relativ z. Beobachtungsebene).

Aus den Strukturinformationen, die aus der Literatur über Haare bekannt waren, wurden vier Modelle für die realistische FDTD-Simulation von menschlichem Terminalhaar erstellt. Die Simulationen zeigen ausgeprägte Oszillationen, welche im Experiment so nicht gesehen werden können. Die Ursache liegt allem Anschein nach in dem Unvermögen, kugelförmige Streuer mit einem zweidimensionalen Modell zu simulieren. Zylindrische Streuer verursachen jedoch eine viel höhere Streuung und überlagern sich schneller kohärent. Eine ausgeprägte Medulla mit stark abweichendem Brechungsindex führt zu einem charakteristischen Einbruch der Phasenfunktion bei etwa 12°. Dies konnte bei keinem der Probanden beobachtet werden. Aus der Literatur ist bekannt, dass nur etwa 20% der Population eine ausgeprägte Medulla besitzen [68].

Leider ist es mit zweidimensionalen Methoden nicht möglich, ein wirklich realistisches Haarmodell zur Lösung der Maxwell-Gleichungen zu implementieren. Die Messergebnisse konnten mit dem zweidimensionalen Modell jedoch qualitativ gut erklärt werden. Für die quantitative Nachbildung der Messergebnisse bräuchte man eine dreidimensionale Simulation des Streukörpers. Haare sind mit einem Durchmesser von ca. 60 µm jedoch zu groß, um sie mit aktueller Hardware (und auf absehbare Zeit) mit einer dreidimensionalen FDTD-Simulation zu berechnen.

4 Ergebnisse

4.7 Eisbärhaar

Die lichtstreuenden Eigenschaften des Eisbärhaars erlangten aufgrund von einigen (vor allem populärwissenschaftlichen) Veröffentlichungen zur angeblichen Lichtleitfähigkeit des Eisbärhaars einige Berühmtheit. In einem Artikel von 1980 postulierte R.E. Grojean [34] neben einigen richtigen Annahmen über die Lichtleiteffekte des streuenden Eisbärhaares entlang der Faser, dass Eisbärhaar ultraviolettes Licht wie eine Lichtleitfaser zur schwarzen Haut des Bären transportiert, wo es absorbiert wird. Dies sollte, wie es bereits von anderen Tieren bekannt ist [99, 81], zum Energiehaushalt des Bären beitragen und einen Überlebensvorteil in der Arktis liefern. Tatsächlich sind Eisbärhaare in der Mitte hohl, und die Eisbärhaut ist schwarz. Es konnte in anderen Geweben auch gezeigt werden, dass die Streuung entlang dichtgepackter Zylinderstrukturen zu Lichtleiteffekten führt [48], ähnlich wie es Grojean beschrieben hatte.

In einer Antwort auf Grojeans Artikel stellte Bohren bereits im folgenden Jahr richtig fest, dass Eisbärhaare im Ultravioletten nicht transmittiv sind, sondern schwarz erscheinen, weil das Kreatin des Haares UV-Licht absorbiert [35, 14]. Dennoch hielt sich der Irrglaube der Lichtleitung im Eisbärfell über viele Jahre. Doch spätestens seit der Arbeit von Daniel W. Koon [54] dürfte bewiesen sein, dass Eisbärhaare nicht als Lichtleiter fungieren können. Die Lichtschwächung eines Eisbärhaars beträgt über 10 dB/mm für ultraviolettes Licht oder über 20 Größenordnungen entlang eines 2 cm langen Haares.

4.7.1 Physikalisches Modell

Aus unserer Sicht ist Eisbärhaar aufgrund seiner hohlen Struktur von besonderem Interesse. Wie in der Untersuchung des menschlichen Terminalhaares ersichtlich war, würde eine ausgeprägte Medulla ein Intensitätsminimum bei einem Thetawinkel von etwa 15° hervorrufen. Bei dem hohlen Eisbärhaar werden ganz ähnliche Effekte erwartet.

Neben dem Unterfell besitzt der Eisbär ein Oberfell aus etwa 6 cm langen Haaren. Diese Eisbärhaare sind ähnlich strukturiert wie menschliches Terminalhaar. Die Medulla ist besonders ausgeprägt, stark streuend, luftgefüllt und beansprucht etwa 30% des Radius des Eisbärhaars. Der Durchmesser des Haares beträgt deutlich über 100 µm. Die Haare sind leicht gelblich und höchstwahrscheinlich auch durch ihre innere Struktur viel steifer als menschliches Deckhaar. Wir bedanken uns bei Thomas Stegmaier (ITV Denkendorf) für die Bereitstellung der Proben.

Zur Rekonstruktion der Messergebnisse wurde eine Lösung der Maxwell-Gleichungen für beliebige konzentrische Zylinder verwendet (siehe Kapitel 2.5.3). Der Durchmesser des Haares war für zweidimensionale FDTD-Simulationen zu groß.

4.7 Eisbärhaar

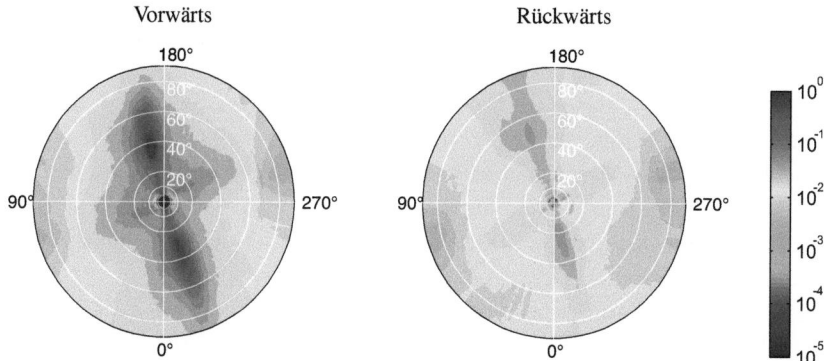

Abb. 4.39: Aufgetragen ist die Streuung eines Eisbärhaars mit der Dicke 120 mm für senkrechte Polarisation bei $\lambda = 650$ nm. Das kreuzförmige Streumuster, welches bei den menschlichen Haaren nicht ersichtlich war, könnte sich aus einer anderen Schuppenstruktur des Eisbärhaares erklären.

4.7.2 Messungen

Die Eisbärhaare wurden goniometrisch vermessen. Es gelten alle Angaben und Randbedingungen, welche bei der Untersuchung des menschlichen Terminalhaares getroffen wurden (siehe Kapitel 4.6.2). In Abbildung 4.39 ist die goniometrische Messung eines Haares aus dem Deckfell eines Eisbären aufgetragen. Die Polarplots sind logarithmisch skaliert und umfassen fünf Größenordnungen. Die Dicke des vermessenen Haares wurde mechanisch auf eine Größe von 120 µm bestimmt.

In Abbildung 4.40 wurde die Streuintensität senkrecht zum Haar gegen den Thetawinkel aufgetragen. Zum Vergleich ist die Berechnung der Maxwell-Gleichungen für den hohlen Zylinder aufgetragen.

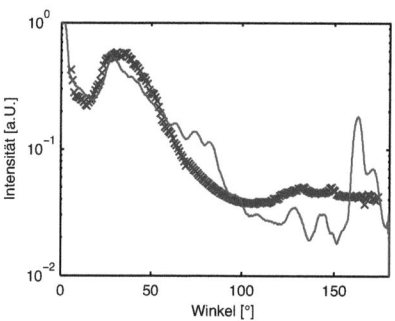

Abb. 4.40: Aufgetragen ist die winkelabhängige Phasenfunktion des Eisbärhaars (Streuung senkrecht zur Zylinderachse, blaue Kreuze) und die Berechnung eines hohlen Zylinders gleicher Größe (grüne Linie) berechnet mit Stratzyl, $d_1 = 40$ µm, $d_2 = 120$ µm, $n_1 = 1$, $n_2 = 1{,}55$ senkrechte Polaristation, $\lambda = 650$ nm.

4.7.3 Diskussion

Die Phasenfunktion des Eisbärhaars zeigt eine viel höhere isotrope Streuung als die Phasenfunktion der menschlichen Terminalhaare. Dies erklärt sich im Wesentlichen durch die starke Streuung der Medulla in der Mitte des Haares. Durch den großen Brechungsindexunterschied zwischen den porösen organischen Resten und der Luft im Inneren kann das Licht besonders effektiv gestreut werden.

Die Phasenfunktion des Eisbärhaares offenbart wie erwartet ein ausgeprägtes Minimum im vorderen Bereich der Phasenfunktion. Die Position dieses Minimums wird durch die Größe der Medulla bestimmt. Auf dieser Basis lässt sich vermutlich relativ zuverlässig der Durchmesser eines Doppelzylinders rekonstruieren. Die errechnete Phasenfunktion korreliert in Anbetracht des einfachen Modells erstaunlich gut mit den Messwerten.

4.8 Weichgewebe

Die Bestimmung der optischen Eigenschaften von biologischem Gewebe war bereits Thema vieler Studien. Das vielzitierte Paper "A Review of the Optical Properties of Biological Tissues" von Wai-Fung Cheong et al. [18] vergleicht die Ergebnisse von 47 verschiedenen Studien. Diese Ergebnisse sind Grundlage für ein breites Feld von Anwendungen in der Biophotonik, was in über 1000 Zitaten dieses Papers resultiert. Zur Messung der optischen Eigenschaften werden eine Vielzahl von Methoden verwendet. Diese verschiedenen Techniken lassen sich grob in direkte und indirekte Methoden unterteilen.

Bei den direkten Methoden folgen die optischen Eigenschaften des Gewebes unmittelbar aus der Messung. Dazu zählen insbesondere die in dieser Arbeit verwendete goniometrische Messung sowie die kollimierte Transmission. Bei indirekten Methoden wird eine Theorie der Lichtausbreitung verwendet, um durch Lösung des inversen Problems die optischen Eigenschaften des Gewebes aus der Messung zu erhalten. Die in dieser Arbeit vorgestellte ortsaufgelöste Reflektanz ist eine solche indirekte Methode.

Trotz der großen Anzahl von Untersuchungen haben von den 47 Autoren gerade einmal vier goniometrische Messungen an biologischem Gewebe durchgeführt [28, 2, 59, 5]. Auch in der aktuellen Literatur sind nur wenige Arbeiten zur goniometrischen Messung der Streuung von biologischem Gewebe zu finden [41, 26, 109, 84]. Einige Arbeiten beschränken sich auf die goniometrische Messung und das Verständnis der Streuung an einzelnen Zellen oder Zellsuspensionen [23, 67].

Dabei ist die goniometrische Messung die einzige Möglichkeit, die Phasenfunktion und die Anisotropie des Gewebes direkt zu bestimmen. Nur die Kenntnis der richtungsabhängigen Phasenfunktion von biologischem Gewebe $p(\vec{s},\vec{s}')$ ermöglicht letztendlich eine exakte Berechnung der Lichtausbreitung in biologischem Gewebe. Und nur durch die Kenntnis der Phasenfunktion $p(\vec{s},\vec{s}')$ und mit einem fundierten physikalischen Modell der Streuung im Gewebe können letztendlich grundlegende Fragen, z.B. zur Bildentstehung bei der optischen Kohärenztomographie oder der Mikroskopie, beantwortet werden.

Meines Wissens nach ist dies die erste Arbeit, die die Messung der Phasenfunktionen des gesamten 4π Raums von biologischem Gewebe zum Ziel hat. Die wenigen Publikationen, welche goniometrische Messungen enthalten, beschränken sich meist auf die Bestimmung der winkelabhängigen Phasenfunktion $p(\theta)$ und vernachlässigen dabei die Messung des gesamten Raumwinkels sowie die Abhängigkeit der Streuung vom Einstrahlwinkel [84, 71]. Folgerichtig werden deshalb auch häufig nur rotationssymmetrisch streuende Medien vermessen [109, 75]. Dabei ist gerade im stark strukturierten Gewebe die Phasenfunktion nicht rotationssymmetrisch und besitzt eine starke Abhängigkeit der Streuung vom Einstrahlwinkel. Zusätzlich zu diesen Einschränkungen finden sich in einigen Arbeiten auch methodische Unstimmigkeiten. So wird recht häufig der Einfluss der Dicke der Proben oder gar die Reflexion an den Grenzflächen der Küvetten nicht berücksichtigt.

Andere Gruppen verfolgen einen weiteren vielversprechenden Ansatz und versuchen Teile der Pha-

4 Ergebnisse

senfunktion aus der Messung der Rückstreuung mit einem Streulichtmikroskop zu rekonstruieren [80, 86, 78]. Dies ermöglicht zwar die direkte Beobachtung der Streuung auf mikroskopischer Ebene wie auch die Berücksichtigung der ϕ-Abhängigkeit der Phasenfunktion von strukturiertem Gewebe, es können jedoch nur Teile von θ in Rückstreurichtung gemessen werden.

Im nächsten Kapitel werden die Ergebnisse der goniometrischen Messung der Phasenfunktion $p(\theta,\phi)$ von drei verschiedenen Gewebetypen vom Schwein präsentiert. Es wurden jeweils die zwei Hauptstrukturrichtungen des Gewebes untersucht. Neben den Messergebnissen und der Strukturaufklärung der verschiedenen Gewebe anhand von mikroskopischen Aufnahmen wird eine Fehleranalyse durchgeführt. Problematisch bei der Messung der Phasenfunktion ist insbesondere die hohe Streuung und die große Anisotropie in biologischem Gewebe. Deshalb müssen die Messungen an sehr dünnen Gewebeschnitten erfolgen, was eine Reihe von Fehlerquellen mit sich bringt. Wie bereits in Kapitel 4.5 beschrieben, ist in biologischem Gewebe höchstwahrscheinlich nicht die Phasenfunktion der Einzelstreuer zugänglich, sondern nur die Ensemble-Phasenfunktion der streuenden Strukturen im gegenseitigen Nahfeld. Um eine Berechnung von makroskopischen Volumen zu ermöglichen, muss erneut aus den Messungen die Ensemble-Phasenfunktion rekonstruiert werden. Mit Messungen der ortsaufgelösten Reflektanz kann überprüft werden, ob die Ergebnisse der goniometrischen Messung und der kollimierten Transmission auch die Lichtausbreitung in makroskopischen Volumen beschreiben. Nach der Beseitigung der offenen Fragestellungen sollte in naher Zukunft das Ziel sein, einen Atlas der Phasenfunktionen der wichtigsten menschlichen Gewebearten zu präsentieren. Dies wäre ein großer Schritt für den Bereich der Biophotonik.

4.8.1 Präparation

Bei der Bestimmung der optischen Eigenschaften von biologischem Gewebe gibt es eine große Anzahl von möglichen Fehlerquellen. Diese Fehler sind häufig weit größer als die eigentlichen Unterschiede der biologischen Gewebe selbst. Da die Messung der optischen Eigenschaften zumeist ex vivo an Gewebesektionen durchgeführt werden, ist eine der größten Fehlerquellen die Präparation des Gewebes. Es gibt viele Parameter der Präparation, die die Messung der Gewebeeigenschaften beeinflussen. Dazu zählen:

- Druck (z.B. Anpressdruck der Messfaser oder Küvette)
- Temperatur (z.B. bei Gefrierschnitten)
- Zeitdauer seit der Sektion
- Umgebungsmedium (z.B. Wasser/Luft)
- Osmose (z.B. in isotonischer Lösung)
- Blutinhalt (z.B. Blutverlust nach der Schlachtung)

4.8 Weichgewebe

- Schnittkanten (z.B. Rauheit)

- Probengeometrie (z.B. Oberflächenkrümmung, Dicke).

Je nach Messmethode wirken sich die verschiedenen Parameter unterschiedlich aus. Bei der ortsaufgelösten Reflektanz ist z.b. der Einfluss der Schnittkanten von eher untergeordneter Bedeutung. Sehr viel mehr beeinflusst hier die Probengeometrie die Genauigkeit der Messung. Je nach Messmethode werden unterschiedliche Probengeometrien benötigt. Bei der ortsaufgelösten Reflektanz benötigt man ein semiinfinites Medium, bei Ulbrichtkugelexperimenten werden gleichmäßig dicke Schnitte ($d \sim$ einige mm) und bei der kollimierten Transmission und goniometrischen Messung werden sehr dünne Schnitte benötigt ($d \sim$ einige µm). Zur Präparation werden die unterschiedlichsten Techniken verwendet. Diese reichen von der Kryo-Homogenisierung (Einfrieren und Zermörsern) des untersuchten Gewebes über Schnitte mit einem Dermatom bis hin zu Gefrierschnitten. Einen guten Überblick zur Präparation von biologischem Gewebe und deren Auswirkung auf die optischen Eigenschaften gibt eine Arbeit von Roggan et al. [82].

Alle Messungen in dieser Arbeit wurden innerhalb weniger Stunden an Sektionen von frisch geschlachteten Tieren durchgeführt. Roggan et al. fanden keine signifikante Änderung der optischen Eigenschaften innerhalb der ersten 24 Stunden nach der Schlachtung. Es wird jedoch erwartet, dass die Absorption der Gewebe durch den Blutverlust nach der Schlachtung, im Vergleich zu in vivo Messungen, deutlich reduziert ist.

Delikat ist dabei insbesondere die Präparation von sehr dünnen Schnitten von biologischem Weichgewebe. Aufgrund des hohen Streukoeffizienten des Gewebes benötigt man für goniometrische Messungen mikroskopisch dünne Schnitte. Zu diesem Zweck wurde in dieser Arbeit ein Kryo-Mikrotom (Leica CM1900) verwendet. Das Gewebe wurde vor dem Schnitt mit flüssigem Stickstoff auf 77 K schockgefroren. In diesem Zustand lässt es sich nicht schneiden und muss erst wieder auf ca. -25°C erwärmt werden. In Abbildung 4.41 ist ein Beispiel für die Oberflächenstruktur eines Gefrierschnitts zu sehen. Die meisten Messungen wurden an Schnitten mit einem Durchmesser von 20 µm durchgeführt. Aufgrund der Strukturgrößen im Gewebe, z.B. Zellkerndurchmesser von ca. 15 µm, erscheint es nicht sinnvoll, noch dünnere Schnitte anzufertigen.

Randeffekte durch das Schneiden können nicht vollständig vermieden werden. Durch die richtige Wahl der Schnittparameter, wie Temperatur und Schnittgeschwindigkeit, wurde jedoch versucht, diese so weit wie möglich zu verringern. Das Gewebe ist jedoch bei den niedrigen Temperaturen recht spröde. Wie in Abbildung 4.41 (b) zu sehen ist, kommt es immer wieder vor, dass Faserstränge brechen. Bei der Messung wurde soweit wie möglich darauf geachtet, intakte Bereiche zu messen.

Es sei am Rande darauf hingewiesen, dass jede andere Methode, außer dem Schockgefrieren, zu vollkommen inakzeptablen Ergebnissen führte. Beim langsamen Einfrieren der Proben z.B. bei -20°C entstehen Eiskristalle in dem Gewebe, die die gesamte Struktur des Gewebes zerstören. Nach dem Schnitt ist nur eine gallertartige Masse auf dem Objektträger zu erkennen.

4 Ergebnisse

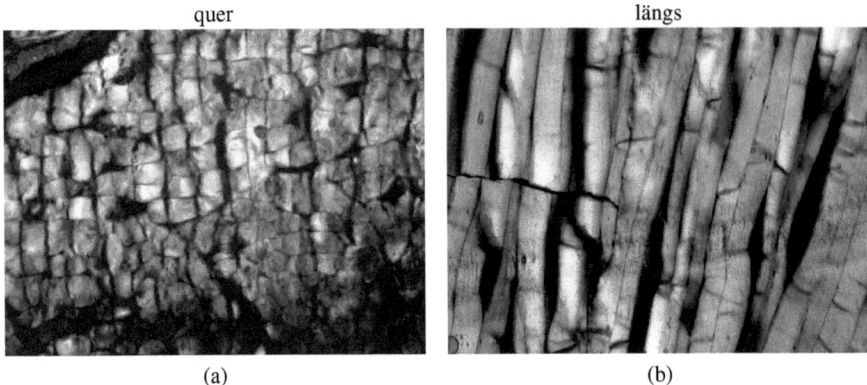

(a) quer (b) längs

Abb. 4.41: Polarisationskontrastaufnahme der Oberfläche von Gefriermikrotomschnitten von Skelettmuskulatur. a) Der Schnitt erfolgte quer zu der Faserrichtung; b) Schnitt ist längs der Faserrichtung.

Die eingefrorenen Proben und die Schnitte selbst entwickeln sehr schnell "Gefrierbrand". Die Zeit zwischen dem Einfrieren, Schneiden und Messen sollte demzufolge möglichst kurz gehalten werden. Die Gewebeschnitte wurden sofort nach dem Schnitt in eine Küvette mit 0,9%-iger isotonischer Kochsalzlösung gebracht und vermessen.

4.8.2 Muskel

Die Skelettmuskulatur macht etwa 40% des gesamten Körpergewichts des Mannes aus. Bei einem Wassergehalt von über 70% besitzen Skelettmuskeln eine Dichte von etwa 1,05 g/ml und der Brechungsindex des Gewebes wird zu 1,40 angenommen [15]. Die Skelettmuskulatur ist aus einzelnen Fasersträngen aufgebaut (siehe Abbildung 4.42 (a)) und ist demzufolge ein gutes Beispiel für eine gerichtete Struktur in biologischem Gewebe. Im Innersten ist der Muskel aus einzelnen Aktin- und Myosinfilamenten aufgebaut, welche ineinander verschiebbar gelagert sind und so die Bewegung ermöglichen. Ein Schnitt durch eine solche Faser ist in Abbildung 4.42 (b) zu sehen. Die Aktin- und Myosinfilamente besitzen einen Durchmesser von etwa 12 nm und bilden im Muskel eine dichtgepackte Struktur, welche im Innersten zu dicht ist, um große Mengen Licht zu streuen.

Die Skelettmuskulatur wird auch als quergestreifte Muskulatur bezeichnet, da in Längsrichtung des Muskels eine weitere Strukturierung erkennbar ist. Die Aktin- und Myosinfilamente werden durch sogenannte z-Scheiben zusammengehalten. Diese z-Scheiben bilden zusammen mit den etwas weniger dichten A-Banden, in denen sich die Filamente befinden, ein gleichmäßiges Streifenmuster. Dieses Streifenmuster ist, wie in Abbildung 4.43 (a), bei ausreichender Vergrößerung unter dem Mikroskop gut zu erkennen. Bei Lichtstreuexperimenten entstehen durch das Streifenmuster, wie später gezeigt

142

4.8 Weichgewebe

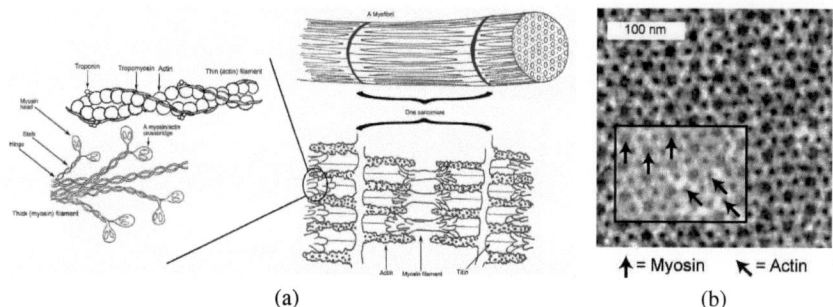

(a) (b)

Abb. 4.42: a) Schematischer Aufbau der Skelettmuskulatur. Die einzelne Muskelfaser besteht aus Aktin- und Myosinfilamenten [100]; b) Elektronenmikroskopische Aufnahme eines Querschnitts durch eine Muskelfaser. In der dichtgepackten Struktur sind einzelne Aktin- und Myosinfilamente markiert. Sie besitzen in dieser Aufnahme einen Durchmesser von etwa 12 nm (mit freundlicher Genehmigung von Karyn Esser, Skeletal Muscle Biology Lab).

werden kann, Beugungseffekte wie an einem Gitter.

Das Licht wird im Muskel demnach hauptsächlich an den Fasergrenzen, der Bandenstruktur und an den Zellkernen und Organellen des Muskels gestreut. Wie in Abbildung 4.43 (a) ersichtlich ist, sind die Muskelfaserzellen mehrkernig. Diese Zellkerne gruppieren sich an den Faserrändern, sind oval und besitzen Längen von etwa 15 µm. Vergleichsweise wurde auch die Streuung an der Herzmuskulatur eines Schweins vermessen. Das Herz unterliegt zwar nicht der willkürlichen Steuerung durch das Gehirn, es besitzt jedoch einige Eigenschaften der quergestreiften Muskulatur.

Im Gegensatz zu der normalen quergestreiften Muskulatur besitzt der Herzmuskel jedoch auch einige Eigenschaften der glatten Muskulatur. Insgesamt erscheint die Herzmuskulatur des Schweins dichter und sie besitzt eine größere Anzahl von Verzweigungen. Die Querstreifung des Herzmuskels war bei gleichem Vergrößerungsmaßstab nicht zu erkennen (siehe 4.43 (b)). Die spätere goniometrische Messung legt nahe, dass die Abstände der Querstreifung im Schweineherz sehr viel kleiner sein müssen als in der Skelettmuskulatur. Elektronenmikroskopische Aufnahmen aus Sobotta/Hammersen [37] zeigen an der völlig erschlafften Herzmuskulatur eine Bandenstruktur mit 1,5 µm Periodenlänge (Meerschweinchen, Abb. 189 in [37]), wohingegen die vollständig erschlaffte Skelettmuskulatur eine Periodenlänge der Bandenstruktur von 2,78 µm aufweist (Goldhamster, Abb. 195 in [37]).

Messungen der Skelettmuskulatur

Die Skelettmuskulatur wurde zur Messung im Goniometer und der kollimierten Transmission in 20 µm dünne Gefrierschnitte nach der Vorgehensweise aus Kapitel 4.8.1 präpariert. Die Schnitte wurden in einer dünnen Glasküvette, wie in den vorangegangenen Kapiteln beschrieben, gehaltert. Das Goniometer wurde mit Wasser zur Brechungsindexanpassung gefüllt. Es wurde jeweils ein Schnitt zur Messung verwendet und der direkt darauffolgende Schnitt wurde in einem Phasenkontrastmikroskop

4 Ergebnisse

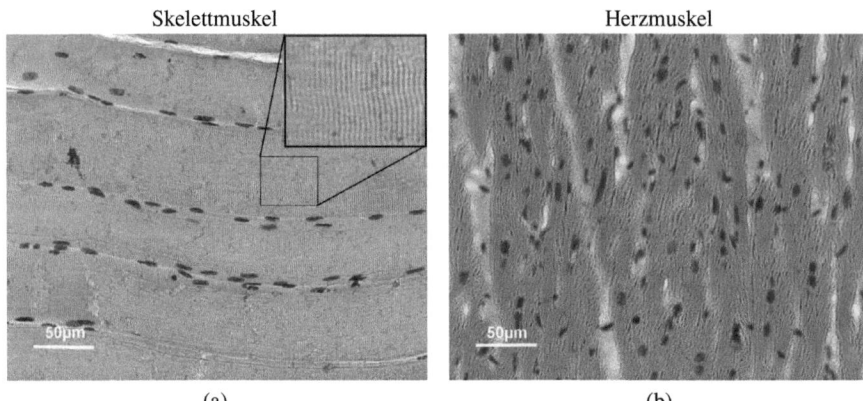

(a) (b)

Abb. 4.43: Abgebildet sind Hämatoxylin-Eosin-gefärbte Gefrierschnitte von: a) Skelettmuskulatur (Schweinerücken); b) Herzmuskulatur (linke Herzkammer). Hämatoxylin färbt saure Strukturen wie z.b. DNA im Zellkern blau. Das Eosin färbt basische Strukturen rot, z.B. die Muskelfilamente.

untersucht (siehe Abbildung 4.44).

Es wurden jeweils Schnitte quer sowie längs zur Muskelfaser angefertigt. In Abbildung 4.44 (a) sind bei dem quer geschnittenen Präparat gut die einzelnen Muskelfasern zu erkennen. In Abbildung 4.44 (b) sind die Fasern samt der charakteristischen Querstreifung zu sehen.

Bei der goniometrischen Messung zeigen sich, wie zu erwarten, große Unterschiede der Phasenfunktion in Abhängigkeit der Orientierung der Faserrichtung. In Abbildung 4.45 sind die Messungen der beiden Hauptrichtungen aufgetragen. Oben ist jeweils die vordere Hemisphäre und unten die rückwärtige aufgetragen. Die Präparation quer zur Muskelfaser resultiert in einer scheinbar rotationssymmetrischen Phasenfunktion (siehe Abschnitt 4.8.4), die Präparation längs zur Muskelfaser zeigt eine ausgeprägte ϕ-Abhängigkeit der Phasenfunktion. Bei der Präparation längs der Faser sind deutlich die Beugungserscheinungen zu erkennen, welche durch die Querstreifung der Muskelfaser entstehen. Das erste Maximum der Beugung liegt bei $\theta = 14°$, das zweite bei $\theta = 28,5°$. Unter Annahme von $g_k = m \cdot \lambda / \sin(\theta)$ ergibt sich die Gitterkonstante der Querstreifung zu $g_k = 2,7\,\mu m$, was sich im Rahmen der Präparationsunterschiede mit den Mikroskopaufnahmen deckt (Goldhamster, Abb. 195 in [37] war 2,78 µm). Senkrecht zur Faser, in der Abbildung in Richtung $\phi = 120°$ und $\phi = 300°$, ist die charakteristische Zylinderstreuung an den Muskelfasern erkennbar.

Die Reflexionen der Glasküvette wurden, wie in Kapiteln 3.2.2 beschrieben, herausgerechnet. An den für die Messung unzugänglichen Stellen wurde die Phasenfunktion, wie in Kapitel 3.2.5 beschrieben, extrapoliert. Jedoch wurden die ersten fünf Grad der Phasenfunktion nicht, wie zuvor beschrieben, mit dem Fit einer Reynolds-McCormick Phasenfunktion extrapoliert, sondern mit einer einfachen exponentiellen Funktion. Die Näherung zur Korrektur der Mehrfachstreuung in der Küvette aus

4.8 Weichgewebe

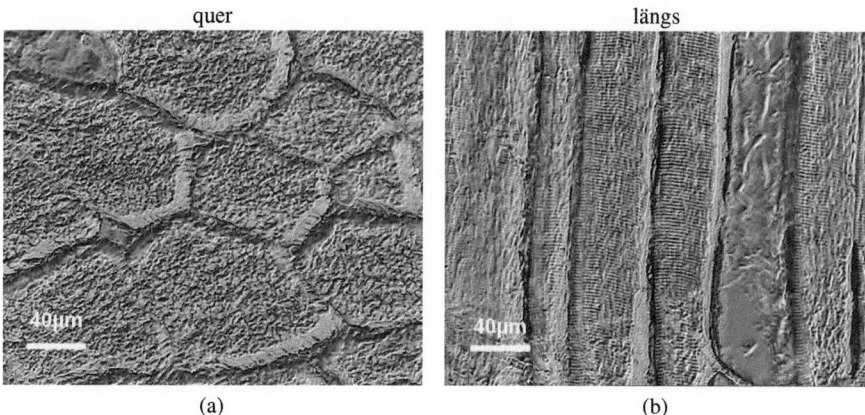

Abb. 4.44: Phasenkontrastmikroskopbild der Gefrierschnitte ($d=20\,\mu$m) vor der Messung (darauffolgender Schnitt, fixiert). Die Phasenkontrastmikroskopie zeigt die Wegunterschiede des Lichts durch das Präparat. Skelettmuskulatur des Schweins, Schnitt quer zur Faserrichtung (a) und längs zur Faserrichtung (b).

Kapitel 4.5 konnte aufgrund des hohen Streukoeffizienten und der großen Anisotropie des Gewebes nicht verwendet werden. Dazu müsste die Methode erst an Monte-Carlo-Simulationen verrifiziert werden. Dazu fehlt momentan jedoch noch ein adäquates physikalisches Modell des betrachteten Gewebes. Eine genauere Betrachtung des Fehlers durch die Mehrfachstreuung in der Küvette gibt Kapitel 4.8.5.

Messung der Herzmuskulatur

Wie zuvor wurden Gefrierschnitte der Herzmuskulatur eines Schweins angefertigt. In den Phasenkontrastmikroskopaufnahmen in Abbildung 4.46, die vor der Messung angefertigt wurden, sind im Gegensatz zur Skelettmuskulatur, weniger ausgeprägte Unterschiede zwischen den beiden Schnittrichtungen erkennbar.

Die Proben wurden in gleicher Art und Weise im Goniometer vermessen (siehe Abbildung 4.47). Wie zuvor zeigt die Präparation quer zur Faserrichtung eine scheinbar rotationssymmetrische Phasenfunktion, wohingegen bei der Längspräparation eine gewisse ϕ-Abhängigkeit erkennbar ist. Es ist ein einzelner Beugungspeak bei $\theta=44°$ zu erkennen, der vermutlich durch die innere Struktur des Muskels entsteht. Die Gitterkonstante der Querstreifung müsste demzufolge deutlich kleiner als bei der Skelettmuskulatur sein und etwa $g_k = 0{,}94\,\mu$m entsprechen (Meerschweinchen, Abb. 189 in [37] war 1,5μm). Da in den Präparaten des Herzmuskels selbst unter dem Mikroskop die Faserrichtung nicht zu erkennen ist, gestaltete sich die Präparation in Längs- und Querschnitte deutlich schwieriger. Es ist wahrscheinlich, dass die Längsschnitte nicht genau parallel zur Faserrichtung geschnitten wurden.

4 Ergebnisse

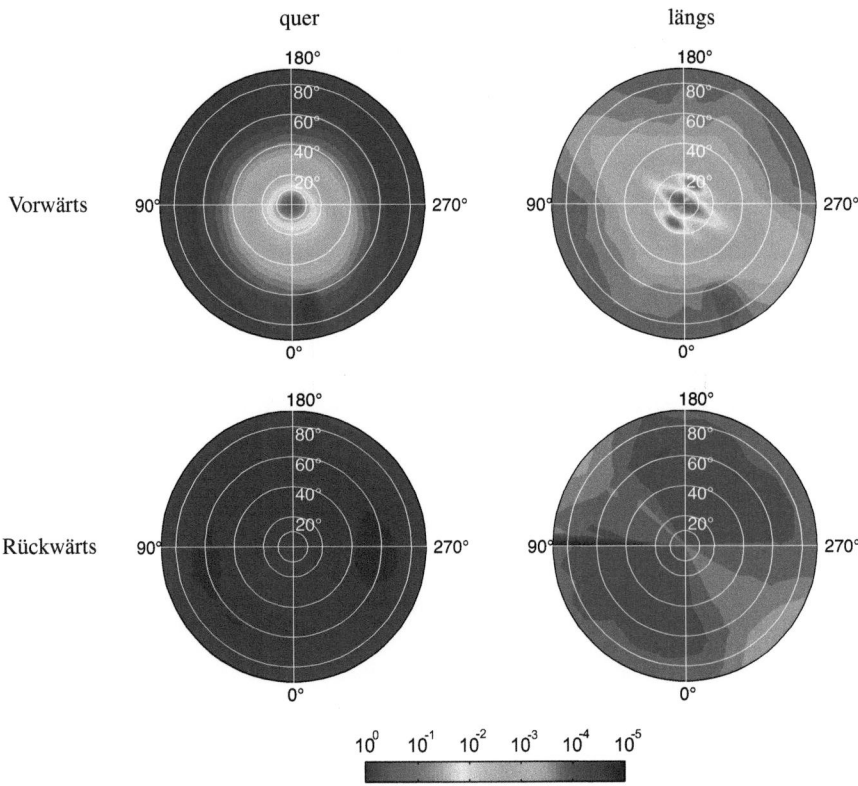

Abb. 4.45: Aufgetragen sind die Messungen der Phasenfunktion von Skelettmuskulatur für die beiden Hauptrichtungen der Faserorientierung. An Schweinerücken, $d = 20\,\mu m$, $\lambda = 650\,nm$, unpolarisiert.

4.8 Weichgewebe

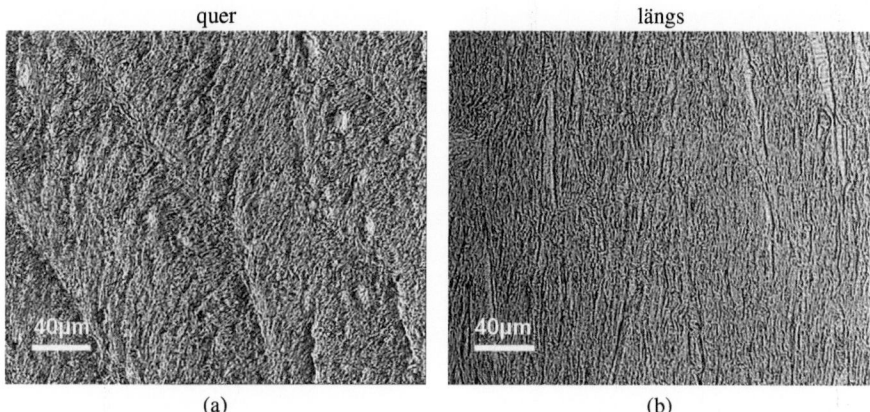

quer   längs

(a)   (b)

Abb. 4.46: Phasenkontrastmikroskopbild der Gefrierschnitte (d = 20 μm) vor der Messung (darauffolgender Schnitt, fixiert). Herzmuskulatur des Schweins, Schnitt quer zur Faserrichtung (a) und längs zur Faserrichtung (b).

4.8.3 Leber

Als ein Beispiel für ein Gewebe ohne gerichtete Strukturierung wurden Gefrierschnitte und Messungen an Schweineleber durchgeführt. In Abbildung 4.48 (a) ist eine HE-Färbung eines Gefrierschnitts von Schweineleber gezeigt. Die Leber besitzt eine schwammartige Struktur und beherbergt, wie hier zu sehen, eine große Anzahl von Zellkernen. Im Vergleich zu den beiden Muskeltypen besitzen die Zellkerne wesentlich kleinere Abstände. Die Phasenkontrastmikroskopie zeigt recht deutlich die schwammartige Struktur des Gewebes. Es gibt in der Leber keine Vorzugsrichtung, demzufolge wurde nicht zwischen Längs- und Querschnitten unterschieden.

Die Messung der Phasenfunktion der Leber, dargestellt in Abbildung 4.49, zeigt eine rotationssymmetrische Streuung der Probe.

4.8.4 Optische Eigenschaften

Es wurden von jedem Präparat (siehe Abbildungen 4.49, 4.47 und 4.45) jeweils drei Schnitte angefertigt und drei Messungen der Phasenfunktion durchgeführt. Aus jeder Messung wurde der g-Faktor der Anisotropie durch das Integral über den gesamten Raumwinkel nach Formel 2.64 berechnet. Die Anisotropie in biologischem Gewebe ist im Vergleich zu den bereits gemessenen Gewebeersatzmodellen aus Kapitel 4.4 recht hoch. Dies resultierte in einer hohen Dynamik der Phasenfunktionen. In Tabelle 4.13 sind die Anisotropie-Koeffizienten samt Standardabweichung angegeben. Die drei Gewebearten zeigen deutliche Unterschiede in ihren Phasenfunktionen. Von besonderem Interesse ist hier der Unterschied zwischen der Längs- und Querpräparation der Muskelfasern.

4 Ergebnisse

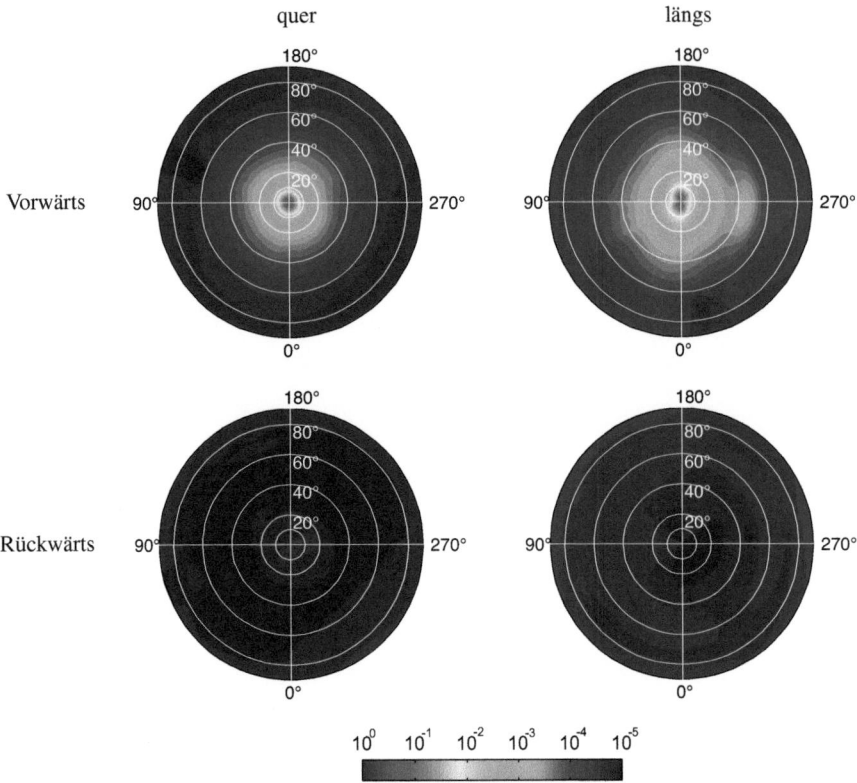

Abb. 4.47: Aufgetragen sind die Messungen der Phasenfunktion von Herzmuskulatur für die beiden Hauptrichtungen der Faserorientierung. An Schweineherz, linke Herzkammer, $d = 20\,\mu m$, $\lambda = 650\,nm$, unpolarisiert.

Tab. 4.13: Anisotropie-Koeffizient (Integral über den gesamten Raumwinkel) als Mittel aus jeweils drei Messungen für die verschiedenen Gewebe sowie die Koeffizienten g_0 und A_g für die Berechnung der ϕ-Abhängigkeit der Phasenfunktion (exemplarisch aus je einer Messung).

	Skelettmuskulatur		Herzmuskulatur		Leber
	quer	längs	quer	längs	-
g-Faktor*	0,915±0,028	0,876±0,030	0,957±0,011	0,912±0,003	0,8582±0,006
g_0*	0,880	0,860	0,945	0,900	-
A_g	0,030	0,030	0,010	0,060	-

*Da die Mehrfachstreuung in den Gewebeschnitten bisher nicht korrigiert werden konnte wird der Anisotropie-Koeffizient unterschätzt (siehe Kapitel 4.8.5).

4.8 Weichgewebe

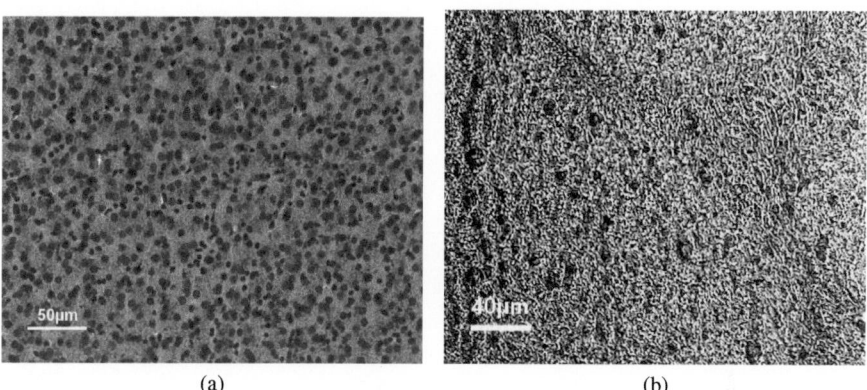

(a)   (b)

Abb. 4.48: a) HE-Färbung des Gefrierschnitts von Schweineleber; b) Phasenkontrastmikroskopiebild des Gefrierschnitts von Schweineleber.

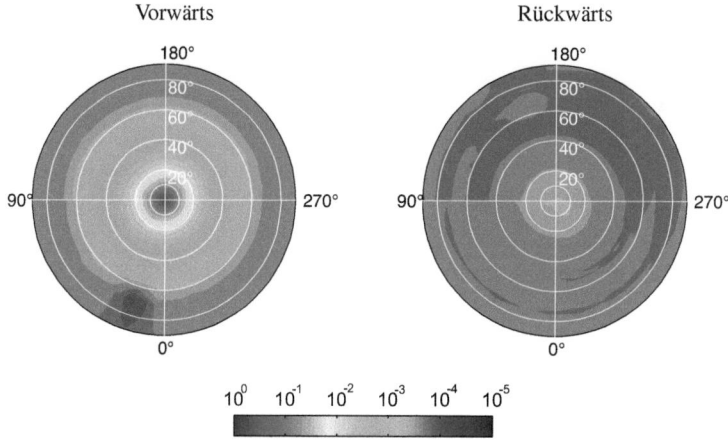

Abb. 4.49: Aufgetragen ist die Messung der Phasenfunktion von Schweineleber. An Schweineleber, $d = 20\,\mu m$, $\lambda = 650\,nm$, unpolarisiert.

4 Ergebnisse

Die Phasenfunktionen der Muskelgewebe weisen eine starke ϕ-Abhängigkeit auf. Für die fünf Messungen aus den Abbildungen 4.45, 4.47 und 4.49 wurde für jeden ϕ-Winkel nach Formel 2.65 der g-Koeffizient einer rotationssymmetrischen Phasenfunktion berechnet. In Abbildung 4.50 sind die g-Koeffizienten gegen den ϕ-Winkel aufgetragen.

Der Verlauf des g -Koeffizienten weist für die Muskelgewebe eine Periodizität mit doppelter Kreisfrequenz auf und lässt sich mit folgender Formel beschreiben:

$$g(\phi) = g_0 + A_g \cdot sin(2\phi). \tag{4.14}$$

In Tabelle 4.13 wurden für die zwei Faserrichtungen jeweils für Herz und Skelettmuskel die Parameter g_0 und A_g gegeben. Die Periodizität mit doppelter Kreisfrequenz erklärt sich bei der Längspräparation der Skelettmuskulatur daraus, dass senkrecht zur Zylinderstreuung die Beugung an der inneren Struktur der Muskelfasern entsteht. An einem einfachen unstrukturierten Zylinder würde man eine Periodizität mit einfacher Kreisfrequenz erwarten. Interessanterweise tritt, insbesondere bei der Skelettmuskulatur, auch bei der Querpräparation eine Periodizität mit doppelter Kreisfrequenz auf. Mithilfe der Henyey-Greenstein-Phasenfunktion, den Koeffizienten aus Tabelle 4.13 und Formel 4.14 ergibt sich somit ein Modell zur einfachen Annäherung der Phasenfunktion $p(\theta, \phi)$ für die beiden Hauptrichtungen der Einstrahlung.

Bei den Leberpräparaten konnte keine Periodizität festgestellt werden, was sich durch den isotropen Aufbau des Gewebes erklärt. Für die Leber kann die Phasenfunktion $p(\theta, \phi)$ in guter Näherung als unabhängig von ϕ angenommen werden. In Abbildung 4.51 ist die Phasenfunktion $p(\theta)$ mit der Standardabweichung aus der Mittelung über ϕ aufgetragen. Die angefittete Reynolds-McCormick Phasenfunktion zeigt eine gute Übereinstimmung. Aufgrund der ϕ-Abhängigkeit der Phasenfunktion der Skelettmuskulatur erübrigt es sich, eine gemittelte Phasenfunktion anzugeben. Wegen der geringen Periodizität der Längspräparation der Herzmuskulatur konnte diese vergleichsweise ausgewertet werden. Auch die Längspräparation der Herzmuskulatur lässt sich gut mit der Reynolds-McCormick Phasenfunktion anfitten.

Zusätzlich zu den goniometrischen Messungen wurden auch Messungen der ortsaufgelösten Reflektanz durchgeführt. Unglücklicherweise konnte aufgrund der hohen Absorption in Leber und dem Schweineherz in diesen Geweben keine verlässliche Messung durchgeführt werden. Für die Rückenmuskulatur ergab die Messung jedoch eine gute Reproduzierbarkeit. Die ortsaufgelöste Reflektanz $R(\rho, \varphi)$ zeigt eine starke φ-Abhängigkeit aufgrund der gerichteten Strukturen in dem untersuchten Gewebe. Das Licht breitet sich entlang der Fasern in dem Gewebe bevorzugt aus [45, 66].

Die Messung $R(\rho, \varphi)$ wurde jeweils, wie in Kapitel 3.3 beschrieben, über φ gemittelt. Dies kann nur als Näherung verstanden werden und führt je nach Ausprägung der gerichteten Strukturen zu Fehlern [51]. Die Messung wurde sowohl für parallel zur Oberfläche liegende Fasern wie auch für senkrecht zur Oberfläche orientierte Fasern, jeweils an fünf verschiedenen Stellen, durchgeführt. Zwischen den beiden Orientierungen ergaben sich, bedingt durch die Mittelung über φ, keine signifikanten Un-

4.8 Weichgewebe

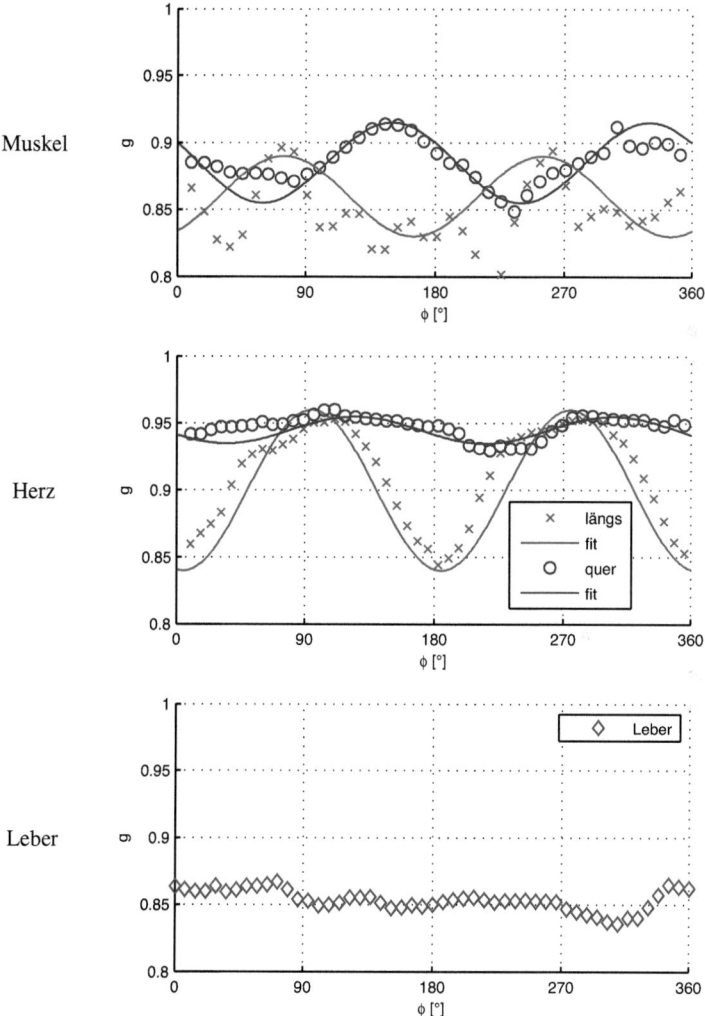

Abb. 4.50: Richtungsabhängigkeit des Anisotropie-Koeffizienten für die drei Gewebearten mit $\lambda = 650$ nm, unpolarisiert.

4 Ergebnisse

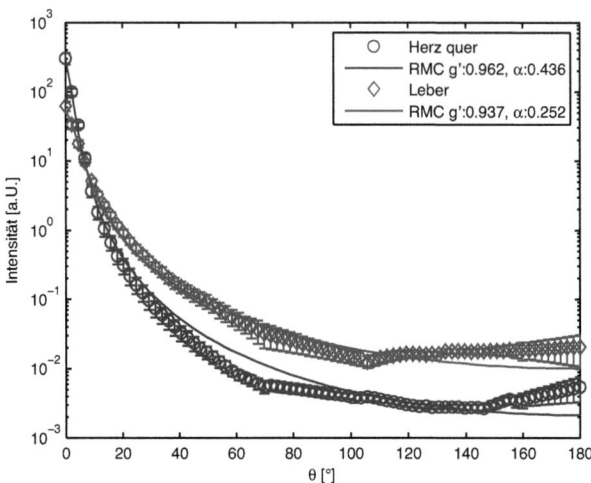

Abb. 4.51: Phasenfunktion von Leber und zum Vergleich Schweineherz, längs geschnitten, gemessen mit $\lambda = 650$ nm, unpolarisiert.

terschiede. In Tabelle 4.14 sind die optischen Eigenschaften als Mittel aus diesen zehn Messungen gegeben. Aus den Messungen ergibt sich in Kombination mit den ermittelten Anisotropie-Koeffizienten näherungsweise der richtungsabhängige Streukoeffizient.

4.8.5 Fehlerabschätzung

Wie bereits erwähnt wurde aus den Messergebnissen die Reflexion der Küvettenwände herausgerechnet und die unzugänglichen Bereiche wurden extrapoliert. Die Effekte durch Mehrfachstreuung in Gewebeschnitten konnten noch nicht rekonstruiert werden. Wie in Kapitel 3.2.6 hergeleitet,

Tab. 4.14: Reduzierter Streukoeffizient und Absorption von Skelettmuskel ($\lambda = 650$ nm). Mit dem g-Faktor der goniometrischen Messung kann der Streukoeffizient berechnet werden. Aufgrund der Richtungsabhängigkeit der Anisotropie divergiert der Streukoeffizient zwischen Längs- und Querpräparationen stark.

Ortsaufgelöste Reflektanz		Goniometer	Berechnet
$\mu_s'[\text{mm}^{-1}]$	$\mu_a[\text{mm}^{-1}]$*	g_l längs und g_q quer	μ_{sl}** und μ_{sq}** [mm^{-1}]
0,4335±0,0163	0,0212±0,0011	$g_l = 0{,}876\pm 0{,}03$; $g_q = 0{,}915\pm 0{,}03$	$\mu_{sl}\, 3{,}5\pm 1$; $\mu_{sq} = 5{,}1\pm 2$

*wird aufgrund des Blutverlustes durch die Schlachtung bei der in vitro Messung deutlich unterschätzt.
**kann nur näherungsweise angegeben werden, da μ_s' nicht richtungsabhängig gemessen wurde und wird höchstwahrscheinlich unterschätzt.

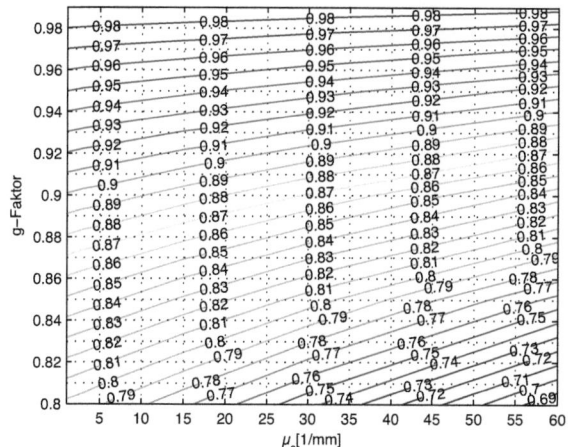

Abb. 4.52: Absoluter Fehler im g-Faktor bei der Messung in einer 20 µm dicken Küvette (Monte-Carlo-Simulation $b = 0{,}5$, $d = 0{,}02$).

führt die Geometrie der Küvette in Abhängigkeit des Streukoeffizienten der Probe zum Auftreten von Mehrfachstreuung, die die Messung verfälscht. Die Näherung aus Kapitel 3.2.6 führte bei den Gewebsschnitten zu unbefriedigenden Ergebnissen, da die Streuung der Probe zu hoch ist und die Phasenfunktion eine sehr große Anisotropie aufweist. Die Methode müsste erneut an Monte-Carlo-Simulationen validiert werden. Dazu fehlt aktuell leider noch ein adäquates physikalisches Modell der Streuung im Gewebe.

Da insbesondere auch der genaue Streukoeffizient des Gewebes unbekannt ist, kann der Fehler nur abgeschätzt werden. Zur Abschätzung wurden Monte-Carlo-Simulationen für verschiedene Streukoeffizienten und Anisotropie-Koeffizienten in dem 20 µm dicken Gewebeschnitt durchgeführt. Zur Berechnung wurde eine einfache Henyey-Greenstein-Phasenfunktion verwendet. In Abbildung 4.52 ist der Konturplot der Berechnungen gezeigt. Aufgetragen ist jeweils der aus einem Paar von optischen Parametern (μ_s und g) resultierende „scheinbare" Anisotropie-Koeffizient. Umgekehrt kann aus den Schnittpunkten der Konturlinien näherungsweise der Fehler der Messung abgelesen werden. Die Mehrfachstreuung führt zu einer Verringerung der gemessenen Anisotropie der Probe. Je höher der Streukoeffizient ist, desto größer ist der Effekt.

Wenn eine Messung einen Anisotropie-Koeffizienten von 0,89 ergibt und der Streukoeffizient bekanntermaßen $35\,\text{mm}^{-1}$ wäre, so ergäbe sich der eigentliche g-Faktor der Probe tatsächlich zu 0,92. Die Messungen unterschätzen demzufolge den g-Faktor. Zur genauen Berechnung müsste der Streukoeffizient bekannt sein.

Diskussionswürdig ist die Messung des Extinktionskoeffizienten mit der kollimierten Transmission an dünnen Gefrierschnitten des Gewebes. Da im Fall der Skelettmuskulatur der gemessene Extinktionskoeffizient ($\mu_t > 40\,\text{mm}^{-1}$) sehr viel größer als der Absorptionskoeffizient ($\mu_a \sim 0{,}02\,\text{mm}^{-1}$) ist, wird im folgenden vereinfachend $\mu_s = \mu_t$ angenommen.

Die Messung des Streukoeffizienten ergibt im Vergleich zu den Ergebnissen aus Tabelle 4.14 viel zu hohe Werte. Die Verknüpfung der Messung der kollimierten Transmission mithilfe der goniometrischen Messung mit der ortsaufgelösten Reflektanz über $\mu_s' = \mu_s(1-g)$ ergibt kein zufriedenstellendes Ergebnis. Bei der näheren Untersuchung der Fehlerquellen wurde schnell ersichtlich, dass die Messung des Streukoeffizienten mit der kollimierten Transmission stark abhängig von der Dicke des Gefrierschnitts ist. In Abbildung 4.53 ist eine Messreihe von Gefrierschnitten der Skelettmuskulatur des Schweins mit Dicken von 10 µm bis 60 µm gegeben. Die Standardabweichung wurde aus der Messung von jeweils drei Schnitten berechnet.

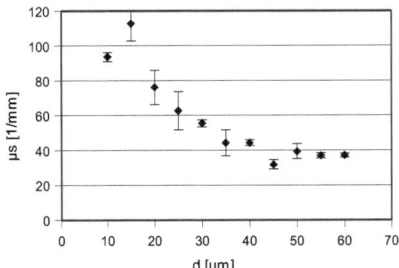

Abb. 4.53: Streukoeffizient aus der Messung der kollimierten Transmission von Schnitten der Skelettmuskulatur des Schweins.

Es gibt drei mögliche Ursachen für den Abfall des Streukoeffizienten. Es wäre möglich, dass dickere Schnitte zu einem Anstieg abhängiger Streuung führen, wie es in Kapitel 4.5 ersichtlich war. Weiterhin könnten für dünnere Schnitte die Randeffekte, die durch das Schneiden der Probe entstehen, zunehmen und eine höhere Streuung verursachen. Am wahrscheinlichsten ist jedoch, dass mit zunehmender Dicke immer stärker Mehrfachstreuung auftritt und die Messung verfälscht.

Mit einer Monte-Carlo-Simulation kann für beliebige Küvettendicken, Streukoeffizienten und Anisotropie Koeffizienten aus dem Integral des differenziellen Streuquerschnitts über den Raumwinkel der Fehler durch die Mehrfachstreuung bei der Messung der kollimierten Transmission abgeschätzt werden. In Abbildung 4.54 sind die Ergebnisse dieser Rechnungen gezeigt. Es wurden Küvettendicken von 1 µm - 200 µm für einen Anisotropie-Koeffizienten von 0,95 und Streukoeffizienten von 5 mm^{-1} - 60 mm^{-1} berechnet. Die Messung von Streukoeffizienten über 30 mm^{-1} wird selbst bei Schichtdicken von 1 µm bereits von der Mehrfachstreuung beeinflusst. Für steigende Durchmesser der Proben fällt, insbesondere bei hochstreuenden Medien, der mit der kollimierten Tranmission ermittelte Streukoeffizient ähnlich wie in Abbildung 4.53 zu sehen stark ab.

4.8 Weichgewebe

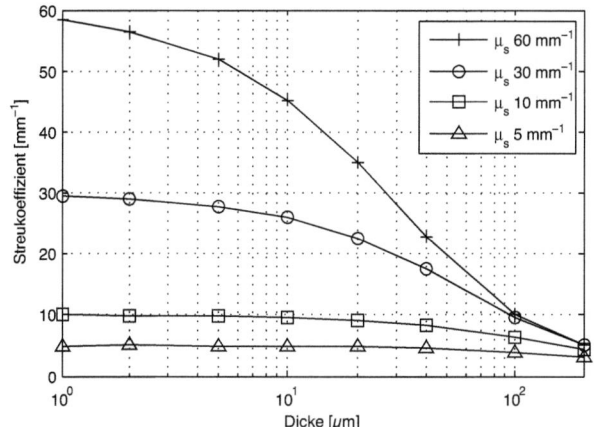

Abb. 4.54: Streukoeffizient von Schnitten biologischen Gewebes.

4.8.6 Zusammenfassung

Es wurde mit einem Zweiachsen-Goniometer an 20 µm dicken Gefrierschnitten die Phasensenfunktion $p(\vec{s}, \theta, \phi)$ verschiedener Gewebeproben vom Schwein vermessen. Die Phasenfunktion ist abhängig von der Einstrahlrichtung $\vec{s}$ und den beiden Streuwinkeln ϕ und θ. Es wurden erste Ergebnisse der Messung der Phasenfunktion $p(\vec{s}, \theta, \phi)$ von Skelettmuskulatur, Herzmuskulatur und Leber präsentiert. Bei den beiden Muskelgeweben wurden die beiden Haupt-Strukturrichtungen durch Gefrierschnitte längs und quer zur Faser berücksichtigt. Bei beiden Muskelgeweben konnte so eine deutliche Abhängigkeit der Phasenfunktion $p(\vec{s}, \theta, \phi)$ von der Einstrahlrichtung $\vec{s}$ wie auch von beiden Streuwinkeln ϕ und θ gezeigt werden. Das Lebergewebe zeigt weder unter dem Mikroskop noch bei der goniometrischen Messung gerichtete Strukturen. Die Phasenfunktion der Leber ist demzufolge nur von θ abhängig: $p(\theta)$.

Die Streuung an den Längsschnitten der Skelettmuskulatur zeigt eine ϕ-Periodizität, welche mit doppelter Kreisfrequenz verläuft. Dies ist auf die Streuung an den zylinderförmigen Strukturen der Muskelfaser und der senkrecht dazu erfolgenden Streuung an den inneren Strukturen der quergestreiften Muskulatur zurückzuführen. Die Gitterkonstante der quergestreiften Muskulatur konnte aus den goniometrischen Messungen zu $g_k = 2{,}7$ µm bestimmt werden, was sich mit Literaturwerten deckt [37]. Erstaunlicherweise ergibt sich auch bei der goniometrischen Messung an den quer zur Faser geschnittenen Proben eine ϕ-Periodizität, welche mit doppelter Kreisfrequenz (und mit gleicher Amplitude) verläuft. Die Herzmuskulatur zeigt ganz ähnliche Ergebnisse, jedoch weist die Anisotropie der Längsschnitte eine größere Oszillation über den ϕ-Winkel auf und die Gitterkonstante $g_k = 1$ µm ergibt sich aus der goniometrischen Messung deutlich kleiner als die der Skelettmuskulatur.

4 Ergebnisse

Mit der Formel 4.14 gibt es erstmals ein einfaches Modell zur Berechnung der Phasenfunktion $p(\theta,\phi)$ für beide Hauptrichtungen der Einstrahlung $\vec{s}$ von Muskelgewebsschnitten. Um die Abhängigkeit von der Einstrahlrichtung $\vec{s}$ genauer verstehen zu können, müssten in Zukunft jedoch Gewebeschnitte in einer größeren Anzahl von Faserorientierungen angefertigt werden.

Biologisches Gewebe besitzt in der Regel einen sehr viel größeren Streukoeffizienten und eine höhere Anisotropie als die bisher verwendeten Kalibrationsmedien (aus Kapitel 4.4). Aus diesem Grund ist auch der Algorithmus zur Korrektur der Mehrfachstreuung in der Küvette aus Kapitel 3.2.6 nicht anwendbar. Nach der Fehlerabschätzung aus Kapitel 4.8.5 wird die Anisotropie durch die Mehrfachstreuung in der Küvette unterschätzt und muss nach oben korrigiert werden.

Mithilfe der ortsaufgelösten Reflektanz konnte der reduzierte Streukoeffizient nur an der Skelettmuskulatur bestimmt werden. Leber und Schweineherz besitzen eine zu hohe Absorption für diese Methode. Die ortsaufgelöste Reflektanz ist abhängig von der Faserrichtung im Muskel. Durch die Mittelung über die φ bei der Auswertung der Messdaten ergibt sich näherungsweise [51] auch der Mittelwert des reduzierten Streukoeffizienten, unabhängig von der Faserrichtung. Bei der in vitro Messung ist zu erwarten, dass die Absorption des Gewebes aufgrund des Blutverlusts nach der Schlachtung deutlich unterschätzt wird. Relevant ist für uns im Folgenden hauptsächlich die Messung des reduzierten Streukoeffizienten.

Aus der Messung der Phasenfunktion für längs- und querpräparierte Gewebeschnitte kann aus dem reduzierten Streukoeffizienten der richtungsabhängige Streukoeffizient der Skelettmuskulatur näherungsweise berechnet werden. Der Streukoeffizient besitzt für die verschiedenen Orientierungen der Faserrichtung Werte von $\mu_{sl} = 3{,}5\,\text{mm}^{-1}$ und $\mu_{sq} = 5{,}1\,\text{mm}^{-1}$. Da die Anisotropie des Gewebes wahrscheinlich unterschätzt wurde, liegt auch der Streukoeffizient des Gewebes vermutlich deutlich höher als diese ersten Ergebnisse vermuten lassen. Sie zeigen aber bereits exemplarisch, wie groß die Fehler bei der Vernachlässigung der Strukturierung des Gewebes sein können.

Beim Vergleich der Messergebnisse der optischen Eigenschaften der Gewebe mit Literaturdaten fällt auf, dass es eine sehr große Divergenz der publizierten Daten gibt. Die Werte in der Literatur schwanken nicht selten um über eine Größenordnung. So bestimmten Marijnissen et al. [60] den Streukoeffizienten von Rindermuskel zu $\mu_s = 0{,}79\,\text{mm}^{-1}$, wohingegen Wilson et al. [101] bei der selben Wellenlänge von 633 nm realistischere $\mu_s = 11{,}9\,\text{mm}^{-1}$ erhalten. Flock et al. [28] erhalten bei 630nm gar einen Abschwächungskoeffizienten von bis zu $\mu_t = 32{,}8\,\text{mm}^{-1}$. Es ist deshalb ausgesprochen schwierig, einen direkten Vergleich zu ziehen. Die Abweichungen in der Literatur ergeben sich zumeist aus systematischen Fehlern bei der Lösung des inversen Problems, Problemen mit den Messaufbauten und systematischen Fehlern durch die Probenpräparation. Jedes Messgerät besitzt demzufolge ein charakteristisches Fehlerbild.

4.8 Weichgewebe

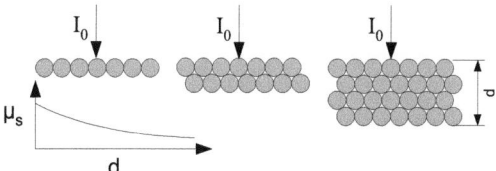

Abb. 4.55: Der Streukoeffizient von Schnitten dichtgepackter Medien sinkt mit der Dicke.

4.8.7 Deutung

Streukoeffizient

Bei der Messung des Streukoeffizienten an Gefrierschnitten mit der kollimierten Transmission ist im Vergleich mit anderen Methoden ein sehr hoher Streukoeffizient zu beobachten. Unsere Messungen zeigen einen Streukoeffizient deutlich über $40\,\text{mm}^{-1}$. Ähnlich hohe Ergebnisse bei der direkten Messung des Streukoeffizienten wurden schon von anderen Gruppen gefunden [110, 84].

Die Vermutung liegt nahe, dass die Streuung durch Präparationsartefakte an den dünnen Gewebeschnitten stark überschätzt wird. Häufig wird die Rauheit der Schnittoberfläche als Ursache angeführt. Da die Oberfläche jedoch direkt in Kontakt mit der glatten Glasküvette steht und das Gewebe aufgrund seiner Flexibilität direkt mit dem Glas abschließt, halte ich dies als alleinige Ursache für die Erhöhung der Streuung für unwahrscheinlich. Mikrorisse oder Strukturveränderungen, welche durch das Einfrieren der Probe im Gewebe entstehen, sollten eigentlich durch das Schockgefrieren vermieden werden. Weder die mikroskopischen Aufnahmen noch Messungen der ortsaufgelösten Reflektanz an schockgefrorenen Gewebepräparaten zeigen Anhaltspunkte für eine starke Strukturveränderung der Proben.

Bei der Messung des Streukoeffizienten mit der kollimierten Transmission an Schnitten verschiedener Dicke fällt auf, dass der Streukoeffizient für zunehmende Schnittdicken stark sinkt. Dies deutet bereits auf eine starke Beeinflussung der Messung durch Mehrfachstreueffekte hin. Nach den Rechnungen aus Abbildung 4.54 muss vermutet werden, dass der Streukoeffizient des Gewebes selbst an mikrometerdünnen Schnitten noch unterschätzt wird.

In Schnitten von dichtgepackten Streuern ist jedoch noch ein gegenläufiger Effekt zu beobachten. Wie es in Abbildung 4.55 exemplarisch an dichtgepackten Kugelstreuern dargestellt ist, reduziert sich der Streukoeffizient der dichten Kugelpackung für dickere Schichtdicken. Dies erklärt sich durch die zunehmende Abhängigkeit der Streuung mit zunehmender Dicke. In der dichten Packung streuen nicht mehr die Kugeln selbst, sondern die Zwischenräume, welche im Vergleich zu den Kugeln ein kleineres Volumen besitzen. Die Zellkerne sind in den Geweben höchstwahrscheinlich zu weit voneinander entfernt um einen solchen Effekt hervorzurufen, aber die innere Struktur des Gewebes könnte dennoch zu ähnlichen Effekten führen.

Welcher der drei Effekte (Präparationsartefakte, Mehrfachstreuung oder abhängige Streuung) den

4 Ergebnisse

größeren Einfluss auf die Messung der Streuung an dünnen Schnitten des biologischen Gewebes besitzt, kann nach diesen ersten Messungen noch nicht endgültig geklärt werden. Es erscheint jedoch höchstwahrscheinlich, dass der Streukoeffizient von biologischem Gewebe höher als nach der Berechnung aus Tabelle 4.14 zu entnehmen ist. Da insbesondere die Zellkerne als größte Strukturen in dem Muskelgewebe einen großen Beitrag an der Streuung des Gewebes besitzen wäre dies nicht verwunderlich. Untersuchungen an Zellkernen zeigen, das diese einen Anisotropie-Koeffizienten von fast 0,99 erreichen [25, 67]. Sollte das Gewebe einen Anisotropie-Koeffizient in dieser Größenordnung besitzen, so würde sich auch ein Streukoeffizient von über 40 mm^{-1} erklären. Dies bleibt aktuell jedoch reine Spekulation.

Aufgrund der diskutierten Unwägbarkeiten bleibt als einziger Weg fundierte Aussagen zu treffen, die Messungen anhand von möglichst genauen physikalischen Modellen des streuenden Gewebes zu verstehen. Aufgrund der Komplexität des biologischen Gewebes bleibt letztendlich nur die Möglichkeit, mit dreidimensionalen nummerischen Lösungen der Maxwell-Gleichungen einen Teil des betrachteten Gewebes zu modellieren. Aufgrund der Komplexität des biologischen Gewebes scheint dies eine schwierige Aufgabe zu sein. Nach den Erfahrungen aus Kapitel 4.5 sollte es jedoch möglich sein, aus einem kleinen modellierten Volumen des streuenden Mediums, die Gesamtstreuung durch die Verknüpfung mit der Transporttheorie zu erhalten.

Phasenfunktion

Ziel der goniometrischen Untersuchung von biologischem Gewebe ist es, die vollständige Abhängigkeit der Phasenfunktion $p(\vec{s}, \vec{s}')$ zu beschreiben. Die Messungen der Phasenfunktion $p(\theta, \phi)$ an Muskelgewebe zeigt eine Periodizität der Anisotropie vom Winkel ϕ. Bei Betrachtung der Messungen für die zwei Haupteinfallsrichtungen (quer und längs der Muskelfaser) kann eine weitere Periodizität vermutet werden. Der Einfallsvektor $\vec{s}$ hängt für Streukörper ohne Symmetriebeziehung wiederum von zwei Winkeln ab. Wenn man von einer Rotationssymmetrie der zylinderförmigen Strukturen im Muskelgewebe ausgeht, so reduziert sich die Abhängigkeit des Einfallsvektors auf den Schnittwinkel zwischen Einfallsvektor und Zylinderachse, den Winkel α (siehe auch Kapitel 4.2). Die Messergebnisse in Abbildung 4.50 (Herz) lassen vermuten, das es wieder eine Periodizität der Abhängigkeit des g-Faktors über α geben kann. Mit folgender Formel könnten die Messergebnisse beider Hauptrichtungen des Schweinemuskels reproduziert werden:

$$g(\phi, \alpha) = g_m - (A_g + A_0 \cdot sin(\alpha)) \cdot sin(\phi)^2. \tag{4.15}$$

In Verbindung mit der Henyey-Greenstein-Phasenfunktion wäre dies ein einfaches Modell für die Berechnung der Phasenfunktion $p(\alpha, \phi, \theta)$, welche die wesentlichen Richtungsabhängigkeiten der Streuung am Muskel enthält. In Abbildung 4.56 ist eine Beispielrechnung zu sehen, welche sich gut mit der Messung am Herzmuskel des Schweins deckt. Zur genauen Bestätigung dieses Modells wären Messungen an verschieden Schnitten mit unterschiedlichen Zylinderorientierungen sowie die Implementierung in eine Monte-Carlo-Simulation und Validierung mit der ortsaufgelösten Reflektanz wichtig. An dieser Stelle sei angemerkt, dass die Lage des Koordinatensystems relativ zu α, ϕ und θ natürlich von großer Bedeutung ist. Die Orientierung der Messung der Querpräparationen relativ zur ϕ-Richtung konnte aufgrund der fehlenden sichtbaren Strukturierungen nicht sichergestellt werden und kann sich demnach auch um $pi/2$ oder jeden anderen Winkel unterscheiden.

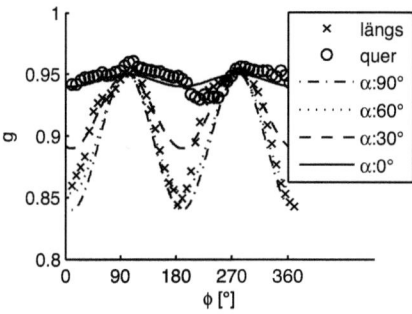

Abb. 4.56: Phänomenologisches Modell zur Berechnung der vollständigen Phasenfunktion $p(\alpha,\phi,\theta)$ mit Formel 4.15 für Schweineherz, mit $g_m = 0,95$, $A_g = 0,01$ und $A_0 = 0,1$.

4 Ergebnisse

5 Anwendungen

Kapitel 5

Technische Anwendungen der Ergebnisse dieser Doktorarbeit liegen unter anderem in der Partikelmesstechnik. Wie im Ergebnisteil gezeigt werden konnte, lassen sich aus den Messungen relativ genaue Aussagen über die Größe von Strukturen und Partikeln treffen. Es konnte auch gezeigt werden, dass es prinzipiell möglich ist, die Partikelgrößen in einer Suspension mit breiter Größenverteilung zu bestimmen.

5.1 Partikelmesstechnik

Zur Bestimmung der Partikelgrößen in flüssigen Suspensionen und Aerosolen gibt es verschiedenste Verfahren. Dabei werden die unterschiedlichsten physikalischen Eigenschaften der Nano- und Mikropartikel ausgenutzt. Das Spektrum der Messmethoden reicht von einfachen mechanischen Verfahren wie Sieb-Techniken über Sedimentationsverfahren bis hin zu Methoden, welche vom elektrischen Widerstand eines Messvolumens auf die Größe der eingeschlossenen Partikel schließen lassen.

In dieser Arbeit beschränken wir uns auf die Betrachtung von statischen Laserstreuexperimenten, welche es mit der Mie-Theorie ermöglichen, die Teilchengröße in einer Suspension zu berechnen. Die statische Lichtstreuung ist einfach zu realisieren, vergleichsweise günstig und liefert bei bekannten Brechungsindizes der Probe gute Ergebnisse. Dabei unterscheiden wir zwischen weitestgehend monodispersiven Partikelverteilungen und Partikelsuspensionen mit Partikeln unterschiedlicher Größe.

Gerade die Messung einer beliebig verteilten Partikelsuspension von Nano- und Mikropartikeln ist technisch recht anspruchsvoll. Die meisten Messmethoden setzen eine gaußförmige Größenverteilung der Suspension voraus und bestimmen die mittlere Größe und die Standardverteilung der Gauß-Glockenkurve. Vor der Messung von beliebigen Partikelsuspensionen musste zuerst eine zuverlässige Methode zur Bestimmung der Konzentration, Größe und Größenverteilung von monodispersiven Partikeln entwickelt werden.

5 Anwendungen

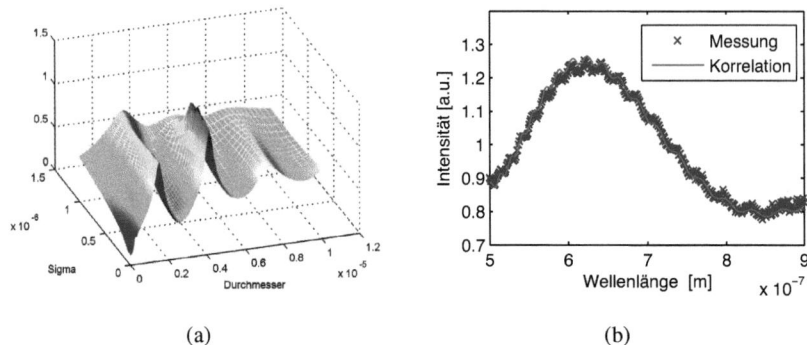

(a)   (b)

Abb. 5.1: a) Farbig aufgetragen ist die Korrelation einer Messung von Polystyrenen mit $d = 4{,}2\,\mu m$ für verschiedene σ und Partikeldurchmesser d. b) Aus der Korrelation ergibt sich der Durchmesser und die Teilchenverbreiterung der Lösung. Die Mie-Theorie zeigt eine hohe Übereinstimmung mit den Messwerten.

5.1.1 Monodispersive Partikel

In Kapitel 4.3 wurde bereits eine goniometrische Messmethode zur Partikelmessung vorgestellt. Diese Methode lieferte zwar sehr gute Ergebnisse und der Partikeldurchmesser von Partikelsuspensionen konnte mit sehr kleinem Fehler bestimmt werden, jedoch ist sie experimentell recht anspruchsvoll. Die Messung der kollimierten Transmission ist einfacher zu handhaben, schneller und ermöglicht zusätzlich die Berechnung der Konzentration der Suspensionen.

Die Messung der kollimierten Transmission wurde demzufolge in dieser Arbeit häufiger verwendet, um Teilchensuspensionen zu charakterisieren. Es wurde auf Basis einer Korrelation (siehe Kapitel 2.7.3) ein Algorithmus entwickelt, welcher aus der kollimierten Transmission einer beliebigen Lösung die Größe, die Größenverteilung sowie die Volumenkonzentration einer Teilchensuspension ermittelt. Dazu wurde angenommen, dass die Partikelverteilung in den Suspensionen weitestgehend einer Gauß-Glockenkurve entspricht. Mit der Mie-Theorie kann nun der Streukoeffizient für jede beliebige Teilchengröße d und entsprechendem σ der Glockenkurve berechnet werden ($\mu_s(\lambda, d, \sigma)$). Mit einem zweidimensionalen Korrelationsalgorithmus wird die Abweichung der Berechnung zur Messung bestimmt. In den meisten Fällen ergibt sich ein eindeutiges Maximum.

In Abbildung 5.1 (a) ist exemplarisch die Korrelation einer Polystyrensuspension mit 4,2 μm großen Polystyrenen gezeigt. Die Korrelation besitzt ein Maximum bei $d = 4{,}189\,\mu m$ mit $\sigma = 20{,}9\,nm$. In Abbildung 5.1 (b) wurde die Messung der kollimierten Transmission mit der Mie-Theorie für die entsprechende Größe und Standardverteilung verglichen.

Tabelle 5.1 zeigt eine Messreihe mit fünf verschiedenen Konzentrationen der bereits betrachteten Polystyrensuspension.

Es wurde der Fehler bei der automatischen Bestimmung der Volumenkonzentration über den Korre-

Tab. 5.1: Konzentrationsreihe einer Polystyrensuspension. Aufgetragen sind die automatisch ermittelten Ergebnisse der Korrelation für Größe und Volumen-Konzentration.

Verdünnung	Gemessen	Ausgangskonzentration	d [µm]
0,0024%	0,0023%	9,58%	4,215
0,0050%	0,0052%	10,40%	4,189
0,0091%	0,0087%	9,56%	4,180
0,0116%	0,0109%	9,40%	4,233
0,0256%	0,0279%	10,89%	4,193
		9,97%±0,65%	4,20±0,021

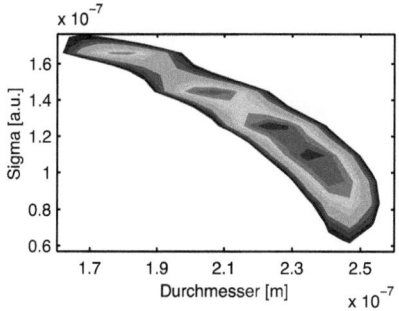

Abb. 5.2: Korrelation der kollimierten Transmission von sehr kleinen Polystyrenen. Laut Herstellerangaben beträgt der Durchmesser 200 nm, gemessen wurde 218 nm.

lationsalgorithmus berechnet. Die Volumenkonzentration der Ausgangslösung betrug laut Hersteller 10%. Es wurde eine Volumenkonzentration der Ausgangslösung zu 9,97±0,65 % im Mittel über alle Messungen bestimmt. Die Größe der Teilchen (Herstellerangaben $d = 4{,}21$ µm $\sigma = 0{,}070$ µm) ermittelten wir zu $d = 4{,}202 \pm 0{,}021$ µm. Die Standardverteilung σ konnte nur sinnvoll für geringe Konzentrationen bestimmt werden und betrug hier etwa $\sigma = 20{,}9$ nm. Sie ist also kleiner als die Herstellerangaben.

Obwohl der Algorithmus für größere Partikel gut funktioniert, ist eine gewisse Vorsicht bei kleinen Teilchendurchmessern angebracht. Wie in Abbildung 5.2 gezeigt, gibt es gerade bei sehr kleinen Partikeln einige Minima für verschiedene Sigma-Durchmesser Kombinationen. Die Berechnung des Durchmessers ist bei kleineren Teilchen demnach mit einem größeren Fehler behaftet.

5.1.2 Partikelsuspensionen

Es wurde ein Konzept entworfen, welches die Messung der absoluten Partikelanzahl in einer Suspension von beliebig verteilten Nano- und Mikropartikeln auf Basis der statischen Lichtstreuung ermöglicht. Die Methode wurde hinsichtlich einer industriellen Nutzung entwickelt. Demnach soll sie robust sein, ohne bewegliche Teile funktionieren, einfach zu handhaben und möglichst günstig zu fertigen sein.

5 Anwendungen

Auf Basis der goniometrischen Messung wird die winkelabhängige Lichtintensität an verschiedenen Orten um eine Streuprobe herum gemessen. Die Streuprobe kann auch mit verschiedenen Wellenlängen bestrahlt werden. Es ergibt sich ein überbestimmtes Gleichungssystem, welches auf der einen Seite alle Winkelpositionen und Wellenlängen der Detektion enthält, und als Variablen die Konzentration verschiedener Partikelgrößen. Es kann nun entweder mit Berechnungen der Mie-Theorie für die verschiedenen Partikelgrößen oder mit Kalibrationsmessungen gelöst werden. Das Schema in Abbildung 5.3 zeigt den prinzipiellen Ablauf zur Verifikation dieser Methode.

Eine Suspension aus einer beliebigen Anzahl von verschieden großen Polystyrenen wird hergestellt. Diese Suspension wird daraufhin vermessen, woraus sich eine Intensitäts-Matrix für die verschiedenen Winkelpositionen und Wellenlängen ergibt. Die Messwerte sind die Eingabe in den Lösungsalgorithmus. Anhand dieser Intensitäten kann das überbestimmte Gleichungssystem entweder mit der Mie-Theorie oder den Beispielmessungen gelöst werden. Am Ausgang sollten sich nun die absoluten Konzentrationen der eingewogenen Teilchengrößen in die Suspension ergeben. Mithilfe von Kalibrationsmessungen der monodispersiven Partikelsuspension, wie sie in Kapitel 5.1.1 beschrieben wurde, lässt sich aus der Konzentration die absolute Anzahl der Partikel im Messvolumen berechnen.

An Beispielmessungen konnte die grundlegende Eignung bewiesen werden. Es wurde, wie in Abbildung 5.3 beschrieben, von einer bekannten Suspension die Intensitätsmatrix von drei Winkeln und drei Wellenlängen vermessen. Das überbestimmte Gleichungssystem wurde gelöst und es wurde aus diesen neun Intensitäten die Konzentration von fünf verschiedenen Partikelgrößen berechnet. Dieser Vorgang wurde für unterschiedliche Mischungen der Partikelsuspension wiederholt. Wie Abbildung 5.4 zeigt, ergeben sich aus der Rekonstruktion sehr gute Übereinstimmungen zwischen den vorher eingewogenen Partikelsuspensionen und der Rekonstruktion. Die Methode kann zwischen ca. 1000 Partikeln und 100 000 000 Partikeln unterscheiden. Das Übersprechen zwischen den einzelnen Partikelgrößen ist relativ gering.

5.1 Partikelmesstechnik

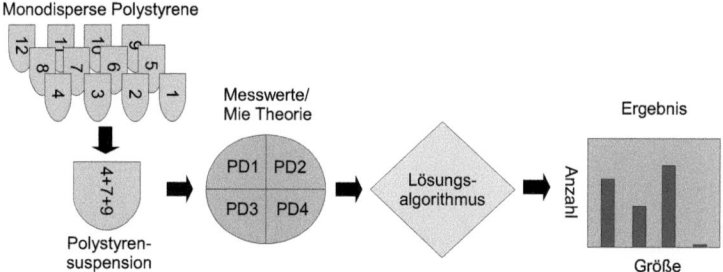

Abb. 5.3: Vorgehen bei der Verifikation der Messmethode

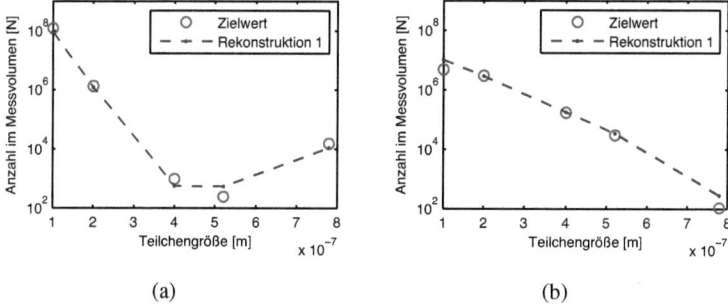

Abb. 5.4: Aus der Messung der Partikelsuspension lässt sich die Anzahl von Partikeln verschiedener Größe im Messvolumen rekonstruieren. Die Rekonstruktion trifft mit relativ geringen Abweichungen die Zielwerte.

5 Anwendungen

Kapitel 6
6 Zusammenfassung

Das Ziel dieser Arbeit war es, die Streuung von biologischem Gewebe auf Basis der ihm zugrundeliegenden mikroskopischen Struktur genau zu verstehen. Dazu wurde, neben den Messungen der Einzelstreuung in verschiedenen Modellgeweben, die Lichtstreuung anhand von verschiedenen Lösungen der Maxwell-Gleichungen berechnet. Die Erfahrung dieser Arbeit zeigt, dass nur mit einem fundierten physikalischen Modell die Streuung im untersuchten Gewebe wirklich verstanden werden kann. Es wurde mehrfach gezeigt, wie aus der Messung der winkelaufgelösten Streuung Strukturinformationen des Gewebes rekonstruiert werden konnten, die weit unterhalb der abbeschen Auflösungsgrenze liegen und mit anderen optischen Techniken nicht messbar wären.

Durch die Kombination der goniometrischen Messung mit der kollimierten Transmission konnten die Ergebnisse der Messung der mikroskopischen Einzelstreuung mit der Lichtausbreitung in makroskopischen Volumen des streuenden Mediums verknüpft werden. Eine Lösung der Transporttheorie erlaubt dabei die Berechnung eines beliebigen Volumens, welches die ermittelte Mikrostrukturierung enthält. Auf der messtechnischen Seite verbindet die Messung der ortsaufgelösten Reflektanz das mikroskopische Regime der Einzelstreumessungen mit dem makroskopischen Regime der Vielfachstreuung. Die Ergebnisse der drei Messgeräte sind über die einfache Relation $\mu_s' = \mu_s \cdot (1 - g)$ gekoppelt und konnten sich so gegenseitig validieren.

In dieser Arbeit wurde neben einem praxistauglichen Aufbau zur Messung der kollimierten Transmission ein dreiachsiges Goniometer entwickelt, welches speziell für die Messung von biologischen Präparaten geeignet ist. Neben den üblichen Experimenten zur Validierung eines goniometrischen Messaufbaus mit monodispersiven Streukörpern wurden weitergehende Experimente an Gewebeersatzmodellen mit allen drei Experimenten durchgeführt. Im Ergebnis konnte eine der umfassendsten Studien zu den optischen Eigenschaften dieser sehr häufig verwendeten Modellmedien präsentiert werden. Dabei wurden Methoden entwickelt, um speziell in der planparallelen Probengeometrie Artefakte der Messung durch Reflexionen und Mehrfachstreuung zu reduzieren.

Auf dem Weg zur Messung von biologischen Weichgeweben wurde versucht, an hochstreuenden Medien einige grundlegende Fragen zur Kopplung des mikroskopischen Regimes an das makrosko-

6 Zusammenfassung

pische Regime zu klären. Da in hochstreuenden Medien, wie in biologischen Geweben, die Messung der Einzelstreuung aufgrund der Nähe der streuenden Strukturen nicht mehr möglich ist, stellt sich die Frage, wie die Maxwell-Gleichungen an die Transportgleichung koppeln. Aufgrund der vorliegenden Ergebnisse erscheint es ausreichend, die Phasenfunktion eines Ensembles von Streuern zu bestimmen. Zumindest für die untersuchten Fettsuspensionen scheint, solange das Volumen klein genug gewählt wird, die Ensemble-Phasenfunktion gute Übereinstimmung mit den Mehrfachstreuexperimenten zu liefern.

Abschließend wurden bei der Messung von biologischen Gewebeproben, meines Wissens nach zum ersten Mal, Messdaten der Phasenfunktion mit nahezu vollständiger Richtungsabhängigkeit $p(\vec{s},\vec{s}')$ präsentiert. Die Einstrahlrichtung $\vec{s}$ wurde bei den Schnitten an biologischen Geweben durch die Messung der zwei Hauptorientierungen relativ zur Strukturrichtung zumindest teilweise berücksichtigt. Die Messdaten zeigen eine starke Richtungsabhängigkeit der Phasenfunktion in den strukturierten Geweben, sowohl von beiden Ausfallswinkeln ($\vec{s}'(\phi,\theta)$) als auch von der Einstrahlrichtung $\vec{s}$. Dies bestätigt letztendlich unsere Annahme, dass eine Lösung der makroskopischen Lichtausbreitung in einem solchen Medium nicht mit einer rotationssymmetrischen Phasenfunktion zu bewerkstelligen ist. Die Messdaten deuten auf eine ausgeprägte Periodizität des ϕ-Winkels der vollständigen Phasenfunktion $p(\vec{s},\vec{s}')$ hin, worauf ein phänomenologisches mathematisches Modell zur einfachen Näherung der vollständigen Phasenfunktion von Muskelgewebe vorgeschlagen wurde. Dieses einfache Modell rekonstruiert die vorliegenden Messergebnisse der Streuung von Herzmuskulatur und ist gut geeignet zur Implementierung in eine Monte-Carlo-Simulation. Die Richtigkeit und Praxistauglichkeit muss in zukünftigen Untersuchungen jedoch noch unter Beweis gestellt werden.

6 Zusammenfassung

Publikationsliste

1. R. Michels, A. Kienle, F.K. Forster, M. Müller, and R. Hibst, "Goniometric measurement of the phase function of different fat emulsions" in *Photon Migration and Diffuse-Light Imaging II*, SPIE, 2005

2. A. Kienle, R. Michels, R. Hibst and K.L. Cubeddu, "Light propagation in a cubic biological tissue having anisotropic optical properties" in *Society of Photo-Optical Instrumentation Engineers*, SPIE, 2005

3. A. Kienle, R. Michels and R. Hibst, "Magnification - a new look at a long-known optical property of dentin", *J. Dent. Res.*, 85, 955-959, 2006

4. F. Forster, A. Kienle, R. Michels and R. Hibst, "Phase function measurements on nonspherical scatterers using a two-axis goniometer", *J. Biomed. Opt.*, 11, 024018, 2006

5. A. Kienle, R. Michels and R. Hibst, "Magnification and light guiding in dentin - optical effects caused by multiple scattering" in *Biomedical Optics*, Optical Society of America, 2006

6. R. Michels, S. Boll and A. Kienle, "Measurement of the phase function of phantom medias with a two-axis goniometer" in *Photon Migration and Diffuse-Light Imaging*, SPIE, 2007

7. R. Michels and A. Kienle, "Goniometric measurement of the phase function of microstructured tissue" in *Advances in Medical Engineering*, Springer, 2007

8. A. Kienle, R. Michels, J. Schäfer, O. Fugger and R. Hibst, "Multiscale description of light propagation in biological tissue" in *Advances in Medical Engineering*, Springer, 2007

9. R. Michels, F. Foschum and A. Kienle, "Optical properties of fat emulsions", *Opt. Express*, 16, 5907-5925, 2008

10. A. Kienle, J. Schäfer, and R. Michels "Light propagation in biological tissue: a multiscale approach" in *Biomedical Optics*, Optical Society of America, 2008

11. M. Schmitz, R. Michels and A. Kienle, "Darkfield scattering spectroscopic microscopy evaluation using polystyrene beads" in *Clinical and Biomedical Spectroscopy*, SPIE, 2009

12. F. Foschum, R. Michels and A. Kienle, "Angular remission and reflection from rough turbid biological media" in *Clinical and Biomedical Spectroscopy*, SPIE, 2009

Publikationsliste

Literaturverzeichnis

[1] J.T. Allardice, A. Mutaz Abulafi, D.G. Webb, and N.S. Willimas. Standardization of intralipid for light scattering in clinical photodynamic therapy. *Las. Med. Sci.*, 7:461–465, 1992.

[2] S. Andreola, A. Bertoni, R. Marchesini, and E. Mellino. Evaluation of optical characteristics of different human tissues in vitro. *Las. Surg. Med*, 8(5):142, 1988.

[3] D. Arifler, M. Guillaud, A. Carraro, A. Malpica, M. Follen, and R. Richards-Kortum. Light scattering from normal and dysplastic cervical cells at different epithelial depths: finite-difference time-domain modeling with a perfectly matched layer boundary condition. *J. Biomed. Opt.*, 8(3):484–494, 2003.

[4] J. C. Arnaud and P. Boré. Isolation of melanin pigments from human hair. *Soc. Cosm. Chem.*, 32(3):137–152, 1981.

[5] M.R. Arnfield, J. Tulip, and M.S. McPhee. Optical propagation in tissue with anisotropic scattering. *Trans. Biomed. Eng.*, 35(5):372–381, 1988.

[6] R.W. Austin and G. Halikas. The index of refraction of seawater. *Scripps Inst. Oceanogr.*, 76(1):121–+, 1976.

[7] M. Barabás. Scattering of a plane wave by a radially stratified tilted cylinder. *J. Opt. Soc. Am. A*, 4(12):2240–2248, 1987.

[8] D. Barnett. *Matlab Mie Code*. D. Barnett, http://www.lboro.ac.uk/departments/el/research/photonics/matmie/spheresc.zip, September 1997.

[9] M. Bass. *Handbook of Optics*. McGraw-Hill, 1995.

[10] M.C.P. Van Beekvelt, W.N.J.M. Colier, R.A. Wevers, and B.G.M. Van Engelen. Performance of near-infrared spectroscopy in measuring local O2 consumptionand blood flow in skeletal muscle. *J. Appl. Physiol.*, 90:511–519, 2001.

[11] F. Bertails, B. Audoly, M.P. Cani, B. Querleux, F. Leroy, and J.L. Lévêque. Super-helices for predicting the dynamics of natural hair. In *SIGGRAPH 2006*, pages 1180–1187. ACM, 2006.

[12] T. Binzoni, C. Courvoisier, R. Giust, G. Tribillon, T. Gharbiand, J.C. Hebden, T.S. Leung, J. Roux, and D.T. Delpy. Anisotropic photon migration in human skeletal muscle. *Phys. Med. Biol.*, 51:N79–N90, 2006.

[13] C.F. Bohren and D.R. Huffman. *Absorption and scattering of light by small particles*. Wiley, 1983.

[14] C.F. Bohren and J.M. Sardie. Utilization of solar radiation by polar animals: an optical model for pelts; an alternative explanation. *Appl. Opt.*, 20(11):1894–1896, 1981.

[15] F.P. Bolin, L.E. Preuss, R.C. Taylor, and R.J. Ference. Refractive index of some mammalian tissues using a fiber optic cladding method. *Appl. Opt.*, 28(12):2297–2303, 1989.

[16] R. Boushel, H. Langberg, J. Olesen, J. Gonzales-Alonzo, J. Bülow, and M. Kjaer. Monitoring tissue oxygen availability with near infrared spectroscopy (NIRS) in health and disease. *Scand. J. Med. Sci. Sports*, 11(4):213–222, 2000.

[17] H.K. Bustard and R.W. Smith. Investigation into the scattering of light by human hair. *Appl. Opt.*, 30(24):3485–3491, 1991.

[18] W.F. Cheong, S.A. Prahl, and A.J. Welch. A review of the optical properties of biological tissues. *J. Quant. Electr.*, 26:2166–2185, 1990.

[19] J.E. Choukeife and J.P. L'Huillier. Measurements of scattering effects within tissue-like media at two wavelengths of 632.8 nm and 680 nm. *Las. Med. Sci.*, 14:286–296, 1999.

[20] C.M.R. Clancy and J.D. Simon. Ultrastructural organization of eumelanin from sepia officinalis measured by atomic force microscopy. *Am. Chem. Soc.*, 40(44):13353–13360, 2001.

[21] R.S. Clark. *The Photonics Design and Applications Handbook*. Laurin Pub. Co., 1998.

[22] E. Drakaki, S. Psycharakis, M. Makropoulou, and A.A. Serafetinides. Optical properties and chromophore concentration measurements in tissue-like phantoms. *Opti. Commun.*, 254(1-3):40–51, 2005.

[23] R. Drezek, A. Dunn, and R. Richards-Kortum. Light scattering from cells: Finite-difference time-domain simulations and goniometric measurements. *Appl. Opt.*, 38(16):3651–3661, 1999.

[24] I. Driver, J.W. Feather, P.R. King, and J.B. Dawson. The optical properties of aqueous suspensions of intralipid, a fat emulsion. *Phys. Med. Biol.*, 34:1927–1930, 1989.

[25] A. Dunn and R. Richards-Kortum. Three-dimensional computation of light scattering from cells. *J. Sel. Top. Quant. Eelec.*, 2(4):898–905, 1996.

[26] M. Firbank, M. Hiraoka, M. Essenpreis, and D.T. Delpy. Measurement of the optical properties of the skull in the wavelength range 650-950 nm. *Phys. Med. Biol.*, 38(4):503, 1993.

[27] S.T. Flock, S.L. Jacques, B.C. Wilson, W.M. Star, and M.J.C. vanGemert. The optical properties of intralipid: a phantom medium for light propagationstudies. *Las. Surg. Med.*, 12(5):510–9, 1992.

[28] S.T. Flock and B.C. Wilsonand M.S. Patterson. Total attenuation coefficients and scattering phase functions of tissues and phantom materials at 633 nm. *Med.Phys.*, 14, 1987.

[29] F.K. Forster. *Modellierung der Lichtausbreitung in biologischem Gewebe unter Berücksichtigung der Mikrostruktur*. PhD thesis, Universität Ulm, 2004.

[30] F.K. Forster, A. Kienle, R. Michels, and R. Hibst. Phase function measurements on nonspherical scatterers using a two-axis goniometer. *J. Biomed. Opt.*, 11:024018, 2006.

[31] D. Geraskin, P. Platen, J. Franke, C. Andre, W. Bloch, and M. Kohl-Bareis. Muscle oxygenation during exercise under hypoxic conditions assessed byspatially resolved broadband NIR spectroscopy. volume 5859, pages 83–88, 2005.

[32] A. Giusto, R. Saija, M.A. Iati, P. Denti, F. Borghese, and O.I. Sindoni. Optical properties of high-density dispersions of particles: application to intralipid solutions. *Appl. Opt.*, 42:4375–4380, 2003.

[33] H.R. Gordon. Backscattering of light from dislike particles: is fine-scale structureor gross morphology more important? *Appl.Opt.*, 45(27):7166–7173, 2006.

[34] R.E. Grojean, J.A. Sousa, and M.C. Henry. Utilization of solar radiation by polar animals: an optical model for pelts. *Appl. Opt.*, 19(3):339–346, 1980.

[35] R.E. Grojean, J.A. Sousa, and M.C. Henry. Utilization of solar radiation by polar animals: an optical model for pelts; authors' reply to an alternative explanation. *Appl. Opt.*, 20(11):1896–1897, 1981.

[36] P. Hallegot, R. Peteranderl, and C. Lechene. In-situ imaging mass spectrometry analysis of melanin granules in the human hair shaft. *J. Investig. Dermatol.*, 122(2):381–386, 2004.

[37] F. Hammersen. *Histologie*. Urban & Schwarzenberg, 1985.

[38] R.C. Haskell, L.O. Svaasand, T.T. Tsay, T.C. Feng, M.S. McAdams, and B.J. Tromberg. Boundary conditions for the diffusion equation in radiative transfer. *J. Opt. Soc. Am. A*, 11:2727–2741, 1994.

[39] L.G. Heney and J.L. Greenstein. Diffuse radiation in galaxy. *Astrophys. J.*, 93:70–83, 1941.

[40] A. Ishimaru. *Wave propagation and scattering in random media*. Academic Press New York, 1978.

[41] S.L. Jacques, C.A. Alter, and S.A. Prahl. Angular dependence of HeNe laser light scattering by human dermis. *Las. Life Sci.*, 1987.

[42] M. Kerker and E. Matijević. Scattering of electromagnetic waves from concentric infinite cylinders. *J. Opt. Soc. Am.*, 51(5):506–508, 1961.

[43] A. Kharin, B. Varghese, R. Verhagen, and N. Uzunbajakava. Optical properties of the medulla and the cortex of human scalp hair. *J. Biomed. Opt.*, 14(2):024035, 2009.

[44] A. Kienle. *Lichtausbreitung in biologischem Gewebe*. PhD thesis, Universität Ulm, 1994.

[45] A. Kienle, F.K. Forster, and R. Hibst. Influence of the phase function on determination of the optical properties of biological tissue by spatially resolved reflectance. *Opt. Lett.*, 26:1571–1573, 2001.

[46] A. Kienle, F.K. Forster, and R. Hibst. Anisotropy of light propagation in biological tissue. *Opt. Lett.*, 29:2617–2619, 2004.

[47] A. Kienle and R. Hibst. Optimal parameters for laser treatment of leg telangiectasia. *Las. Surg. Med.*, 20:346–353, 1996.

[48] A. Kienle, R. Michels, and R. Hibst. Magnification - a new look at a long-known optical property of dentin. *J. Dent. Res.*, 85:955–959, 2006.

[49] A. Kienle and M.S. Patterson. Determination of the optical properties of semi-infinite turbid media from frequency-domain reflectance close to the source. *Phys. Med. Biol.*, 42:1801–1819, 1997.

[50] A. Kienle, J. Schäfer, and R. Michels. Light propagation in biological tissue: A multiscale approach. In *Biomed. Opt.*, page BSuE48. Optical Society of America, 2008.

[51] A. Kienle, C. Wetzel, A. Bassi, D. Comelli, P. Taroni, and A.Pifferi. Determination of the optical properties of anisotropic biological media using an isotropic diffusion model. *J. Biomed. Opt.*, 2006.

[52] K.B. Kim, L.M. Shanyfelt, and D.W. Hahn. Analysis of dense-medium light scattering with applications to corneal tissue:experiments and Monte Carlo simulations. *Opt. Soc. Am.*, 23(1):9–21, 2006.

[53] R. Kime, T. Hamaoka, T Sako, M. Murakami, T. Homma, T. Katsumura, and B. Chance. Delayed reoxygenation after maximal isometric handgrip exercise in highoxidative capacity muscle. *J. Appl. Physiol.*, 89:34–41, 2003.

[54] Daniel W. Koon. Is polar bear hair fiber optic? *Appl. Opt.*, 37(15):3198–3200, 1998.

[55] L. Kou, D. Labrie, and P. Chylek. Refractive indices of water and ice in the 0.65- to 2.5-µm spectral range. *Appl. Opt.*, 32(19):3531–3540, 1993.

[56] D.R. Lide. *Handbook of chemistry and physics*. CRC, 2008.

[57] X. Ma, J.Q. Lu, R. S. Brock, K.M. Jacobs, P. Yang, and X.H Hu. Determination of complex refractive index of polystyrene microspheres from 370 to 1610 nm. *Phys. Med. Biol.*, 48:4165–4172, 2003.

[58] S.J. Madsen, M.S. Patterson, and B.C. Wilson. The use of india ink as an optical absorber in tissue-simulating phantoms. *Phys. Med. Biol.*, 37(4):985, 1992.

[59] R. Marchesini, A. Bertoni, S. Andreola, E. Melloni, and A.E. Sichirollo. Extinction and absorption coefficients and scattering phase functions of human tissues in vitro. *Appl. Opt.*, 28(12):2318–2324, 1989.

[60] J.P.A. Marijnissen and W.M. Star. Quantitative light dosimetry in vitro and in vivo. *Las. Med. Sci.*, 2:235–242, 1987.

[61] S.R. Marschner, H.W. Jensen, M. Cammarano, S. Worley, and P. Hanrahan. Light scattering from human hair fibers. In *SIGGRAPH*, pages 780–791. ACM, 2003.

[62] F. Martelli and G. Zaccanti. Calibration of scattering and absorption properties of a liquid diffusive medium at NIR wavelengths. CW method. *Opt. Express*, 15(2):486–500, 2007.

[63] R. Michels, F. Foschum, and A. Kienle. Optical properties of fat emulsions. *Opt. Express*, 16:5907–5925, 2008.

[64] G. Mie. Beitrage zur Optik trüber Medien, speziell kolloidaler Metallösungen. *Ann. Phys*, 1908.

[65] R.C. Millard and G. Seaver. An index of refraction algorithm for seawater over temperature, pressure, salinity, density, and wavelength. *Deep Sea Res. A.*, 37(12):1909 – 1926, 1990.

[66] J.R. Mourant, J. Boyer, A.H. Hielscher, and I.J. Bigio. Influence of the scattering phase function on light transport measurements in turbid media performed with small source-detector separations. *Opt. Lett.*, 21(7):546–548, 1996.

[67] J.R. Mourant, J.P. Freyer, A.H. Hielscher, A.A. Eick, D. Shen, and T.M. Johnson. Mechanisms of light scattering from biological cells relevant to noninvasive optical-tissue diagnostics. *Appl. Opt.*, 37(16):3586–3593, 1998.

[68] S. Nagase, S. Shibuichi, K. Ando, E. Kariya, and N. Satoh. Influence of internal structures of hair fiber on hair appearance. I. light scattering from the porous structure of the medulla of human hair. *J. Cosmet. Sci.*, 53:89–100, 2002.

[69] J.B. Nofsinger, S.E. Forest, L.M. Eibest, K. A. Gold, and J.D. Simon. Probing the building blocks of eumelanins using scanning electron microscopy. *Pigm. Cell Res.*, 13(3):179–184, 2000.

[70] T.M. Odor, N.P. Chandler, T.F. Watson, T.R. Pitt-Ford, and F. McDonald. Laser light transmission in teeth: a study of the patterns in different species. *Intern. Endo. J.*, 32(4):296–302, 1999.

[71] D. Passos, J. C. Hebden, P. N. Pinto, and R. Guerra. Tissue phantom for optical diagnostics based on a suspension of microspheres with a fractal size distribution. *J. Biomed. Opt.*, 10(6):064036, 2005.

Literaturverzeichnis

[72] M.S. Patterson, B. Chance, and B.C. Wilson. Time resolved reflectance and transmittance for the noninvasive measurement of tissue optical properties. *Appl. Opt.*, 28:2331–+, 1989.

[73] T.H. Pham, F. Bevilacqua, T. Spott, J.S. Dam, B.J. Trombergand, and S. Andersson-Engels. Quantifying the absorption and reduced scattering coefficients of tissue like turbid media over a broad spectral range with noncontact fourier-transform hyperspectral imaging. *Appl.Opt.*, 39(34):6487–6497, 2000.

[74] A. Pifferi, A. Torricelli, P. Taroni, D. Comelli, A. Bassi, and R. Cubeddu. Fully automated time domain spectrometer for the absorption and scattering characterization of diffusive media. *Rev. of Sci. Instr.*, 78(5), 2007.

[75] P. N. Pinto, P. Fernandes, and R. Guerra. Simultaneous determination of the mean and standard deviation of quasi-monodisperse size distributions of microspheres by static light scattering. *Meas. Sci. Technol.*, 18:1209–1223, 2007.

[76] B.W. Pogue and M.S. Patterson. Review of tissue simulating phantoms for optical spectroscopy, imaging and dosimetry. *J. Biomed. Opt.*, 11(4):041102–+, 2006.

[77] R.M. Pope and E.S. Fry. Absorption spectrum (380–700 nm) of pure water. II. integrating cavity measurements. *Appl. Opt.*, 36(33):8710–8723, 1997.

[78] A.K. Popp, M.T. Valentine, P.D. Kaplan, and D.A. Weitz. Microscopic origin of light scattering in tissue. *Appl.Opt.*, 42(16):2871–2880, 2003.

[79] S.A. Prahl, I.A. Vitkin, U. Bruggemann, B.C. Wilson, and R.R. Anderson. Determination of optical properties of turbid media using pulsed photothermalradiometry. *Phys. Med. Biol.*, 37(6):1203–1217, 1992.

[80] K. Rebner, M. Schmitz, B. Boldrini, A. Kienle, D. Oelkrug, and R.W. Kessler. Dark-field scattering microscopy for spectral characterization of polystyrene aggregates. *Opt. Express*, 18(3):3115–3126, 2010.

[81] N. A. Øritsland and K. Ronald. Solar heating of mammals: Observations of hair transmittance. *Int. J. Biomet.*, 22(3):197–201, 1978.

[82] A. Roggan, D. Schädel, U. Netz, J.P. Ritz, C.T. Germer, and G. Müller. The effect of preparation technique on the optical parameters of biological tissue. *Appl. Phys. B*, 69:445–453, 1999.

[83] I.S. Saidi, S.L. Jacques, and F.K. Tittel. Mie and rayleigh modeling of visible-light scattering in neonatal skin. *Appl.Opt.*, 34(31):7410–7418, 1995.

[84] D. Sbarato, H. Juri, M. Rubio, A. Germanier, P. Quiroga, and A. Eynard. Optical parameters at 632.8 nm in animal tissue. *J. Clin. Las. Med. Surg.*, 13(2):77–80, 1995.

[85] J. Schäfer and A. Kienle. Scattering of light by multiple dielectric cylinders: comparison of radiative transfer and maxwell theory. *Opt. Lett.*, 33:2413–+, October 2008.

[86] M. Schmitz, R. Michels, and A. Kienle. Darkfield scattering spectroscopic microscopy evaluation using polystyrene beads. volume 7368, page 73681W. SPIE, 2009.

[87] F.M. Sogandares and E.S. Fry. Absorption spectrum (340–640 nm) of pure water. I. photothermal measurements. *Appl. Opt.*, 36(33):8699–8709, 1997.

[88] R.F. Stamm, M.L. Garcia, and J.J. Fuchs. The optical properties of human hair I. fundamental considerations and goniophotometer curves. *J. Soc. Cosm. Chem.*, 28(9):571–599, 1977.

Literaturverzeichnis

[89] R.F. Stamm, M.L. Garcia, and J.J. Fuchs. The optical properties of human hair II. the luster of hair fibers. *J. Soc. Cosm. Chem.*, 28(9):601–609, 1977.

[90] A. Taflove and S.C. Hagness. *Computational Electrodynamics: The Finite-Difference Time-Domain Method, volume second edition*. Artech House, 2000.

[91] G.J. Tearney, M.E. Brezinski, J.F. Southern, M.R. Bouma, B.E.and Hee, and J.G. Fujimoto. Determination of the refractive index of highly scattering human tissue by optical coherence tomography. *Opt. Lett.*, 20(21):2258–2260, 1995.

[92] The International Association for the Properties of Water and Steam. Release on the refractive index of ordinary water substance as a function of wavelength, temperature and pressure, 1997.

[93] T. van Kampen. Optical properties of hair. Master's thesis, Technische Universiteit Eindhoven, 1997.

[94] H.J. van Staveren, C.J.M. Moes, J. van Marle, S.A. Prahl, and M.J.C. van Gemert. Light scattering in intralipid-10 in the wavelength range of 400-1100 nm. *Appl.Opt.*, 30, 1991.

[95] F. Voit. Implementierung, Verifizierung und Anwendung eines Computercodes zur Lichtausbreitung in biologischem Gewebe basierend auf analytischen Lösungen der Maxwell-Gleichungen. Master's thesis, Technische Universität Kaiserslautern, 2008.

[96] F. Voit, J. Schäfer, and A. Kienle. Light scattering by multiple spheres: comparison between maxwell theory and radiative-transfer-theory calculations. *Opt. Lett.*, 34:2593–+, 2009.

[97] F. Voit, J. Schäfer, and A. Kienle. Light scattering by multiple spheres: solutions of maxwell theory compared to radiative transfer theory. In *Society of Photo-Optical Instrumentation Engineers*, volume 7371. SPIE, 2009.

[98] C. Wabel. *Influence of lecithin on structure and stability of parental fat emulsions*. PhD thesis, University Erlangen, Germany, 1998.

[99] G.E. Walsberg. Consequences of skin color and fur properties for solar heat gain and ultraviolet irradiance in two mammals. *J. Comp. Physiol. B.*, 158(2):213–221, 1988.

[100] Wikipedia. http://en.wikipedia.org/wiki/File:Skeletal Muscle.jpg, Jun 2010.

[101] B. C. Wilson, M. S. Patterson, and D. M. Burnns. Effect of photosensitizer concentration in tissue on the penetration depth of photoactivating light. *Las. Med. Sci.*, 1:235–244, 1986.

[102] J. Xia, A. Weaver, D.E. Gerrard, and G. Yao. Monitoring sacromere structure changes in whole muscle using diffuse lightreflectance. *J. Biomed. Opt.*, 11:040504–1–3, 2006.

[103] Y.L. Xu. Electromagnetic scattering by an aggregate of spheres. *Appl. Opt.*, 34(21):4573–4588, 1995.

[104] Y.L. Xu. Electromagnetic scattering by an aggregate of spheres: far field. *Appl. Opt.*, 36:9496–9508, 1997.

[105] Y.L. Xu and B.Å.S. Gustafson. Experimental and theoretical results of light scattering by aggregates of spheres. *Appl. Opt.*, 36:8026–8030, 1997.

[106] Y.L. Xu and R.T. Wang. Electromagnetic scattering by an aggregate of spheres: Theoretical and experimental study of the amplitude scattering matrix. *Phys. Rev. E.*, 58:3931–3948, 1998.

[107] K.S. Yee. Numerical solution of the initial boundary value problems involving maxwells equations in isotropic media. *Trans. Ant. Prop.*, 14(3):302–307, 1966.

[108] G. Zaccanti, S.D. Bianco, and F. Martelli. Measurements of optical properties of high-density media. *Appl. Opt.*, 42:4023–4030, 2003.

[109] Y. Zhu, Z. Ding, and M. Geiser. Tissue scattering parameter estimation through scattering phase function measurements by goniometer. *Chin. Opt. Lett.*, 5(9):531–533, 2007.

[110] J.R. Zijp and J.J. ten Bosch. Optical properties of bovine muscle tissue in vitro; a comparison of methods. *Phys. Med. Biol.*, 43:3065–3081, 1998.

Danksagung

Bedanken möchte ich mich an erster Stelle bei Herrn Prof. Dr. Alwin Kienle für die Betreuung dieser Promotion, für seine Geduld, die aufschlussreichen Gespräche, die tatkräftige Unterstützung und nicht zuletzt die Korrektur der Arbeit. Ich bedanke mich für die Förderung dieser Promotion nach dem Landesgraduiertenförderungsgesetz und das in mich gesetzte Vertrauen.

Bedanken möchte ich mich bei Herrn Prof. Dr. Martin Pietralla für die Übernahme der zweiten Gutachtertätigkeit, worüber ich mich sehr freue.

Allen Mitgliedern unserer Arbeitsgruppe gilt mein Dank für die tolle Zusammenarbeit und die interessanten Gespräche und Anregungen. Für ihre fachliche Hilfe bedanke ich mich ganz besonders bei: Florian Foschum für seine Anregungen und seine Unterstützung beim Aufbau der Experimente, Florian Forster für die Überlassung seines FDTD-Codes, Simon Rotte für seine ausgezeichnete Arbeit in unserem Labor, Jan Schäfer für die Unterstützung bei den FDTD-Simulationen und den Zylinderlösungen und Florian Voit für die Multi-Mie-Simulationen. Nicht zuletzt bedanke ich mich bei Marie-Theres Heine, Lukas Kohout und Jan Schäfer für die hervorragende Korrektur dieser Doktorarbeit.

Mein Dank gilt unserer gar nicht so kleinen aber sehr feinen Kochgruppe für das gute Essen und die unvergesslichen Momente sowie allen Mitarbeitern und Kollegen im Institut für Lasertechnik in der Medizin und Meßtechnik. Neben der hervorragenden Arbeitsatmosphäre war ich immer beeindruckt von der übermäßigen Kollegialität und Hilfsbereitschaft in unserem schönen Institut.

Ganz persönlicher Dank gilt meiner Freundin Marie-Theres Heine, die mir insbesondere in den letzten Monaten vor der Abgabe den Rücken gestärkt hat. Trotz der vielen Arbeit war es auch eine sehr schöne und intensive Zeit. Dies ist zu einem guten Teil Dein Verdienst.

Zu guter Letzt freue ich mich besonders darüber, mich an dieser Stelle bei meinen Eltern Ursula und Erwin Michels bedanken zu können, die mich in meinem Leben bei allem, was ich mir vorgenommen habe, ohne Wenn und Aber unterstützt haben.

I want morebooks!

Buy your books fast and straightforward online - at one of world's fastest growing online book stores! Environmentally sound due to Print-on-Demand technologies.

Buy your books online at
www.morebooks.shop

Kaufen Sie Ihre Bücher schnell und unkompliziert online – auf einer der am schnellsten wachsenden Buchhandelsplattformen weltweit! Dank Print-On-Demand umwelt- und ressourcenschonend produziert.

Bücher schneller online kaufen
www.morebooks.shop

KS OmniScriptum Publishing
Brivibas gatve 197
LV-1039 Riga, Latvia
Telefax: +371 686 204 55

info@omniscriptum.com
www.omniscriptum.com

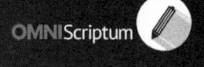

Printed by Books on Demand GmbH, Norderstedt / Germany